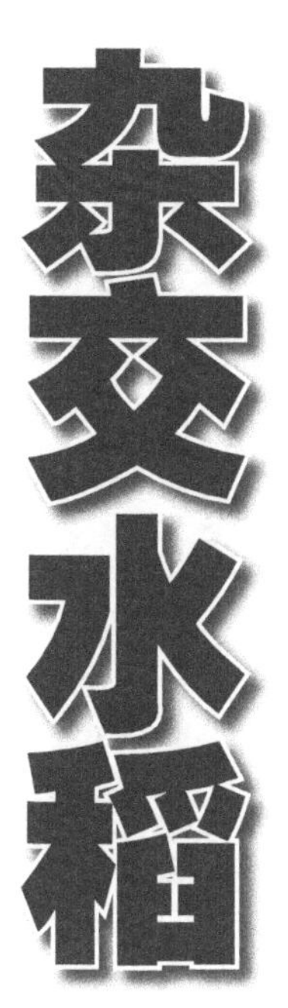

耐逆减损高效栽培理论与技术

徐富贤　熊　洪◎著

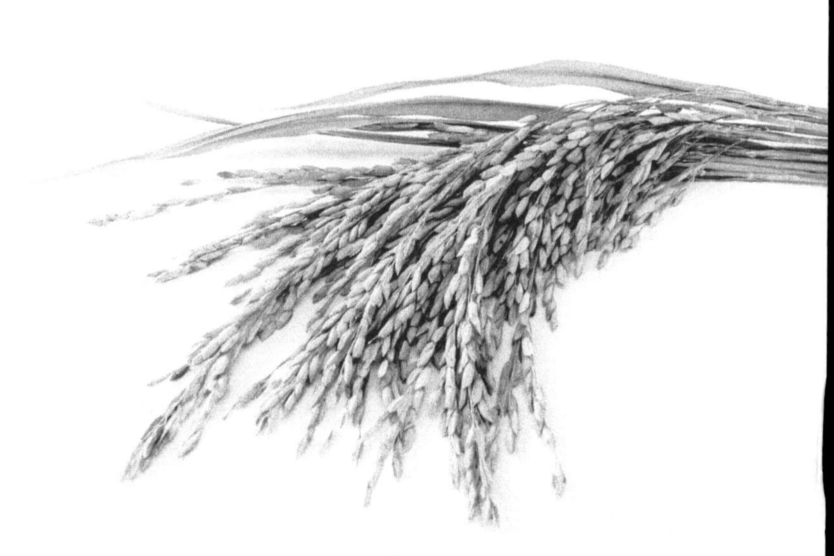

中国农业科学技术出版社

图书在版编目（CIP）数据

杂交水稻耐逆减损高效栽培理论与技术 / 徐富贤，熊洪著 . --北京：中国农业科学技术出版社，2022. 7

ISBN 978-7-5116-5748-0

Ⅰ. ①杂…　Ⅱ. ①徐…②熊…　Ⅲ. ①杂交-水稻栽培-抗性-研究　Ⅳ. ①S511

中国版本图书馆 CIP 数据核字（2022）第 070922 号

责任编辑　张国锋
责任校对　李向荣
责任印制　姜义伟　王思文

出 版 者　中国农业科学技术出版社
北京市中关村南大街 12 号　邮编：100081
电　　话　(010)82106625(编辑室)　(010)82109702(发行部)
(010)82109709(读者服务部)
传　　真　(010)82106625
网　　址　http://www.castp.cn
经 销 者　各地新华书店
印 刷 者　北京建宏印刷有限公司
开　　本　710mm×1 000mm　1/16
印　　张　18. 5
字　　数　350 千字
版　　次　2022 年 7 月第 1 版　2022 年 7 月第 1 次印刷
定　　价　80. 00 元

前　　言

西南丘陵区是典型的农业人口密集区。水稻是该区最主要粮食作物，也是当地人民的主食，种植面积和总产量居全国前列。区内常年水稻播种面积 5 000万亩（1 亩≈667m^2），其中杂交中稻占 90%以上。随着工业化、城镇化推进、交通建设的需要和种稻比较效益下降，稻田面积减少的趋势难以逆转。虽然人均消费口粮逐年减少到目前的 200kg 以下，但每年需从区外调入优质稻米 50 万 t 以上。同时生产实践中还面临突出的瓶颈问题。一是自然高温、干旱、洪涝频繁，给水稻生产及人们生命财产造成极大损失。二是机械化难度大，生产成本高。西南丘陵区受地理条件影响，实施机械化难度大。如田块面积小、不规则、位置高差大，既无水源保证，又无机耕道；冬水（闲）田排灌条件均难以达到机械化的理想要求，仅少部分可实施。因此，水稻生产成本高致使新型经营主体留转土地规模呈逐年下降趋势。三是逆境生态严重，稻米品质差。该区域是全球典型的弱光高湿区，加之季节性高温干旱，致稻谷整精米率、外观品质及食味品质均差，其稻米市场占有率低，稻农经济收益低，生产积极性下降，撂荒田逐年增多。四是单项技术丰富，集成度不够。通过近 20 年国家水稻产业技术体系等项目实施，形成了较多单项技术，如中稻—再生稻技术、机插秧技术、病虫绿色防控技术、高温干旱缓解技术及优质高产栽培等，但综合适用配套技术少，很难切实解决本区域的节本增效问题。五是散户经营为主，产业程度低。目前 95%以上的稻田仍由散户生产经营，产业化程度不高，稻米加工厂规模小、数量少。因此搞好区内耐逆减损、省力高效技术集成及生产应用，对提高当地稻农收入，增加就业岗位，巩固脱贫攻坚成果和确保国家粮食安全均具有十分重大的战略意义。

关于水稻耐逆减损、省力高效技术，前人已就不同地区的水稻关键生育时段高温热害、低温冷害、干旱与洪涝发生时空分布规律，以及耐高温、低温、干旱、洪涝品种与调节剂筛选、播种期调整、水肥管理等减损高效技术等方面开展了较多研究，对指导当地水稻生产抗逆减损发挥了重要作用。然而，由于气候灾害的发生具有明显的区域和时期分布特征，先期较多的区域性研究成果，难以解决相关技术对西南地区复杂多样的生态环境适应性问题。因此，徐富贤等所在团队历时近20年，在国家水稻产业技术体系、国家粮食科技丰产工程、农业农村部重大灾害专项、四川省财政专项等资助下，对西南或四川区域高温、干旱、洪涝发生的规律及预测、损失评估方法，水稻耐高温、低温、干旱、洪涝的植株特性、品种鉴定方法、防灾减损技术、省力高效途径等开展了系统深入的研究与示范推广工作，取得了丰硕的理论与技术成果和显著的社会、经济效益。

作者利用上述研究形成的40余篇公开发表的相关论文和部分待发表的研究与示范资料，进一步归类、分析与总结，形成了《杂交水稻耐逆减损高效栽培理论与技术》，以期为冬水田区杂交水稻耐逆减损、省力高效栽培提供科学的理论与实践依据。本书共分八章，第一章分析了水稻生产对气候条件的响应，第二章创建了高低温对水稻开花期伤害的风险预测方法，第三章探明了开花期耐高温品种的植株特性与鉴定方法，第四章、第五章、第六章分别提出了缓解开花期受高低温伤害、品种耐旱减损、洪涝对产量的影响的应对措施，第七章介绍了冬水田水稻稳产高效关键技术，第八章集成了耐逆减损高效综合配套技术与应用效果。本书力求概念准确、文字简单明了、内容表述通俗易懂，注重生产实用性与可操作性。

由于作者水平有限，加之撰写时间仓促，以致书中难免出现疏漏，敬请各位专家、同行批评指正！

在陈超博士的支持下，与徐富贤等合作研究的水稻关键生育期界限温度起始期预测与干旱风险评估相关成果编入了书中。张林、郭晓艺、蒋鹏、周兴兵、朱永川、刘茂、刘明星、高尚卿、徐魏、方第端、张乃洪、冉茂林、伍燕翔、徐麟、孔晓谦、冯炳亮、魏林、肖鹏飞、万有程、黄恩齐、曾世清等专家或同事，先后与作者共同参加了部分试验研究与示范工作，特此一并致以真诚的感谢！

著　者

2022年2月

目　　录

第一章　水稻生产对气候条件的响应…………………………………………… 1

第一节　气象因子对杂交中稻产量的影响……………………………………… 1

一、密肥运筹对水稻生育期的影响……………………………………………… 1

二、密肥运筹对稻谷产量的影响………………………………………………… 4

三、气象因子对稻谷产量的影响………………………………………………… 5

第二节　灌浆期气象因子对杂交中籼稻米碾米品质和外观品质的影响 …… 10

一、播种期对稻谷碾米品质和外观品质的影响 ……………………………… 10

二、灌浆期气象因子对稻米整精米率和垩白性状的影响 …………………… 11

三、灌浆期影响稻米整精米率、垩白粒率和垩白度的关键气象因子 …… 13

第三节　气象因子对杂交中稻干物质积累、产量与稻米品质的影响 ……… 14

一、各试验处理下的生育期及其相应的气象状况 …………………………… 15

二、气象因子对水稻干物质生产、产量与生育期的影响 …………………… 18

三、气象因子对稻米品质的影响 ……………………………………………… 24

四、产量相关性状与主要品质指标间的关系 ………………………………… 28

第四节　杂交中稻品种与生态对头季稻及其再生稻产量与头季稻米品质的影响 …………………………………………………………………………… 29

一、试验地点与水稻品种对稻谷产量的影响 ………………………………… 31

二、试验地点与水稻品种对稻米品质的影响 ………………………………… 32

三、品种间稻谷产量、稻米品质间的关系 …………………………………… 35

第五节　气候变暖对杂交稻生长的影响及其组合适应性 …………………… 37

一、种植季节与杂交组合对水稻生长的影响 ………………………………… 37

二、杂交组合亲本对种植季节间产量差异的影响 …………………………… 40

三、种植季节与干燥温度对整精米率的影响 ………………………………… 42

参考文献 ………………………………………………………………………… 44

第二章　高低温对水稻开花期伤害的风险预测 ……………………………… 45

第一节　水稻地膜育秧膜内外气温关系 ……………………………………… 45

一、地膜育秧膜内外气温关系 …………………………………………………… 45
二、地膜育秧膜外的几个临界气温预测 ………………………………………… 45
三、播种临界期与纬度、经度及海拔关系 ……………………………………… 46
四、地膜育秧膜内外气温关系的应用 …………………………………………… 47
第二节 关键生育期临界温度起始期预测模型的建立 ………………………… 49
一、西南区域水稻关键生育期界限温度起始期的空间分布特征 ……………… 50
二、西南区域水稻关键生育期界限温度起始期预测模型 ……………………… 56
第三节 杂交中稻开花期高温热害的风险预测 ………………………………… 58
一、杂交中稻齐穗期与地理位置关系模型的建立 ……………………………… 59
二、杂交中稻齐穗期与地理位置关系模型的验证 ……………………………… 61
三、杂交中稻齐穗期与地理位置关系模型的应用 ……………………………… 63
四、四川盆地杂交中稻开花期避（耐）高温伤害的关键措施 ………………… 63
第四节 再生稻开花期低温冷害的风险预测 …………………………………… 64
一、模型建立 ……………………………………………………………………… 65
二、模型验证 ……………………………………………………………………… 67
三、模型应用 ……………………………………………………………………… 69
四、四川盆地再生稻开花期避（耐）低温冷害的关键措施 …………………… 70
参考文献 ……………………………………………………………………………… 71
第三章 开花期耐高温品种的植株特性与鉴定方法 ……………………………… 72
第一节 杂交中稻耐高温组合的库源特征 ……………………………………… 72
一、不同播种期的结实率表现 …………………………………………………… 72
二、结实率与抽穗期气候因素及杂交组合库源性状的关系 …………………… 75
三、耐热系数与植株库源性状的关系 …………………………………………… 79
第二节 开花期耐高温品种的开花习性 ………………………………………… 81
一、群体条件下高温对结实率影响及与组合间库源性状关系 ………………… 81
二、定穗条件下高温对结实率影响及与组合间库源结构和开花习性的关系 …………………………………………………………………………… 84
三、人工控制高温对结实率影响及与库源结构和叶片叶绿素含量的关系 …………………………………………………………………………… 87
第三节 开花期耐高温品种的生理特性 ………………………………………… 88
一、高温与干旱复合胁迫下的耐热性分析 ……………………………………… 88
二、高温与干旱复合胁迫对水稻产量的影响 …………………………………… 90
三、复合胁迫处理下不同干旱程度对水稻光合作用的影响 …………………… 91
四、高温与干旱复合胁迫下不同干旱程度对水稻生理指标的影响 …………… 92

第四节　开花期耐高温品种的鉴定方法 …………………………………… 94
一、杂交水稻品种间开花动态与耐高温性的关系 ………………………… 94
二、杂交水稻品种间开花动态影响耐高温性的原因 ……………………… 98
三、利用开花比例预测杂交水稻耐高温性的准确率分析………………… 101
第五节　开花期耐高温品种的类型………………………………………… 103
一、人工气候室模拟高温与自然高温鉴定品种耐高温性的差异………… 103
二、杂交水稻品种耐高温性的类型………………………………………… 106
参考文献……………………………………………………………………… 109
第四章　开花期高低温伤害的缓解措施………………………………… 111
第一节　开花期耐高低温品种的筛选……………………………………… 111
一、开花期耐高温品种筛选………………………………………………… 111
二、抽穗期耐低温品种筛选………………………………………………… 116
第二节　开花期高温热害的缓解制剂筛选………………………………… 121
一、硅肥施用量对高温胁迫的缓解效果…………………………………… 121
二、微量元素对高温胁迫的缓解效果……………………………………… 122
三、化学制剂对高温胁迫的缓解效果……………………………………… 129
第三节　播种期对避开花期高低温的效应………………………………… 131
一、移栽叶龄对杂交中稻开花期的影响…………………………………… 131
二、播种期与移栽叶龄互作对杂交中稻—再生稻抽穗期的影响………… 132
第四节　缓解开花期高低温伤害的肥水管理……………………………… 136
一、肥水调控对开花期高温胁迫的缓解作用……………………………… 136
二、密氮耦合对高温干旱复合胁迫的缓解作用…………………………… 138
第五章　品种耐旱特性与减损技术……………………………………… 144
第一节　四川水稻干旱风险评估…………………………………………… 144
一、干旱评价指标的等级验证……………………………………………… 144
二、研究区域水稻干旱的变化趋势………………………………………… 145
三、水稻不同生育期干旱频率的空间分布………………………………… 151
四、水稻干旱发生风险的空间分布………………………………………… 155
第二节　杂交水稻耐旱品种地上部植株性状……………………………… 157
一、田间自然干旱胁迫对产量的影响……………………………………… 157
二、植株性状与抗旱系数的关系…………………………………………… 159
三、盆栽下抗旱性与穗粒结构的关系……………………………………… 167
第三节　杂交水稻发根力与开花期抗旱性关系…………………………… 168
一、杂交中稻品种间的发根力及抗旱性表现……………………………… 168

二、水稻前期发根力影响其抽穗开花期抗旱性的原因……170
三、强抗旱性水稻品种早期发根力的预测值……172
第四节　本田分蘖期受旱对其生育影响……173
一、不同干旱天数对产量及其构成因素的影响……173
二、水稻分蘖期受旱影响产量的临界土壤水分含量……175
三、土壤含水量与大气温度的关系……176
第五节　分蘖期干旱的缓解技术研究……176
一、分蘖期干旱程度对产量的影响……177
二、本田密肥对分蘖期干旱的缓解效果……179
三、受干旱稻田经济有效灌水定额……180
参考文献……183
第六章　洪涝对产量的影响及对应措施……184
第一节　西南洪涝发生概况与救灾策略……184
一、洪涝发生特点……184
二、西南水稻洪涝发生的空间分布……185
三、水稻洪涝的救灾策略……186
第二节　洪涝对植株生长的影响……187
一、洪涝时间对生育期的影响……187
二、洪涝时间对叶片叶绿素的影响……189
三、洪涝时间对叶片及干物质的影响……190
四、洪涝不同水深的水温与气温关系……191
第三节　淹没时间的产量损失度评价……194
一、淹没时间对头季稻产量的影响……194
二、淹没时间对再生稻产量的影响……201
第四节　杂交水稻耐涝品种鉴定……203
一、淹没对生育期的影响……203
二、淹没对头季稻叶绿素含量与干物质重的影响……207
三、淹没对产量及穗粒构成的影响……209
第五节　洪涝灾害挽救措施……214
一、水稻淹水后的补救方式……214
二、洪涝后蓄留再生稻的判断标准……216
三、洪涝后蓄留再生稻的关键措施……217
参考文献……223

第七章　冬水田水稻稳产省力高效途径……………………………………………… 225
第一节　地坑式育苗的壮苗省力效果……………………………………………… 225
一、地坑式旱育秧与传统旱育秧技术比较……………………………………… 225
二、地坑式育苗与传统育苗的壮苗省力效果比较……………………………… 226
第二节　稻田耕作方式与密氮互作对产量的互作效应…………………………… 227
一、耕作方式与密氮互作对产量的影响………………………………………… 227
二、地上部干物质生产及氮积累量比较………………………………………… 229
第三节　人工直播稻的关键技术与增产增收效果………………………………… 232
一、播种期对产量的影响………………………………………………………… 232
二、施氮量与播种量试验对产量的影响………………………………………… 234
三、除草剂筛选试验……………………………………………………………… 235
四、水直播与旱直播的效果比较………………………………………………… 236
第四节　适应机插稻的品种类型与配套技术……………………………………… 237
一、手插秧与机插秧间插秧深度、全生育期、穗粒结构及产量比较…… 237
二、施氮量与施氮方式对产量的影响…………………………………………… 239
三、移栽叶龄与密度对产量的影响……………………………………………… 240
四、播种量对产量的影响………………………………………………………… 241
第五节　杂交水稻抛秧高产栽培的农艺措施……………………………………… 242
一、壮秧培育方式………………………………………………………………… 243
二、杂交水稻抛栽本田高产技术………………………………………………… 244
参考文献………………………………………………………………………………… 247
第八章　耐逆减损高效集成技术与应用…………………………………………… 248
第一节　开花期高温热害缓解技术………………………………………………… 248
一、选择耐热或较耐热杂交稻新品种…………………………………………… 248
二、杂交水稻高温缓解农艺技术………………………………………………… 249
三、微肥与植物生长调节剂缓解水稻高温效果明显…………………………… 249
四、播种期、水、密度和肥料与结实率的关系………………………………… 250
五、西南区水稻高温缓解技术要点……………………………………………… 251
第二节　耐旱高产稳产技术………………………………………………………… 251
一、选用耐旱品种………………………………………………………………… 251
二、缓解耐旱的农艺措施………………………………………………………… 252
三、化学调控措施………………………………………………………………… 252
四、高温与干旱复合胁迫的对策………………………………………………… 253
五、干旱缓解技术要点…………………………………………………………… 255

第三节　洪涝防控技术…………………………………………………… 255
一、选用耐涝品种…………………………………………………… 255
二、制定救灾措施…………………………………………………… 256
三、及时洗苗加强田间管理………………………………………… 256
四、洪水再生稻高产技术要点……………………………………… 256
第四节　耐逆省力高效综合途径………………………………………… 257
一、共性耐逆省力措施……………………………………………… 258
二、区域化省力高效技术…………………………………………… 259
第五节　技术示范推广新机制…………………………………………… 267
一、“两模式、三统一、四结合”技术推广新机制 ……………… 267
二、“科—产—企”水稻循环产业链新模式 ……………………… 268
三、“科—企—产”水稻循环产业链新模式实证分析 …………… 270
第六节　耐逆减损高效生产典型事例…………………………………… 273
一、典型高温灾害减损事例………………………………………… 273
二、典型洪涝减损事例……………………………………………… 274
三、典型水稻干旱减损事例………………………………………… 274
四、冬水田免耕高效施氮节本增效事例…………………………… 274
参考文献…………………………………………………………………… 275
附录　代表性成果简介……………………………………………………… 276

第一章　水稻生产对气候条件的响应

第一节　气象因子对杂交中稻产量的影响

四川盆地东南部（含重庆市）现有冬水（闲）田 135 万 hm^2。该区域年均气温 17~18.5℃，以年种一季中稻（或再生稻）模式为主，常年水稻有效播种期为 3 月初至 6 月初。为了调整稻田秋、冬季种植结构，近年大面积水稻生产播种期有向两端进一步提早或推迟的趋势。但在此播种期范围内气象因子对水稻生长发育有何影响尚不明确，虽然先期就气象因子对水稻产量和品质影响已有较多研究，但存在两方面不足：一是研究方法上利用多年多点的气候观测数据和水稻生产数据研究大区域内气象因子对产量及其构成因素的影响，因不同年间和各观测点间的水稻品种、栽培技术不同，对研究结果的准确性会有一定偏差；二是研究时期主要集中在水稻生长后期即开花灌浆期的气象因子与产量和品质的关系，关于水稻生育前期与中期气候条件对产量的作用研究极少。为此，徐富贤等[1]在 3 月 5 日至 5 月 24 日的 5 个播种期条件下，在 2 个杂交中稻品种和 2 种密肥处理（高氮低密：施纯氮 210kg/hm^2，9 万穴/hm^2；低氮高密：施纯氮 105kg/hm^2，18 万穴/hm^2）条件下，连续两年系统研究了杂交中稻生长前期、中期和后期不同生育阶段的气象因子对产量的影响，以期为该区域适应不同种植季节的有利与不利气象因子的水稻高产栽培、稻田种植模式的创新提供理论与实践依据。

一、密肥运筹对水稻生育期的影响

表 1-1 记载了各试验处理下关键生育期，据此统计的各阶段生育日数结果（表 1-2）可见，水稻各生育阶段生育日数变异程度不同，其中播种—移栽和移栽—拔节两个营养阶段的变异系数达到 20%左右，而拔节—齐穗和齐穗—成熟两个生殖生长阶段的变异系数均不足 10%，以致整个营养生长期（播种至拔节始期）的变异系数高达 14.97%，为生殖生长期（拔节始期至成熟期）的 2.33

倍。表明气象因子对营养生长期的影响比生殖生长期大。2015 年总体全生育期比 2016 年长 0.8d；各播种期间差异显著，从 3 月 5 日到 5 月 24 日，随着播种期推迟，平均全生育期从 148.13d 逐渐缩短到 123.25d，缩短了 14.77%；两种栽培方式间全生育期差异不显著，品种间Ⅱ优 602 比旌优 127 明显长 5.4d。

就不同生育阶段日数变异对全生育期日数的影响（表 1-3）而言，两个品种两个年度一致表现为全生育期日数的变异主要由播种—移栽（X_1）和移栽—拔节（X_2）的变化引起。说明气象因子对水稻全生育期的影响主要在营养生长期，生殖生长期受其影响相对较小。

表 1-1　各试验处理下水稻关键生育期的日期　（月/日）

播种期	栽培方式	品种	2015 年				2016 年			
			移栽期	拔节期	齐穗期	成熟期	移栽期	拔节期	齐穗期	成熟期
3/5	高 N 低密	旌优 127	4/6	5/24	6/24	7/27	4/9	5/24	7/1	7/29
		Ⅱ优 602	4/6	6/6	7/4	8/3	4/9	5/28	7/4	8/1
	低 N 高密	旌优 127	4/6	5/24	6/25	7/28	4/9	5/21	6/29	7/28
		Ⅱ优 602	4/6	6/5	7/5	8/5	4/9	5/26	7/3	7/31
3/25	高 N 低密	旌优 127	4/27	6/5	7/6	8/7	4/18	6/10	7/11	8/13
		Ⅱ优 602	4/27	6/18	7/19	8/15	4/18	6/15	7/18	8/15
	低 N 高密	旌优 127	4/27	6/5	7/7	8/7	4/18	6/14	7/14	8/14
		Ⅱ优 602	4/27	6/18	7/20	8/17	4/18	6/17	7/20	8/16
4/20	高 N 低密	旌优 127	5/21	6/27	7/27	8/25	5/18	6/29	7/31	8/24
		Ⅱ优 602	5/21	7/2	8/3	8/30	5/18	6/30	8/4	8/30
	低 N 高密	旌优 127	5/21	6/26	7/26	8/26	5/18	6/25	7/27	8/22
		Ⅱ优 602	5/21	7/2	8/3	8/30	5/18	6/30	8/2	8/29
5/4	高 N 低密	旌优 127	5/26	7/1	8/3	9/2	5/26	7/11	8/6	9/2
		Ⅱ优 602	5/26	7/8	8/10	9/8	5/26	7/15	8/12	9/8
	低 N 高密	旌优 127	5/26	7/1	8/2	9/3	5/26	7/11	8/6	9/2
		Ⅱ优 602	5/26	7/9	8/9	9/10	5/26	7/15	8/12	9/8
5/24	高 N 低密	旌优 127	6/13	7/20	8/21	9/23	6/14	7/16	8/19	9/21
		Ⅱ优 602	6/13	7/25	8/28	9/28	6/14	7/20	8/21	9/25
	低 N 高密	旌优 127	6/13	7/21	8/21	9/23	6/14	7/15	8/17	9/20
		Ⅱ优 602	6/13	7/28	8/28	9/29	6/14	7/19	8/21	9/24

表 1-2　各试验处理水稻的生育历期比较 (d)

处理		播种—移栽	移栽—拔节	拔节—齐穗	齐穗—成熟	营养生长	生殖生长	全生育期
最小值		20.0	32.0	26.0	24.0	53.0	53.0	120.0
最大值		35.0	61.0	39.0	35.0	94.0	68.0	154.0
平均值		26.9	44.7	32.0	29.8	71.6	61.8	133.3
CV（%）		20.5	17.6	8.9	9.4	15.0	6.4	7.7
年度	2015	27.8a	43.9b	31.5b	30.6a	71.7a	62.0a	133.7a
	2016	26.0b	45.4a	32.6a	28.9b	71.4a	61.5b	132.9b
播期（月/日）	3/5	34.0a	50.0a	34.1a	30.0b	84.0a	64.1b	148.1a
	3/25	28.5c	51.3a	31.6bc	29.6b	79.8b	61.3c	141.0b
	4/20	29.5b	40.6c	32.0b	27.1c	70.1c	59.1d	129.3c
	5/4	22.0d	44.3b	29.8c	28.9b	66.3d	58.6d	124.9d
	5/24	20.5e	37.1d	32.5ab	33.1a	57.6e	65.6a	123.3e
栽培方式	高 N 低密	26.9a	44.7a	32.1a	29.5b	71.6a	61.6a	133.2a
	低 N 高密	26.9a	44.6a	31.9a	30.0a	71.5a	61.9a	133.5a
品种	旌优 127	26.9a	41.5b	31.8a	30.5a	68.4b	62.3a	130.6b
	Ⅱ优 602	26.9a	47.9a	32.2a	29.5b	74.8a	61.3b	136.0a

注：同列不同字母表示差异显著（$P<0.05$）。

表 1-3　水稻全生育期日数（y）与各生育阶段日数（x）的回归分析

品种	年度	回归方程	F 值	R^2	偏相关	t 检验值
旌优 127	2015	$y=35.01+0.87x_1+1.10x_2+0.88x_4$	213.5**	0.990 7	$r(y, x_1)=0.9665$	9.23**
					$r(y, x_2)=0.9555$	7.93**
					$r(y, x_4)=0.6797$	2.27
	2016	$y=0.52+1.79x_1+0.81x_2+1.67x_4$	348.2**	0.994 3	$r(y, x_1)=0.9955$	25.59**
					$r(y, x_2)=0.9918$	18.97**
					$r(y, x_4)=0.9869$	14.97**
Ⅱ优 602	2015	$y=42.02+0.58x_1+1.19x_2+0.68x_3$	337.6**	0.994 1	$r(y, x_1)=0.9513$	7.56**
					$r(y, x_2)=0.9842$	13.60**
					$r(y, x_3)=0.6413$	2.05
	2016	$y=36.21+1.01x_1+0.76x_2+1.14x_3$	28.94**	0.935 4	$r(y, x_1)=0.8603$	4.13**
					$r(y, x_2)=0.9207$	5.78**
					$r(y, x_3)=0.6461$	2.07

注：x_1，播种—移栽日数；x_2，移栽—拔节日数；x_3，拔节—齐穗日数；x_4，齐穗—成熟日数。*、** 分别表示 0.05 和 0.01 水平显著差异，下同。

二、密肥运筹对稻谷产量的影响

从试验结果（表 1-4）可以看出，年度间、栽培方式间、品种间稻谷产量差异均不显著，随着播种期推迟，稻谷产量呈下降趋势，从 3 月 5 日的 8 507.76kg/hm^{2}下降到 5 月 24 日的6 251.01kg/hm^2，降低了 26.53%。从影响产量的穗粒结构分析，播种期推迟引起稻谷产量下降主要与有效穗数（x_1）和穗粒数（x_2）减少有关；从各播种期绝对产量看，3 月 5 日、3 月 25 日两期产量差异不显著，比其他各播种期显著增产（表 1-5）。因此，本区一季中稻以 3 月 5—25 日播种为宜，同时还必须考虑安全齐穗与种植模式相适应生育期的衔接问题。

进一步分析产量及穗粒结构与各生育阶段日数的相关性显示，播种—移栽、移栽—拔节、营养生长的日数和全生育期日数分别与穗粒数和产量呈极显著正相关，两年结果趋势表现一致。表明播种期推迟引起水稻全生育期缩短是导致产量减少的主要原因，其中，从播种至拔节的营养生长期明显缩短是起关键作用的重要原因（表 1-6）。

表 1-4　各试验处理的稻谷产量及其穗粒结构比较

处理		最高苗（×10^4/hm^2）	有效穗（×10^4/hm^2）	穗粒数	结实率（%）	千粒重（g）	产量（kg/hm^2）
最小值		227.40	150.60	141.02	74.32	26.16	5 578.50
最大值		357.60	260.40	193.23	90.06	31.03	9 193.65
平均值		275.87	207.33	159.45	83.13	28.82	7 515.55
CV（%）		13.26	13.21	7.92	5.68	4.44	13.86
年度	2015	277.97a	201.03b	161.41a	83.93a	29.12a	7 487.49a
	2016	273.78a	213.63a	157.49b	82.33a	28.53b	7 543.60a
播期（月/日）	3/5	287.03ab	214.48ab	171.44a	83.57a	29.24a	8 507.76a
	3/25	300.96a	222.04a	163.85ab	84.79a	29.08a	8 481.69a
	4/20	267.21bc	207.84b	158.00bc	83.60a	28.69ab	7 480.31b
	5/4	254.93c	196.86c	154.22cd	82.90a	28.80ab	6 856.97bc
	5/24	269.25bc	195.43c	149.76d	80.80a	28.31b	6 251.01c
栽培方式	高 N 低密	252.17b	193.95b	166.97a	83.34a	28.79a	7 410.19a
	低 N 高密	299.57a	220.71a	151.94b	82.93a	28.86a	7 620.91a
品种	旌优 127	291.99a	224.99a	155.30b	79.01b	27.73b	7 356.68a
	Ⅱ优 602	259.76b	189.68b	163.61a	87.25a	29.92a	7 674.41a

注：同列不同字母表示差异显著（$P<0.05$）。

表 1-5　水稻产量（y）与稻粒结构（x）的回归分析

品种	年度	回归方程	F 值	R^2	偏相关	t 检验值
旌优 127	2015	$y=-18\ 716.16+36.97x_2+47.66x_3+131.57x_4$	40.75**	0.953 2	$r(y, x_2)=0.924\ 2$	5.93**
					$r(y, x_3)=0.862\ 5$	4.17**
					$r(y, x_4)=0.676\ 6$	2.25
	2016	$y=-743.40+1.72x_1+5.4x_2$	38.20**	0.916 1	$r(y, x_1)=0.909\ 0$	5.77**
					$r(y, x_2)=0.932\ 3$	6.82**
Ⅱ优 602	2015	$y=-10\ 968.48+49.33x_1+57.61x_2$	240.0**	0.985 6	$r(y, x_1)=0.988\ 9$	17.58**
					$r(y, x_2)=0.982\ 8$	14.06**
	2016	$y=-1\ 213.12+2.84x_1+3.23x_2+7.50x_3$	70.82**	0.972 5	$r(y, x_1)=0.975\ 6$	10.87**
					$r(y, x_2)=0.963\ 7$	8.84**
					$r(y, x_3)=0.817\ 6$	3.48**

注：x_1，有效穗；x_2，穗粒数；x_3，结实率；x_4，千粒重。

表 1-6　产量及其穗粒结构与各生育阶段日数的相关系数

年度	性状	播种—移栽	移栽—拔节	拔节—齐穗	齐穗—成熟	营养生长	生殖生长	全生育期
2015	最高苗	0.302	-0.089	-0.050	0.345	0.093	0.267	0.167
	有效穗	0.306	-0.316	-0.038	0.343	-0.054	0.271	0.004
	穗粒数	0.538*	0.584**	-0.374	-0.306	0.653**	-0.469*	0.619**
	结实率	0.321	0.632**	-0.077	-0.636**	0.575**	-0.585**	0.504*
	千粒重	0.364	0.792**	-0.242	-0.597**	0.702**	-0.643**	0.632**
	产量	0.875**	0.430*	-0.408	-0.200	0.720**	-0.397	0.711**
2016	最高苗	0.142	0.209	0.190	0.212	0.244	0.271	0.366
	有效穗	0.301	0.060	0.260	0.067	0.204	0.232	0.309
	穗粒数	0.576**	0.445*	0.415	-0.375	0.662**	0.070	0.669**
	结实率	0.127	0.419	0.125	-0.306	0.408	-0.099	0.344
	千粒重	0.020	0.342	0.145	-0.074	0.289	0.060	0.307
	产量	0.635**	0.590**	0.557**	-0.321	0.811**	0.208	0.879**

三、气象因子对稻谷产量的影响

由于两种栽培方式间的产量差异不显著（表 1-4），特将两年 5 个播种期下两个品种的平均产量分别与表 1-7、表 1-8 的气象因子数据进行气象因素对产量影响的多元回归分析。分析结果（表1-9）表明，气象因子与产量间呈极显著线性关系，但两个品种在不同年度间影响产量的关键气象因子不一致，可能与年度间气候条件有差异及品种对气象因子的响应度不同有关。

为了进一步明确气象因子对产量构成因素的具体影响，继续将前分析结果（表1-9）对产量有显著作用的气象因子与产量穗粒结构进行相关分析。从分析结果（表1-10）可见如下。

（1）优质稻旌优127。2015年的结实率、千粒重和产量分别与齐穗—成熟的日平均气温（x_{12}）呈极显著正相关，分别与拔节—齐穗的日照时数（x_{23}）呈显著负相关；2016年的穗粒数、产量分别与播种—移栽日最高气温（x_1）、移栽—拔节的日平均气温（x_{10}）呈极显著负相关。

（2）高产品种Ⅱ优602。2015年的有效穗、千粒重和产量分别与移栽—拔节的降水量（x_{14}）呈显著或极显著负相关，2016年的穗粒数和产量分别与移栽—拔节的日最高气温（x_2）呈显著或极显著负相关，结实率、千粒重和产量分别与拔节—齐穗的日平均相对湿度（x_{19}）呈显著正相关。表明气象因子对产量的影响在不同年份和不同品种间的表现不一致。

表1-7　两个品种在不同播种期下各生育阶段的气象因子表现（2015）

气象因子	播种期（月/日）	旌优127				Ⅱ优602			
		播种—移栽	移栽—拔节	拔节—齐穗	齐穗—成熟	播种—移栽	移栽—拔节	拔节—齐穗	齐穗—成熟
日最高气温（℃）		x_1	x_2	x_3	x_4	x_1	x_2	x_3	x_4
	3/5	22.55	26.09	28.71	31.59	22.55	26.40	29.39	33.45
	3/25	24.75	28.10	29.15	33.77	24.75	28.37	30.86	32.94
	4/20	27.43	28.87	31.45	31.73	27.43	28.92	32.83	30.14
	5/4	27.64	29.43	32.16	30.31	27.64	29.13	33.13	30.21
	5/24	28.40	30.74	32.13	27.69	28.40	31.03	31.42	26.75
日最低气温（℃）		x_5	x_6	x_7	x_8	x_5	x_6	x_7	x_8
	3/5	13.98	17.52	21.98	23.58	13.98	18.39	22.91	23.93
	3/25	15.86	20.11	22.65	24.12	15.86	20.56	23.30	24.29
	4/20	18.62	22.03	23.40	23.74	18.62	22.64	23.72	22.98
	5/4	19.70	22.64	23.71	22.98	19.70	22.34	23.89	23.16
	5/24	21.50	23.20	23.95	21.80	21.50	23.29	23.67	21.28

（续表）

气象因子	播种期（月/日）	旌优 127				Ⅱ优 602			
		播种—移栽	移栽—拔节	拔节—齐穗	齐穗—成熟	播种—移栽	移栽—拔节	拔节—齐穗	齐穗—成熟
日平均气温（℃）		x_9	x_{10}	x_{11}	x_{12}	x_9	x_{10}	x_{11}	x_{12}
	3/5	17.76	21.22	24.66	26.92	17.76	21.81	25.46	27.95
	3/25	19.55	23.43	25.23	28.16	19.55	23.76	26.42	27.85
	4/20	22.35	24.76	27.53	26.90	22.35	24.95	28.26	25.70
	5/4	23.11	25.33	28.14	25.81	23.11	25.08	28.55	25.83
	5/24	24.26	26.31	27.95	23.99	24.26	26.83	26.92	23.36
降水量（mm）		x_{13}	x_{14}	x_{15}	x_{16}	x_{13}	x_{14}	x_{15}	x_{16}
	3/5	73.6	103.9	70.5	380.5	73.6	125.5	151.6	279.1
	3/25	86.6	114.7	159.0	298.6	86.6	124.4	280.9	209.1
	4/20	60.7	99.5	378.9	150.5	60.7	175.3	308.0	161.5
	5/4	65.4	133.9	317.7	161.5	65.4	174.1	354.4	167.9
	5/24	45.3	286.2	253.9	283.3	45.3	405.7	166.4	275.0
日平均相对湿度（%）		x_{17}	x_{18}	x_{19}	x_{20}	x_{17}	x_{18}	x_{19}	x_{20}
	3/5	76.2	72.8	76.3	83.0	76.2	76.0	85.0	79.0
	3/25	75.7	77.5	85.2	75.6	75.7	78.4	83.0	78.7
	4/20	70.3	83.4	79.0	80.2	70.3	83.8	78.9	81.7
	5/4	75.2	83.8	79.2	81.3	75.2	84.0	75.3	84.3
	5/24	82.5	82.3	78.7	86.3	82.5	82.3	80.3	89.0
日照时数（h）		x_{21}	x_{22}	x_{23}	x_{24}	x_{21}	x_{22}	x_{23}	x_{24}
	3/5	128.3	262.0	83.5	208.6	128.3	295.6	91.1	211.3
	3/25	171.5	164.6	101.6	226.8	171.5	200.1	161.5	172.2
	4/20	163.3	103.8	182.5	159.5	163.3	127.2	221.9	127.4
	5/4	99.6	106.0	227.2	138.3	99.6	143.0	235.8	107.2
	5/24	62.1	180.9	196.1	171.1	62.1	221.0	182.2	145.8

表 1-8　两个品种在不同播种期下的气象因子表现（2016）

气象因子	播种期（月/日）	旌优 127				Ⅱ优 602			
		播种—移栽	移栽—拔节	拔节—齐穗	齐穗—成熟	播种—移栽	移栽—拔节	拔节—齐穗	齐穗—成熟
日最高气温（℃）		x_1	x_2	x_3	x_4	x_1	x_2	x_3	x_4
	3/5	20.73	25.55	29.53	33.50	20.73	25.48	30.31	33.79
	3/25	23.23	26.94	31.47	33.57	23.23	27.16	31.78	34.15
	4/20	25.94	28.84	33.30	34.66	25.94	28.94	33.63	34.22
	5/4	26.93	31.19	33.42	33.87	26.93	31.27	33.66	34.22
	5/24	29.16	31.54	34.23	29.04	29.16	31.76	34.58	27.83
日最低气温（℃）		x_5	x_6	x_7	x_8	x_5	x_6	x_7	x_8
	3/5	13.64	17.63	21.62	24.67	13.64	17.67	22.18	24.67
	3/25	15.28	18.97	23.48	24.67	15.28	19.20	23.56	24.99
	4/20	17.90	21.34	24.33	25.68	17.90	21.32	24.92	25.67
	5/4	18.66	22.45	24.77	25.13	18.66	22.56	22.81	24.44
	5/24	20.89	23.33	23.53	22.41	20.89	23.13	24.13	21.80
日平均气温（℃）		x_9	x_{10}	x_{11}	x_{12}	x_9	x_{10}	x_{11}	x_{12}
	3/5	16.49	20.96	25.01	28.53	16.49	20.89	25.64	28.67
	3/25	18.46	22.38	26.94	28.32	18.46	22.87	27.05	30.83
	4/20	21.31	24.55	28.13	29.39	21.31	24.53	28.41	29.11
	5/4	22.09	25.98	28.30	28.68	22.09	26.06	28.43	27.44
	5/24	24.32	26.82	28.84	25.12	24.32	26.97	29.21	24.02
降水量（mm）		x_{13}	x_{14}	x_{15}	x_{16}	x_{13}	x_{14}	x_{15}	x_{16}
	3/5	104.7	211.5	324.3	309.8	104.7	217.6	319.2	358.2
	3/25	76.8	258.8	374.1	477.9	76.8	266.6	512.7	223.5
	4/20	144.2	282.5	371.1	196.4	144.2	346.8	419.5	95.2
	5/4	125.3	336.6	410.8	89.2	125.3	502.1	308.2	97.3
	5/24	93.9	414.3	322.2	183.4	93.9	513.0	223.6	196.0
日平均相对湿度（%）		x_{17}	x_{18}	x_{19}	x_{20}	x_{17}	x_{18}	x_{19}	x_{20}
	3/5	81.08	81.84	82.54	81.48	81.08	81.94	82.30	81.18
	3/25	81.68	81.07	84.23	82.88	81.68	81.06	84.97	81.82
	4/20	81.24	82.35	82.31	79.12	81.24	82.91	82.24	77.19
	5/4	80.35	81.38	83.15	76.74	80.35	82.53	82.57	79.15
	5/24	78.44	84.13	81.00	84.26	78.44	84.06	79.78	86.69

（续表）

气象因子	播种期（月/日）	旌优 127				Ⅱ优 602			
		播种—移栽	移栽—拔节	拔节—齐穗	齐穗—成熟	播种—移栽	移栽—拔节	拔节—齐穗	齐穗—成熟
		x_{21}	x_{22}	x_{23}	x_{24}	x_{21}	x_{22}	x_{23}	x_{24}
日照时数（h）	3/5	108.3	180.8	189.1	218.0	108.3	190.7	206.4	212.9
	3/25	97.5	246.8	166.9	241.1	97.5	270.2	175.9	230.8
	4/20	127.8	180.8	232.2	206.7	127.8	195.0	253.4	195.4
	5/4	93.0	259.5	181.0	200.8	93.0	274.9	214.2	153.1
	5/24	119.9	177.4	265.2	121.2	119.9	200.6	273.4	93.3

表 1-9　气象因子（x）对产量（y）影响的回归分析

品种	年度	回归方程	F 值	R^2	偏相关	t 检验值
旌优 127	2015	$y=-4\ 516.29+485.849\ 4X_{12}+1.938\ 9X_{15}-6.994\ 1X_{23}$	166 666.4**	1.000 0	$r(y, X_{12})=1.000\ 0$	402.59**
					$r(y, X_{15})=0.999\ 9$	85.75**
					$r(y, X_{23})=-0.999\ 9$	123.55**
	2016	$y=15\ 495.71+23.645\ 1X_1-351.642\ 1X_{10}-1.470\ 8X_{15}$	71 268.3**	1.000 0	$r(y, X_1)=0.984\ 5$	5.60**
					$r(y, X_{10})=-0.999\ 9$	61.21**
					$r(y, X_{15})=-0.999\ 3$	26.69**
Ⅱ优 602	2015	$y=5\ 285.69-24.782\ 9X_{14}+76.789\ 9X_{19}$	616.11**	0.999 2	$r(y, X_{14})=0.999\ 2$	9.994 7**
					$r(y, X_{19})=0.977\ 8$	4.660 8*
	2016	$y=6\ 493.22-326.011\ 15X_2-18.92X_4+140.469\ 3X_{19}$	666 666.4**	1.000 0	$r(y, X_2)=-1.000\ 00$	634.20**
					$r(y, X_4)=-0.999\ 39$	28.62**
					$r(y, X_{19})=0.999\ 97$	136.95**

注：x 具体含义见表 1-7。下同。

表 1-10　产量穗粒结构与关键生育阶段气象因子（x）间的相关系数

品种	年度	气象因子	最高苗	有效穗	穗粒数	结实率	千粒重	产量
旌优 127	2015	x_{12}	0.151	0.407	0.446	0.852**	0.631**	0.973 6**
		x_{15}	-0.225	-0.034	-0.454	-0.355	-0.391	-0.375
		x_{23}	-0.289	-0.220	-0.542	-0.657*	-0.625*	-0.734*
	2016	x_1	-0.417	-0.427	-0.793**	-0.585	-0.484	-0.900**
		x_{10}	-0.468	-0.501	-0.758**	-0.540	-0.429	-0.916**
		x_{15}	-0.167	-0.265	-0.060	0.070	-0.177	-0.280

（续表）

品种	年度	气象因子	最高苗	有效穗	穗粒数	结实率	千粒重	产量
Ⅱ优 602	2015	x_{14}	-0.416	-0.640*	-0.484	-0.458	-0.882**	-0.824**
		x_{15}	-0.105	0.136	-0.264	0.140	0.050	-0.066
	2016	x_2	-0.464	-0.614	-0.675*	-0.247	-0.077	-0.942**
		x_4	-0.007	0.209	0.425	0.841**	0.256	0.602
		x_{19}	0.363	0.317	0.373	0.685*	0.651*	0.680*

结论：随着播种期推迟，水稻平均全生育期从 148.13d 逐渐缩短到 123.25d，缩短了 14.77%；气象因子对水稻全生育期的影响主要在营养生长期，生殖生长期受其影响较小。年度间、栽培方式间、品种间稻谷产量差异均不显著；随着播种期推迟，稻谷产量呈下降趋势，从 3 月 5 日的8 507.76kg/hm^{2}下降到 5 月 24 日的6 251.01kg/hm^2，降低了 26.53%。播种—移栽、移栽—拔节、营养生长的日数和全生育期日数分别与穗粒数和产量呈极显著正相关。气象因子对产量的影响在不同年份和不同品种间的表现不一致。

第二节　灌浆期气象因子对杂交中籼稻米碾米品质和外观品质的影响

虽然目前杂交中稻产量已经达到较高水平，但高产与优质在某种程度上是一对矛盾，其碾米品质和外观品质普遍表现较差，特别是整精米率、垩白粒率和垩白度是急需改良的重要品质性状。关于稻米品质与气象因子关系已有较多研究，但多以常规稻品种或杂交粳稻组合为材料，研究单一气象因子对稻米品质的影响。为此，徐富贤等[2]通过研究灌浆期综合气象因子对杂交中籼稻米碾米品质和外观品质的影响，以期为我国南方稻区杂交中稻的优质高产栽培提供理论和实践依据。

一、播种期对稻谷碾米品质和外观品质的影响

从试验结果表 1-11 看出，播种期对整精米率、垩白粒率和垩白度 3 项指标有显著影响，而且随着播种期的推迟，3 项指标均有变优的趋势；播种期对糙米率和长宽比两项指标的影响不显著。以上结果两个品种表现基本一致。

表 1-11　不同播种期下稻谷碾米品质和外观品质的表现　(%)

品种	播种期（月-日）	齐穗期（月-日）	糙米率	整精米率	垩白粒率	垩白度	长宽比
Ⅱ优 7 号	3-9	7-9	79.58a	30.94c	73.25a	47.96a	2.55a
	3-29	7-19	79.21a	29.22c	60.67b	49.12a	2.51a
	4-18	8-1	80.46a	40.12b	42.67c	36.20b	2.58a
	5-8	8-9	79.34a	43.26b	19.50d	18.43c	2.52a
	5-28	8-26	80.09a	49.24a	11.54e	9.27d	2.54a
4228A/江恢 15	3-9	7-4	78.62a	30.32c	75.33a	42.61ab	2.63a
	3-29	7-17	78.58a	34.93c	82.17a	50.38a	2.64a
	4-18	7-31	79.00a	38.37b	72.50b	31.69bc	2.70a
	5-8	8-8	79.34a	41.69b	48.53c	26.84cd	2.71a
	5-28	8-25	78.91a	47.16a	32.75d	19.61d	2.68a

注：同一品种同一列数据后跟有相同字母表示在 0.05 水平差异不显著。

二、灌浆期气象因子对稻米整精米率和垩白性状的影响

将受播种期影响显著的整精米率、垩白粒率和垩白度三项指标（表 1-11）分别与灌浆期各时段的气象因子间的相关分析结果列于表 1-12，从表 1-12 中可见：在 6 项气象因子中，日照时数（X_1：0～10.3h/d）、相对湿度（X_2：61.7%～93.9%）、日均气温（X_4：21.71～31.41℃）、日最高气温（X_5：23.95～36.93℃）和日最低气温（X_6：20.49～27.40℃）5 项因子与整精米率、垩白粒率和垩白度间存在显著或极显著相关，而降水量（X_3：0～7.22mm）的相关性则不显著。

就齐穗后不同时段的气象因子对稻米品质的影响而言，齐穗后 0～10d、6～15d、11～20d、16～25d 四个时段都有显著影响，仅齐穗后 21～30d 时段对米质的影响不显著。就其原因，籽粒充实在齐穗后 20d 以内完成较多，齐穗后 20～30d 的灌浆进度明显减慢（表 1-12），如Ⅱ优 7 号的 5 个播种期处理齐穗后第 20 天籽粒重分别达到其最大重的 99.04%、98.99%、93.55%、89.87%、89.83%，4228A/江恢 15 的 5 个播种期处理齐穗后第 20 天籽粒重分别达到其最大重的 99.32%、95.05%、97.28%、95.52%、91.63%。而整精米率与籽粒灌浆期的灌浆速度呈显著负相关（Ⅱ优 7 号的 $r=-0.9297^{*}$，4228A/江恢 15 的 $r=-0.8793^{*}$），垩白粒率、垩白度分别与灌浆速度呈显著或极显著正相关（Ⅱ优 7 号的 r 值分别为 0.9495^{*} 和 0.8982^{*}；4228A/江恢 15 的 r 值分别为 0.9134^{*} 和 0.9951^{**}）。表明齐穗后 21～30d 气象因子对稻米品质的影响不显著，可能与该时段籽粒已基本饱满，灌浆速度较慢有关。

表 1-12　气象因子与稻米主要品质间的相关系数

齐穗后(d)	性状	Ⅱ优 7 号						4228A/江恢 15					
		X_1	X_2	X_3	X_4	X_5	X_6	X_1	X_2	X_3	X_4	X_5	X_6
0~10	X_7	-0.89*	0.94*	0.70	-0.93*	-0.90*	-0.94*	-0.81	0.71	0.50	-0.85	-0.81	-0.89*
	X_8	0.85	-0.92*	-0.81	0.91*	0.86	0.93*	0.94*	-0.92*	-0.58	0.98**	0.94*	0.99**
	X_9	0.91*	-0.98**	-0.48	0.96**	0.94*	0.98**	0.88*	-0.88*	-0.70	0.91*	0.86	0.93*
6~15	X_7	-0.81	0.91*	0.31	-0.93*	-0.91*	-0.93*	-0.97**	0.99**	0.31	-0.99**	-0.97**	-0.97**
	X_8	0.86	-0.95*	-0.35	0.98**	0.95*	0.99**	0.88*	-0.93*	0.29	0.95*	0.96**	0.95*
	X_9	0.83	-0.90*	0.17	0.95*	0.94*	0.96**	0.80	-0.92*	-0.28	0.91*	0.88*	0.91*
11~20	X_7	-0.91*	0.93*	0.35	-0.96**	-0.96**	-0.95*	-0.99**	0.98**	0.35	-0.99**	-0.99**	-0.98**
	X_8	0.99**	-0.97**	-0.39	0.99**	0.99**	0.97**	0.87*	-0.80	-0.22	0.88*	0.91*	0.86
	X_9	0.94*	-0.90*	-0.21	0.95*	0.95*	0.92*	-0.80	-0.85	-0.32	0.88*	0.89*	0.89*
16~25	X_7	-0.94*	-0.96**	0.63	-0.94*	-0.94*	-0.97**	-0.93*	0.95*	0.60	-0.92*	-0.92*	-0.92*
	X_8	0.94*	-0.98**	0.47	0.95*	0.95*	0.93*	0.88*	-0.83	-0.32	0.81	0.84	0.78
	X_9	0.95*	-0.97**	0.63	0.94*	0.94*	0.90*	0.92*	-0.89*	-0.62	0.91*	0.91*	0.90*
21~30	X_7	-0.68	0.61	-0.71	-0.65	-0.65	-0.77	-0.66	0.54	-0.41	-0.76	-0.70	-0.77
	X_8	0.73	-0.74	0.58	0.71	0.72	0.85	0.53	-0.49	0.82	0.50	0.47	0.45
	X_9	0.63	-0.59	0.74	0.59	0.59	0.73	0.72	-0.65	0.76	0.65	0.65	0.55

注：X_1，日照时数；X_2，相对湿度；X_3，降水量；X_4，日均气温；X_5，日最高气温；X_6，日最低气温；X_7，整精米率；X_8，垩白粒率；X_9，垩白度。$r_{5,0.05}=0.88^*$，$r_{5,0.01}=0.96^{**}$。

三、灌浆期影响稻米整精米率、垩白粒率和垩白度的关键气象因子

综合上述试验结果，在稻谷碾米品质和外观品质的5项指标中，显著受灌浆期气象因子影响的有整精米率、垩白粒率和垩白度3项指标（表1-11），而且显著影响这三项指标的是齐穗后0~20d 6个气象因子中的日照时数（X_1）、相对湿度（X_2）、日均气温（X_4）、日最高气温（X_5）和日最低气温（X_6）5个，齐穗后21~30d的气象因子对米质的影响不显著（表1-12）。为了进一步探明影响稻米品质的主控气象因子，特用Ⅱ优7号和4228A/江恢15两个组合各5个播种期处理的共10组数据，分别进行齐穗后0~20d的日照时数（X_1）、相对湿度（X_2）、日均气温（X_4）、日最高气温（X_5）和日最低气温（X_6）对整精米率（X_7）、垩白粒率（X_8）和垩白度（X_9）的通径分析。从通径分析结果表1-13可见如下。

（1）气象因子对整精米率（X_7）的直接效应表现为日均气温（X_4）>日最低气温（X_6）>日照时数（X_1）>相对湿度（X_2）>日最高气温（X_5），间接效应（总和）表现为日均气温（X_4）>日最低气温（X_6）>日最高气温（X_5）>日照时数（X_1）>相对湿度（X_2）。表明整精米率主要受日均气温和日最低气温的制约，提高整精米率要求齐穗后0~20d的日均气温和日最低气温较低（整精米率与日均气温和日最低气温的相关系数分别为-0.9438**、-0.9409**）。

（2）气象因子对垩白粒率（X_8）的直接效应表现为日最低气温（X_6）>相对湿度（X_2）>日照时数（X_1）>日均气温（X_4）>日最高气温（X_5），间接效应（总和）表现为相对湿度（X_2）>日最高气温（X_5）>日均气温（X_4）>日照时数（X_1）>日最低气温（X_6），除相对湿度（X_2）外表现为直接效应大的则间接效应小。说明相对湿度是垩白粒率的主控因子，垩白粒率低要求齐穗后0~20d有较高的相对湿度（垩白粒率与相对湿度的相关系数为-0.9105**）。

（3）气象因子对垩白度（X_9）的直接效应表现为日均气温（X_4）>日最低气温（X_6）>日照时数（X_1）>日最高气温（X_5）>相对湿度（X_2），间接效应（总和）表现为（X_4）>日最低气温（X_6）>日照时数（X_1）>相对湿度（X_2）>日最高气温（X_5）。表明日均气温和日最低气温是垩白度的主控因子，降低稻米垩白度要齐穗后0~20d的日均气温和日最低气温较低（垩白度与日均气温和日最低气温的相关系数分别为0.9528**、0.9556**）。

表 1-13　齐穗后 0~20d 主要气象因子对稻米整精米率、垩白粒率和垩白度的通径分析

品质指标	气象因子	相关系数	直接效应	间接效应					
				总和	X_1→Y	X_2→Y	X_4→Y	X_5→Y	X_6→Y
X_7	X_1	-0.931 2	-1.347 2	0.416 0		-1.057 4	4.054 9	-0.210 3	-2.371 2
	X_2	0.942 9	1.073 5	-0.130 6	1.327 0		-4.064 6	0.207 3	2.399 7
	X_4	-0.943 8	4.083 3	-5.027 1	-1.337 8	-1.068 6		-0.210 8	-2.409 9
	X_5	-0.841 5	-0.238 5	-0.603 0	-1.187 9	-0.933 1	3.610 4		-2.092 4
	X_6	-0.940 9	-2.419 7	1.475 8	-1.320 2	-1.064 7	4.066 9	-0.206 2	
X_8	X_1	0.912 2	0.239 7	0.672 5		-0.704 4	0.221 6	0.063 9	1.091 4
	X_2	-0.910 5	0.715 1	-1.625 6	-0.236 1		-0.222 1	-0.062 9	-1.104 5
	X_4	0.922 5	0.223 1	0.699 4	0.238 0	-0.711 8		0.064 0	1.109 2
	X_5	0.832 1	0.072 0	0.760 1	0.211 3	-0.621 6	0.197 3		0.963 1
	X_6	0.799 0	1.113 7	-0.314 7	0.234 9	-0.709 2	0.222 2	-0.062 6	
X_9	X_1	0.927 2	-3.931 2	4.858 4		-0.142 9	9.015 2	-0.153 1	-3.860 8
	X_2	-0.961 4	0.145 1	-1.106 5	3.872 4		-9.036 9	0.150 9	3.907 1
	X_4	0.952 8	9.078 5	-8.125 7	-3.903 8	-0.144 6		-0.153 5	-3.923 8
	X_5	0.408 6	-0.173 6	0.582 2	-3.466 3	-0.126 1	8.027 1		-3.852 5
	X_6	0.955 6	-3.939 7	4.895 3	-3.852 6	-0.143 9	9.042 0	-0.150 2	

结论：在稻谷碾米品质和外观品质的 5 项指标中，显著受灌浆期气象因子影响的有整精米率、垩白粒率和垩白度 3 项指标，显著影响这三项指标的是齐穗后 0~20d 6 个气象因子中的相对湿度、日均气温、日最低气温 3 个，齐穗后 21~30d 的气象因子对米质的影响不显著。从总体上看，齐穗后 0~20d 的日均气温和日最低气温低，相对湿度大，有利于提高整精米率，降低垩白粒率和垩白度。

第三节　气象因子对杂交中稻干物质积累、产量与稻米品质的影响

影响水稻高产与优质的生态因子研究较多，但多将高产生态与优质生态分别开展研究，同时进行这两方面的研究极少。为此，徐富贤等[3]以生育期不同的 3 个杂交中稻品种为材料，在 3 月 5 日至 5 月 24 日的 5 个播种期条件下，系统研究了生长前期、中期和后期不同生育阶段的气象因子对产量与品质的影响，以期为该区域适应不同种植季节的有利与不利气象因子的水稻高产优质栽培与稻田种

植模式的调整提供理论与实践依据。

一、各试验处理下的生育期及其相应的气象状况

从试验结果（表1-14）可见，不同生育期的3个杂交中稻品种在5个播种期条件下，随着播种期推迟，生育期逐渐缩短，3个品种全生育期从最早3月5日播种的139~150d，缩短到最迟5月24日播种的106~115d，缩短了23.33%~23.74%，以致不同品种各播种期下所处的气象条件各异。特以3月5日至9月16日的逐日气象资料和主要生育节点（表1-14）为依据，统计出3个品种5个播种期下各生育阶段的气象因素值（表1-15），作为探索水稻生长期间气象因子影响产量与品质的基础数据。

表1-14 各试验处理下的水稻关键生育期的日期 （月-日）

播种期	品种	移栽期	拔节期	始穗期	成熟期	全生育期（d）
3-5	川作优8727	4-12	5-13	6-17	7-22	139
	德优727	4-12	5-19	6-25	7-30	147
	天优华占	4-12	5-25	6-28	8-2	150
3-25	川作优8727	4-20	5-18	6-23	7-27	124
	德优727	4-20	5-26	6-26	8-2	130
	天优华占	4-20	5-30	7-2	8-7	135
4-14	川作优8727	5-14	6-4	7-4	8-5	113
	德优727	5-14	6-7	7-13	8-11	119
	天优华占	5-14	6-12	7-18	8-22	130
5-4	川作优8727	6-2	6-17	7-20	8-22	110
	德优727	6-2	6-24	7-24	8-29	117
	天优华占	6-2	6-29	8-1	9-5	124
5-24	川作优8727	6-15	7-9	8-2	9-7	106
	德优727	6-15	7-12	8-7	9-10	109
	天优华占	6-15	7-15	8-14	9-16	115

表 1-15　3 个品种在不同播种期下各生育阶段的气象因子表现

气象因子	播种期（月-日）	川作优 8727				德优 727				天优华占			
		播种—移栽	移栽—拔节	拔节—始穗	始穗—成熟	播种—移栽	移栽—拔节	拔节—始穗	始穗—成熟	播种—移栽	移栽—拔节	拔节—始穗	齐穗—始熟
日最高气温（℃）		X_1	X_2	X_3	X_4	X_1	X_2	X_3	X_4	X_1	X_2	X_3	X_4
	3-5	18.8	25.7	28.6	31.9	18.8	26.4	28.3	33.6	18.8	26.3	28.6	34.6
	3-25	23.9	26.0	28.5	33.0	23.9	26.2	28.5	34.2	23.9	26.7	28.6	35.4
	4-14	25.9	27.8	29.1	35.3	25.9	28.1	28.9	35.9	25.9	29.0	30.5	36.0
	5-4	27.9	28.2	31.6	36.1	27.9	28.6	32.6	35.9	27.9	28.3	34.6	34.1
	5-24	28.6	29.6	36.0	33.6	28.6	30.1	36.4	32.7	28.6	30.5	35.7	32.3
日最低气温（℃）		X_5	X_6	X_7	X_8	X_5	X_6	X_7	X_8	X_5	X_6	X_7	X_8
	3-5	12.7	16.4	20.9	23.9	12.7	16.9	21.5	24.9	12.7	17.4	21.5	25.6
	3-25	14.9	17.0	21.6	24.5	14.9	17.7	21.7	25.3	14.9	18.0	21.9	26.3
	4-14	16.6	19.2	22.2	26.2	16.6	19.4	22.2	26.3	16.6	21.0	23.4	26.2
	5-4	19.0	21.9	23.8	26.3	19.0	22.2	24.2	26.2	19.0	21.9	25.7	25.2
	5-24	21.4	22.7	26.4	24.8	21.4	22.9	26.8	24.3	21.4	23.2	25.9	24.0
日平均气温（℃）		X_9	X_{10}	X_{11}	X_{12}	X_9	X_{10}	X_{11}	X_{12}	X_9	X_{10}	X_{11}	X_{12}
	3-5	15.1	20.4	24.1	27.4	15.1	21.0	24.3	28.8	15.1	21.2	24.5	29.6
	3-25	18.6	20.8	24.4	28.3	18.6	21.3	24.5	29.3	18.6	21.7	24.9	30.4
	4-14	20.6	22.9	25.1	30.3	20.6	23.2	25.0	30.4	20.6	24.4	26.4	30.4
	5-4	22.9	24.4	27.1	30.5	22.9	24.7	27.9	30.3	22.9	24.5	29.7	28.8
	5-24	24.4	25.5	30.8	28.4	24.4	25.9	31.2	27.6	24.4	26.3	30.2	27.4

（续表）

气象因子	播种期（月-日）	川作优 8727				德优 727				天优华占			
		播种—移栽	移栽—拔节	拔节—始穗	始穗—成熟	播种—移栽	移栽—拔节	拔节—始穗	始穗—成熟	播种—移栽	移栽—拔节	拔节—始穗	齐穗—始熟
降水量（mm）		X_{13}	X_{14}	X_{15}	X_{16}	X_{13}	X_{14}	X_{15}	X_{16}	X_{13}	X_{14}	X_{15}	X_{16}
	3-5	47.5	76.1	180.8	129.7	47.5	78.9	214.1	104.6	47.5	126.9	172	91.3
	3-25	22.9	73.3	193.8	116.8	22.9	121.3	171.3	96.5	22.9	126.7	177.8	130.8
	4-14	78.9	95.1	172.7	130.8	78.9	105.3	141.3	127.5	78.9	148.2	148.5	109.8
	5-4	73.9	124.6	129.7	81.4	73.9	152.6	113.9	142.6	73.9	172.7	91.3	163.9
	5-24	127.7	109.0	49.7	164.2	127.7	109.0	95.3	138.1	127.7	124.6	111.9	107.2
日平均相对湿度（%）		X_{17}	X_{18}	X_{19}	X_{20}	X_{17}	X_{18}	X_{19}	X_{20}	X_{17}	X_{18}	X_{19}	X_{20}
	3-5	82.6	74.5	78.7	79.8	82.6	72.8	83.5	74.2	82.6	74.4	83.6	72.3
	3-25	74.2	74.4	82.0	75.8	74.2	75.5	84.3	73.1	74.2	75.6	85.3	71.0
	4-14	74.7	75.8	84.8	71.3	74.7	75.5	85.6	70.8	74.7	77.0	82.7	71.1
	5-4	74.7	84.5	80.7	70.7	74.7	85.8	77.0	72.0	74.7	85.7	72.4	77.4
	5-24	81.8	85.7	67.7	78.2	81.8	83.7	68.0	80.3	81.8	82.6	71.8	79.6
日照时数（h）		X_{21}	X_{22}	X_{23}	X_{24}	X_{21}	X_{22}	X_{23}	X_{24}	X_{21}	X_{22}	X_{23}	X_{24}
	3-5	83.5	170.1	142.1	207.3	83.5	208.6	112.2	280.2	83.5	217.2	116.6	297.4
	3-25	120.7	145	113.4	253.4	120.7	174.3	94.6	304.5	120.7	193	111.7	315.4
	4-14	156.2	145.6	117.9	276.3	156.2	174.8	93.1	252.2	156.2	125.8	173.2	314.6
	5-4	145.6	51.2	184.5	302.1	145.6	62.9	217.8	306.2	145.6	82.8	282.1	223.2
	5-24	85.3	90.8	240.8	224.7	85.3	126.0	252.7	187.7	85.3	148.1	264.0	195.6

二、气象因子对水稻干物质生产、产量与生育期的影响

从试验结果（表 1-16）可见，齐穗期的比叶重、叶面积指数和地上部干物重，成熟期的叶面积指数、地上部干物重和收获指数，分别在 5 个播种期间和 3 个品种间的差异均达极显著水平（方差分析 F 值 5.72** ~91.73**）。其中，齐穗期的叶面积指数和地上部干物重，成熟期的地上部干物重和收获指数分别显著受到播种期和品种互作的影响（方差分析 F 值 4.28** ~18.88**）；叶面积指数变异系数较大（22.82%~25.31%），地上部干物重次之（14.03%~14.38%），比叶重和收获指数变异相对较小（6.89%~6.95%）。

就各试验处理间产量性状（表 1-17）而言，产量及其相关性状分别在 5 个播种期间和 3 个品种间的差异均达显著或极显著水平（方差分析 F 值 3.99** ~544.17**）。其中，最高苗、结实率和千粒重分别显著受到播种期和品种互作的影响（方差分析 F 值 2.33** ~12.12**），但最终产量受播种期和品种互作的影响不显著。最高苗和穗粒数的变异系数较大（12.68%~15.19%），结实率、千粒重和产量变异次之（9.05%~10.69%），有效穗相对稳定，变异系数仅为 6.4%。3 月 5 日、3 月 25 日、4 月 14 日播期比 5 月 4 日和 5 月 24 日播期显著增产，以 4 月 14 日播期产量最高，分别比 5 月 4 日和 5 月 24 日播期增产 26.43% 和 22.01%，主要是结实率和千粒重明显提高所致。品种间以生育期较长的天优华占最高，分别比川作优 8727 和德优 727 增产 7.71%和 8.48%。通径分析结果（表 1-18）表明，水稻干物质、穗粒结构、生育期对产量作用的决定程度高达 96.17%~99.99%，但其主效因子因水稻品种而异，川作优 8727、德优 727 和天优华占的直接作用最大的性状分别为结实率（X_{10}）、千粒重（X_{11}）和穗粒数（X_9）。

为了明确影响产量及其相关性状的关键气象因子，以表 1-15、表 1-16、表 1-17 资料为统计依据，进行了气象因子对产量及其相关性状的通径分析，结果（表 1-19）表明，气象因子对产量及其相关性状的决定系数高达 97.93%~100%。由于 3 个水稻品种全生育期有 4~14d 的差异（表 1-14），以致各品种不同生育阶段所处的气象条件不同（表 1-15）。因此，影响品种间产量及其相关性状的关键气象因子各异（表 1-19）。生育期较长中迟熟品种的德优 727 和天优华占对产量直接作用最大的均是移栽—拔节的日平均相对温度（X_{18}）与产量呈负效应，而中早熟品种川作优 8727 对产量直接作用最大的则是拔节—始穗日平均气温（X_{11}）与产量呈负效应。说明移栽—拔节的相对湿度低有利于迟熟品种高产、拔节—始穗日平均气温低则有利于中早熟品种高产。

表 1-16　各试验处理的干物重、叶面积指数与收获指数等比较

试验处理		齐穗期			成熟期		
		比叶重（mg/cm²）	叶面积指数	地上部干物重（kg/hm²）	叶面积指数	地上部干物重（kg/hm²）	收获指数
最小值		3.76	4.07	6 994.05	2.41	11 357.85	0.507 8
最大值		4.61	7.91	11 604.75	4.66	18 556.50	0.646 2
平均值		4.23	5.74	9 100.20	3.49	14 297.70	0.606 6
CV（%）		6.95	22.82	14.03	25.31	14.38	6.89
播种期（月-日）（A）	3-5	4.56a	4.30d	8 326.05c	2.80d	12 696.9b	0.641 7a
	3-25	4.44a	4.54d	8 552.55c	3.08d	13 066.8b	0.636 0a
	4-14	3.92c	5.81c	9 046.95bc	4.23c	15 108.6a	0.609 8b
	5-4	4.22b	6.56b	9 690.15ab	4.60b	15 606.6a	0.575 2c
	5-24	4.03bc	7.51a	9 885.00a	5.26a	15 009.75a	0.570 1c
品种（B）	川作优 8727	4.15b	5.56b	8 265.15c	3.69b	13 165.65b	0.631 8a
	德优 727	4.17b	5.68b	9 008.85b	4.04a	13 703.4b	0.586 4c
	天优华	4.38a	6.00a	10 026.45a	4.24a	16 024.05a	0.601 5b
F 值	A	17.45**	74.19**	8.84**	91.73**	10.35**	30.54**
	B	7.17**	5.72**	62.85**	8.94**	39.89**	43.90**
	A×B	1.65	4.28**	18.88**	1.95	6.59**	11.98**

表 1-17　各试验处理的水稻穗粒性状与产量比较

试验处理		最高苗（×10⁴/hm²）	有效穗（×10⁴/hm²）	穗粒数（粒）	结实率（%）	千粒重（g）	产量（kg/hm²）
最小值		275.10	191.25	133.10	60.66	22.53	6 315.00
最大值		427.50	233.10	209.75	93.51	30.56	8 975.10
平均值		349.80	214.05	162.44	85.32	27.52	7 866.15
CV（%）		12.68	6.40	15.19	10.71	9.05	10.69
播种期（月/日）（A）	3-5	379.05a	225.30a	146.63d	90.11a	28.74a	8 469.15ab
	3-25	310.20b	214.05ab	144.09d	91.08a	28.69a	8 071.65b
	4-14	370.20a	209.40ab	159.42c	92.30a	28.17b	8 730.00a
	5-4	317.10b	198.60b	193.77a	73.88c	26.06c	6 905.10c
	5-24	372.15a	223.20a	168.30b	79.20b	25.94c	7 155.00c

（续表）

试验处理		最高苗（$\times10^4/hm^2$）	有效穗（$\times10^4/hm^2$）	穗粒数（粒）	结实率（%）	千粒重（g）	产量（kg/hm^2）
品种（B）	川作优 8727	313.65c	224.55a	153.61b	87.40a	28.77a	7 687.05b
	德优 727	378.75a	211.50b	150.51b	84.18b	29.07a	7 632.00b
	天优华占	356.85b	224.55a	183.21a	84.37b	24.72b	8 279.55a
F 值	A	22.10**	3.99*	116.99**	141.62**	132.02**	19.43**
	B	30.38**	8.07**	65.82**	4.97*	544.17**	6.97**
	A×B	2.33*	0.74	2.17	12.12**	9.52**	1.16

表 1-18　干物质、穗粒结构、生育期对产量的通径分析

品种	因子	相关系数	直接作用	间接作用				决定系数 R^2	剩余通径系数
				总和	$\to X_5$	$\to X_7$	$\to X_{10}$		
川作优 8727	X_5	−0.355 0	0.310 2	−0.665 1		−0.116 5	−0.548 6	0.961 7	0.195 6
	X_7	0.715 3	0.366 4	0.348 9	−0.098 6		0.447 5		
	X_{10}	0.896 4	0.903 3	−0.006 9	−0.188 4	0.181 5			
				总和	$\to X_2$	$\to X_{11}$	$\to X_{13}$		
德优 727	X_2	−0.444 1	0.577 8	−1.021 9		−0.807 5	−0.214 4	0.999 8	0.015 5
	X_{11}	0.961 9	1.208 9	−0.24 7	−0.386 0		0.139 0		
	X_{13}	0.420 9	0.222 2	0.198 7	−0.557 5	0.756 2			
				总和	$\to X_1$	$\to X_5$	$\to X_9$		
天优华占	X_1	−0.286 4	0.173 6	−0.458 3		−0.435 6	−0.022 7	0.999 9	0.004 5
	X_5	−0.583 3	0.740 4	−1.323 7	−0.102 1		−1.221 6		
	X_9	−0.958 2	−1.545 9	0.587 6	0.002 5	0.585 1			

注：X_1，齐穗期比叶重；X_2，齐穗期叶面积指数；X_5，成熟期地上部干物质重；X_7，最高苗数；X_9，穗粒数；X_{10}，结实率；X_{11}，千粒重1 000；X_{13}，生殖生长期。

表 1-19　气象因子对产量及其相关性状的通径分析

品种	因子	气象因子	相关系数	直接作用	间接作用				决定系数 R^2	剩余通径系数
					总和	$\to X_{11}$	$\to X_{13}$	$\to X_{23}$		
川作优 8727	产量	X_{11}	−0.750 9	−1.706 3	0.955 5		1.301 4	−0.345 9	0.998 7	0.036 3
		X_{13}	−0.390 6	1.447 6	−1.838 2	−1.534 0		−0.304 2		
		X_{23}	−0.775 6	−0.364 7	−0.410 9	−1.618 4	1.207 5			

（续表）

品种	因子	气象因子	相关系数	直接作用	间接作用				决定系数 R^2	剩余通径系数
					总和	$\to X_1$	$\to X_{10}$	$\to X_{23}$		
川作优8727	齐穗期叶面积指数	X_1	0.864 6	−0.152 7	1.017 3		0.984 4	0.032 9	0.999 9	0.003 3
		X_{10}	0.995 9	1.087 4	−0.091 4	−0.138 2		0.046 8		
		X_{23}	0.863 7	0.056 8	0.806 9	−0.088 5	0.895 4			
					总和	$\to X_1$	$\to X_2$	$\to X_{14}$		
	成熟期干物重	X_1	0.575 9	−0.808 9	1.384 8		0.401 2	0.983 6	0.999 9	0.002 5
		X_2	0.736 4	0.450 3	0.286 2	−0.720 8		1.007 0		
		X_{14}	0.933 5	1.215 1	−0.281 7	−0.654 8	0.373 1			
					总和	$\to X_{10}$	$\to X_{14}$	$\to X_{22}$		
	最高苗数	X_{10}	−0.262 1	0.718 4	−0.980 5		0.887 5	−1.868 0	0.998 4	0.040 2
		X_{14}	−0.462 7	0.984 8	−1.447 4	0.647 5		−2.094 9		
		X_{22}	0.731 0	2.246 6	−1.515 7	−0.597 4	−0.918 3			
					总和	$\to X_{17}$	$\to X_{20}$	$\to X_{24}$		
	有效穗	X_{17}	0.880 6	0.377 7	0.502 9		−1.403 3	1.906 2	0.979 3	0.143 9
		X_{20}	0.809 1	−1.658 4	2.467 5	0.319 6		2.147 9		
		X_{24}	−0.904 7	−2.197 9	1.293 1	−0.327 6	1.620 7			
					总和	$\to X_1$	$\to X_{14}$	$\to X_{16}$		
	穗粒数	X_1	0.611 1	−0.093 0	0.704 2		0.704 0	0.000 2	1.000 0	0.001 9
		X_{14}	0.900 8	0.869 7	0.031 2	−0.075 3		0.106 5		
		X_{16}	−0.642 9	−0.425 3	−0.217 7	0.000 0	−0.217 7			
					总和	$\to X_{13}$	$\to X_{15}$	$\to X_{23}$		
	结实率	X_{13}	−0.648 4	0.657 8	−1.306 2		−0.421 6	−0.884 6	0.999 8	0.011 7
		X_{15}	0.888 4	0.460 5	0.428	−0.602 2		1.030 2		
		X_{23}	−0.959 2	−1.060 5	0.101 4	0.548 7	−0.447 3			
					总和	$\to X_2$	$\to X_{11}$	$\to X_{14}$		
	千粒重	X_2	−0.805 8	0.162 6	−0.968 4		−0.079 3	−0.889 1	1.000 0	0.000 5
		X_{11}	−0.689 1	−0.086 5	−0.602 6	0.149 1		−0.751 7		
		X_{14}	−0.998 7	−1.072 8	0.074 2	0.134 8	−0.060 6			

（续表）

品种	因子	气象因子	相关系数	直接作用	间接作用				决定系数 R^2	剩余通径系数
德优 727	产量				总和	$\to X_6$	$\to X_{18}$	$\to X_{21}$	0.999 9	0.010 7
		X_6	-0.775 5	1.051 1	-1.826 6		-1.844 3	0.017 7		
		X_{18}	-0.931 7	-1.947 1	1.015 3	0.995 6		0.019 7		
		X_{21}	0.005 7	0.143 6	-0.137 9	0.129 5	-0.267 4			
	齐穗期叶面积指数				总和	$\to X_2$	$\to X_8$	$\to X_{16}$	0.999 9	0.005 3
		X_2	0.974 4	1.762 8	-0.788 4		-0.025 0	-0.763 4		
		X_8	-0.240 1	0.181 9	-0.422	-0.241 9		-0.180 1		
		X_{16}	0.803 2	-0.839 2	1.642 4	1.603 4	0.039 0			
	成熟期干物重				总和	$\to X_1$	$\to X_{16}$	$\to X_{18}$	0.999 2	0.029 1
		X_1	0.575 9	-0.719 4	1.295 3		0.886 7	0.408 6		
		X_{16}	0.929 6	1.100 8	-0.171 2	-0.579 5		0.408 3		
		X_{18}	0.805 5	0.484 4	0.321 1	-0.606 7	0.927 8			
	最高苗数				总和	$\to X_{14}$	$\to X_{20}$	$\to X_{21}$	0.999 9	0.008 6
		X_{14}	-0.827 3	-1.379 7	0.552 4		-0.141 0	0.693 4		
		X_{20}	-0.006 3	0.593 5	-0.599 9	0.327 7		-0.927 6		
		X_{21}	-0.117 7	1.170 2	-1.288	-0.817 5	-0.470 5			
	有效穗				总和	$\to X_{14}$	$\to X_{19}$		1.000 0	0.002 1
		X_{14}	-0.966 1	-1.248 4	0.282 3		0.282 3			
		X_{19}	0.538 4	-0.382 7	0.921 1	0.921 1				
	穗粒数				总和	$\to X_4$	$\to X_{21}$	$\to X_{22}$	0.993 2	0.082 8
		X_4	0.577 7	1.068 8	-0.491		-0.768 0	0.277 0		
		X_{21}	0.509 7	-0.805 4	1.315	1.019 2		0.295 8		
		X_{22}	-0.921 1	-0.853 4	-0.067 7	-0.346 9	0.279 2			
	结实率				总和	$\to X_1$	$\to X_{16}$	$\to X_{22}$	0.998 2	0.042 6
		X_1	-0.576 4	0.563 1	-1.139 5		-0.136 4	-1.003 1		
		X_{16}	-0.722 9	-0.169 3	-0.553 6	0.453 6		-1.007 2		
		X_{22}	0.950 5	1.262 8	-0.312 2	-0.447 3	0.135 1			
	千粒重				总和	$\to X_{18}$	$\to X_{19}$	$\to X_{21}$	1.000 0	0.000 6
		X_{18}	-0.983 3	-1.234 5	0.251 2		0.208 5	0.042 7		
		X_{19}	0.855 7	-0.261 1	1.116 8	0.985 5		0.131 3		
		X_{21}	0.030 7	0.310 7	-0.280 0	-0.169 6	-0.110 4			

（续表）

品种	因子	气象因子	相关系数	直接作用	间接作用				决定系数 R^2	剩余通径系数
天优华占	产量				总和	$\to X_3$	$\to X_{18}$	$\to X_{22}$	1.000 0	0.001 7
		X_3	-0.923 9	0.145 2	-1.069 1		-1.322 4	0.253 3		
		X_{18}	-0.982 6	-1.413 0	0.430 4	0.135 9		0.294 5		
		X_{22}	0.719 0	-0.353 6	1.072 6	-0.104 0	1.176 6			
	齐穗期叶面积指数				总和	$\to X_7$	$\to X_9$	$\to X_{17}$	1.000 0	0.000 3
		X_7	0.995 7	0.910 4	0.085 3		0.084 1	0.001 2		
		X_9	0.965 8	0.088 7	0.877 1	0.863 4		0.013 7		
		X_{17}	-0.105 4	-0.074 0	-0.031 3	-0.0149	-0.016 4			
	成熟期干物重				总和	$\to X_5$	$\to X_6$	$\to X_{13}$	1.000 0	0.001 8
		X_5	0.774 9	-1.590 8	2.365 8		2.501 7	-0.135 9		
		X_6	0.912 0	2.591 5	-1.679 4	-1.535 7		-0.143 7		
		X_{13}	0.816 5	-0.160 0	0.976 4	-1.352 0	2.328 4			
	最高苗数				总和	$\to X_2$	$\to X_{17}$	$\to X_{21}$	0.993 5	0.080 8
		X_2	0.464 4	0.163 5	0.301 0		0.181 1	0.119 9		
		X_{17}	0.726 1	1.977 7	-1.251 6	0.015 0		-1.266 6		
		X_{21}	-0.369 6	1.402 5	-1.772 1	0.014 0	-1.786 1			
	有效穗				总和	$\to X_4$	$\to X_{14}$	$\to X_{16}$	0.993 1	0.083 3
		X_4	-0.303 2	-0.243 9	-0.059 2		-0.049 4	-0.009 8		
		X_{14}	-0.877 2	-0.294 3	-0.582 9	-0.041 0		-0.541 9		
		X_{16}	-0.935 6	-0.706 5	-0.229 1	-0.003 4	-0.225 7			
	穗粒数				总和	$\to X_1$	$\to X_{18}$	$\to X_{23}$	1.000 0	0.001 1
		X_1	0.830 3	-0.030 0	0.860 2		0.208 2	0.652 0		
		X_{18}	0.985 6	0.253 4	0.732 2	-0.024 7		0.756 9		
		X_{23}	0.998 3	0.776 6	0.221 7	-0.025 2	0.246 9			
	结实率				总和	$\to X_8$	$\to X_{14}$	$\to X_{24}$	1.000 0	0.000 3
		X_8	0.896 6	-0.350 5	1.247 1		0.001 5	1.245 6		
		X_{14}	-0.296 1	0.016 5	-0.312 6	-0.031 9		-0.280 7		
		X_{24}	0.994 2	1.326 8	-0.332 6	-0.329 1	-0.003 5			
	千粒重				总和	$\to X_2$	$\to X_{20}$	$\to X_{23}$	0.999 9	0.003 1
		X_2	-0.913 1	-0.649 0	-0.264 1		-0.525 3	0.261 2		
		X_{20}	-0.906 6	-0.765 2	-0.141 3	-0.445 5		0.304 2		
		X_{23}	-0.841 1	0.340 4	-1.181 5	-0.497 8	-0.683 7			

注：气象因子（X）同前表。

三、气象因子对稻米品质的影响

从试验结果（表 1-20）可以看出，整精米率、垩白度、垩白粒率变异系数高达 45.38%~84.81%，碱消值和胶稠度的变异系数次之，为 15.81%~22.71%，其他品质指标的变异系数较低，仅 0.67%~8.98%。方差分析结果表明，整精米率、垩白度、垩白粒率分别在 5 个播种期、3 个品种和播种期与品种的互作效应均达显著或极显著差异（F 值 3.01**~190.6**），以 5 月 24 日播种的整精米率最高，垩白度和垩白粒率最低；糙米率、长宽比、蛋白质均显著受播种期和品种的影响（F 值 3.31**~195.9**），但播种期与品种的互作效应均不显著；精米率、碱消值、胶稠度均在品种间差异显著（F 值 8.75**~115.8**），不同播种期间差异均不显著；不同播种期与品种间的直链淀粉含量的差异均不显著。在显著受播种期影响的品质性状中，随着播种期推迟，糙米率、整精米率、长宽比、蛋白质 4 个指标呈增加趋势，而垩白度、垩白粒率、胶稠度则呈下降趋势，尤其以 5 月 4 日、5 月 24 日 2 个播种期的增或降的效应明显。3 个品种间以天优华占的品质较好。

为了探明气象因子对稻米品质的影响，将显著受播种期影响的 6 个品质性状与气象因子间进行通径分析，从分析结果（表 1-21）可见，稻米品质指标受气象因子影响的决定系数高达 99.75%~100%，但不同品种受影响的关键气象因子各异。

（1）川作优 8727 移栽—拔节的日最高气温（X_2）对整精米率的直接正效应最大，相对湿度（X_{18}）对蛋白质有较大的正效应；拔节—始穗相对湿度（X_{19}）对糙米率的直接负效应最大，对垩白粒率正效应较大，对长宽比有较大负效应；始穗—成熟的降水量（X_{16}）对垩白度直接负效应最大。总体表现为移栽—拔节的气温高、相对湿度大，拔节—始穗相对湿度低，始穗—成熟降水量多有利于改善中籼中熟品种川作优 8727 稻米品质。

（2）德优 727 移栽—拔节的日最高气温（X_2）对糙米率的负效应较大；拔节—始穗的日照时数（X_{23}）对整精米率的正效应较大，分别对垩白度和垩白粒率有较大负效应，相对湿度（X_{19}）对长宽比负效应较大，日照时数（X_{23}）对蛋白质有较大正效应。总体表现为移栽—拔节的气温低、拔节—始穗日照多、相对湿度低，有利于改善中籼中迟熟品种德优 727 的稻米品质。

（3）天优华占播种—移栽的日最低温（X_5）对长宽比的正效应较大；移栽—拔节的日最高气温（X_2）对垩白度的正效应较大；始穗—成熟的日最高气温（X_4）对糙米率的正效应较大，日平均气温（X_{12}）对整精米率的负效应较大，降水量（X_{16}）对垩白粒率的负效应较大，日照时数（X_{24}）对蛋白质的负相应较大。总体表现为播种—移栽的气温高、移栽—拔节的气温低、始穗—成熟的气温低、降水量大、日照少有利于改善中迟熟品种天优华占的稻米品质。

表 1-20　各试验处理的稻米品质比较

（%）

试验处理		糙米率	精米率	整精米率	垩白度	垩白粒率	长宽比	碱消值（class）	胶稠度（mm）	直链淀粉	蛋白质
最小值		78.2	67.8	6.4	0.7	5.0	2.5	4.2	39.0	19.7	5.5
最大值		80.6	71.1	55.6	36.7	97.0	3.3	7.0	88.0	23.9	7.6
平均值		79.6	69.4	32.4	11.9	51.6	2.9	6.0	58.3	22.0	6.3
CV（%）		0.67	1.26	45.38	84.81	56.29	8.30	15.81	22.71	4.48	8.98
播种期（月/日）（A）	3-5	79.7a	69.6a	25.0c	12.5ab	54.0b	2.86c	5.8a	61.3a	21.7a	6.1b
	3-25	79.9a	69.5a	24.4c	13.0ab	50.4b	2.86c	6.0a	59.7a	22.3a	6.0b
	4-14	79.6ab	69.0a	23.2c	14.1a	70.3a	2.80c	6.0a	59.8a	21.9a	5.9b
	5-4	79.6ab	69.6a	38.6b	12.8ab	47.0b	2.96b	6.1a	55.2a	21.7a	6.7a
	5-24	79.3b	69.3a	51.0a	7.2b	42.7b	3.09a	6.0a	55.7a	22.3a	6.9a
品种（B）	川作优 8727	80.0a	69.6a	27.4b	23.0a	85.6a	2.62b	6.7a	45.8c	22.4a	6.5a
	德优 727	79.7a	69.8a	30.5b	9.1b	50.3b	3.04a	6.5a	56.5b	21.6a	6.4a
	天优华占	79.2b	68.9b	39.4a	3.6c	22.8c	3.07a	4.8b	72.7a	21.9a	6.1b
F 值	A	3.31*	1.20	56.81**	2.93*	13.00**	23.98**	0.45	1.29	0.85	12.01**
	B	14.86**	8.75**	25.08**	66.3**	190.6**	195.9**	115.8**	53.7**	2.97	5.67**
	A×B	2.07	4.39**	12.66**	3.01**	3.29**	0.86	1.35	0.93	0.83	0.65

表 1-21　气象因子对主要稻米品质的通径分析

品种	稻米品质	气象因子	相关系数	直接作用	间接作用				决定系数 R^2	剩余通径系数
川作优8727	糙米率				总和	$\rightarrow X_{14}$	$\rightarrow X_{17}$	$\rightarrow X_{19}$	0.999 9	0.008 6
		X_{14}	0.221 2	−0.210 5	0.431 7		0.050 6	0.381 1		
		X_{17}	0.600 7	−0.386 9	0.987 5	0.027 5		0.960 0		
		X_{19}	−0.972 2	−1.315 5	0.343 3	0.061 0	0.282 3			
	整精米率				总和	$\rightarrow X_{2}$	$\rightarrow X_{7}$	$\rightarrow X_{16}$	1.000 0	0.000 9
		X_{2}	0.977 6	1.047 0	−0.069 5		−0.137 3	0.067 8		
		X_{7}	0.921 8	−0.146 0	1.067 8	0.984 5		0.083 3		
		X_{16}	0.486 0	0.228 5	0.257 5	0.310 7	−0.053 2			
	垩白度				总和	$\rightarrow X_{4}$	$\rightarrow X_{16}$	$\rightarrow X_{23}$	0.999 9	0.004 4
		X_{4}	0.139 6	−0.384 6	0.524 2		0.538 0	−0.013 8		
		X_{16}	−0.924 8	−1.081 2	0.156 5	0.191 4		−0.034 9		
		X_{23}	−0.520 1	−0.103 4	−0.416 6	−0.051 2	−0.365 4			
	垩白粒率				总和	$\rightarrow X_{18}$	$\rightarrow X_{19}$	$\rightarrow X_{23}$	0.990 8	0.095 7
		X_{18}	−0.303 5	−3.056 7	2.753 1		−2.567 6	5.320 7		
		X_{19}	0.765 4	3.905 3	−3.139 9	2.009 7		−5.149 6		
		X_{23}	−0.505 9	5.783 4	−6.289 3	−2.812 1	−3.477 2			
	长宽比				总和	$\rightarrow X_{13}$	$\rightarrow X_{17}$	$\rightarrow X_{19}$	0.999 5	0.022 1
		X_{13}	0.618 9	−0.215 4	0.834 3		−0.106 5	0.940 8		
		X_{17}	0.612 0	−0.278 2	0.890 3	−0.082 4		0.972 7		
		X_{19}	−0.977 7	−1.332 8	0.355 1	0.152 0	0.203 1			
	蛋白质				总和	$\rightarrow X_{14}$	$\rightarrow X_{17}$	$\rightarrow X_{18}$	0.999 9	0.003 5
		X_{14}	0.729 2	−0.940 3	1.669 5		0.028 3	1.641 2		
		X_{17}	0.187 6	−0.216 4	0.404	0.123 0		0.281 0		
		X_{18}	0.946 0	1.824 9	−0.878 9	−0.845 6	−0.033 3			

（续表）

品种	稻米品质	气象因子	相关系数	直接作用	间接作用				决定系数 R^2	剩余通径系数
德优727 Deyou727	糙米率				总和	$\rightarrow X_{13}$	$\rightarrow X_{17}$	$\rightarrow X_2$	1.000 0	0.001 6
		X_2	-0.991 3	-1.119 8	0.128 5	0.158 5	-0.030 0			
		X_{13}	-0.980 3	0.164 3	-1.144 5		-0.063 9	-1.080 6		
		X_{17}	-0.305 5	-0.167 1	-0.138 4	0.062 9		-0.201 3		
	整精米率				总和	$\rightarrow X_8$	$\rightarrow X_{16}$	$\rightarrow X_{23}$	0.999 7	0.018 6
		X_8	-0.548 5	0.352 3	-0.900 8		-0.264 7	-0.636 1		
		X_{16}	0.339 9	-1.233 7	1.573 5	0.075 6		1.497 9		
		X_{23}	0.839 9	1.919 4	-1.079 5	-0.116 8	-0.962 7			
	垩白度				总和	$\rightarrow X_{16}$	$\rightarrow X_{19}$	$\rightarrow X_{23}$	1.000 0	0.001 1
		X_{16}	-0.341 4	0.969 5	-1.311		0.473 7	-1.784 7		
		X_{19}	0.832 8	-0.717 3	1.550 1	-0.640 3		2.190 4		
		X_{23}	-0.843 2	-2.286 9	1.443 6	0.756 6	0.687 0			
	垩白粒率				总和	$\rightarrow X_2$	$\rightarrow X_3$	$\rightarrow X_{23}$	1.000 0	0.000 1
		X_2	-0.459 5	1.185 8	-1.645 3		-0.686 3	-0.959 0		
		X_3	-0.760 7	-0.751 0	-0.009 8	1.083 6		-1.093 4		
		X_{23}	-0.857 3	-1.135 6	0.278 3	1.001 3	-0.723 0			
	长宽比				总和	$\rightarrow X_{13}$	$\rightarrow X_{19}$	$\rightarrow X_{23}$	0.997 5	0.050 1
		X_{13}	0.615 4	-0.481 3	1.096 7		0.957 5	0.139 2		
		X_{19}	-0.956 8	-1.175 9	0.219 2	0.391 9		-0.172 7		
		X_{23}	0.935 1	0.180 3	0.754 8	-0.371 5	1.126 3			
	蛋白质				总和	$\rightarrow X_1$	$\rightarrow X_{16}$	$\rightarrow X_{23}$	0.999 9	0.021 8
		X_1	0.492 3	-0.483 2	0.975 6		0.284 6	0.691 0		
		X_{16}	0.754 4	0.353 3	0.401	-0.389 3		0.790 3		
		X_{23}	0.958 7	1.012 7	-0.05 4	-0.329 7	0.275 7			

（续表）

品种	稻米品质	气象因子	相关系数	直接作用	间接作用				决定系数 R^2	剩余通径系数
					总和	$\to X_2$	$\to X_4$	$\to X_{12}$		
天优华占	糙米率	X_2	-0.795 2	-0.722 0	-0.073 3		-1.302 6	1.229 3	0.999 9	0.012 1
		X_4	0.915 9	2.333 8	-1.417 8	0.403 0		-1.820 8		
		X_{12}	0.924 9	-1.850 7	2.775 7	0.479 6	2.296 1			
					总和	$\to X_4$	$\to X_{12}$	$\to X_{13}$		
	整精米率	X_4	-0.976 4	0.876 9	-1.853 3		-2.172 6	0.319 3	0.999 9	0.008 1
		X_{12}	-0.984 8	-2.208 3	1.223 5	0.862 7		0.360 8		
		X_{13}	0.715 6	-0.445 2	1.160 7	-0.629 1	1.789 8			
					总和	$\to X_2$	$\to X_4$	$\to X_5$		
	垩白度	X_2	0.516 8	2.113 5	-1.596 8		-0.232 8	-1.364 0	0.999 3	0.026 9
		X_4	0.275 2	0.417 0	-0.141 8	-1.179 6		1.037 8		
		X_5	0.138 7	-1.497 5	1.636 2	1.925 2	-0.289 0			
					总和	$\to X_1$	$\to X_{16}$	$\to X_{21}$		
	垩白粒率	X_1	0.036 0	0.338 4	-0.302 4		-0.691 9	0.389 5	0.999 8	0.013 3
		X_{16}	-0.501 1	-1.279 4	0.778 3	0.183 0		0.595 3		
		X_{21}	0.350 8	0.988 1	-0.637 3	0.133 4	-0.770 7			
					总和	$\to X_5$	$\to X_8$	$\to X_{22}$		
	长宽比	X_5	0.873 8	0.762 2	0.111 7		0.347 2	-0.235 5	0.999 9	0.003 2
		X_8	-0.954 9	-0.458 7	-0.496 3	-0.576 9		0.080 6		
		X_{22}	-0.310 2	0.335 3	-0.645 6	-0.535 3	-0.110 3			
					总和	$\to X_1$	$\to X_{11}$	$\to X_{24}$		
	蛋白质	X_1	0.610 6	-0.137 5	0.748 0		0.090 1	0.657 9	1.000 0	0.001 6
		X_{11}	0.905 5	0.103 3	0.802 2	-0.120 0		0.922 2		
		X_{24}	-0.997 6	-0.992 8	-0.004 8	0.091 1	-0.095 9			

注：气象因子（X）同前表。

四、产量相关性状与主要品质指标间的关系

利用表 1-16、表 1-17 和表 1-20 数据进行的产量相关性状与品质指标间相关分析，结果（表 1-22）表明，产量与蛋白质含量呈极显著负相关，齐穗期和

成熟期叶面积指数分别与整精米率和蛋白质含量呈显著或极显著正相关；齐穗期地上部植株干物重越高，垩白度、垩白粒率、碱消值越低，长宽比越高；成熟期地上部植株干物重越高，糙米率和碱消值越低；收获指数越高整精米率、长宽比和蛋白质含量越低，垩白度越高；有效穗数分别与糙米率、垩白度、垩白粒率和碱消值呈显著负相关，与胶稠度呈显著正相关；穗粒数分别与糙米率、碱消值呈显著负相关，与整精米率呈显著正相关；结实率越高，其整精米率和蛋白质越低；千粒重分别与糙米率、垩白度、垩白粒率、碱消值呈显著或极显著正相关，与整精米率、长宽比、胶稠度呈显著或极显著负相关；营养生长期和全生育期分别与胶稠度呈显著正相关，与蛋白质含量呈极显著负相关，生殖生长期则分别与整精米率和蛋白质含量呈显著或极显著负相关。

根据长江上游杂交中稻稻米品质主要改良的方向，提高整精米率、蛋白质含量，降低垩白度、垩白粒率[2,4]，以及提高结实率、千粒重和降低穗粒数是获取高产主要途径（表1-18），结合上述产量性状与品质性状间的相关分析结果，说明改良稻米品质与提高稻谷产量存在一定矛盾。

结论：长江上游高温伏旱区杂交中稻随着播种期推迟，生育期逐渐缩短，产量呈下降趋势、品质有所改善，气象因子对产量及其相关性状和稻米品质有显著影响，但其主效因子因水稻品种而异。提高结实率、千粒重，延长全生育期有利于获得较高产量，但其垩白度、垩白粒率显著提高，整精米率、长宽比、蛋白质含量显著下降。水稻生长中前期的气象因子主要通过改变抽穗前的物质积累而间接对籽粒充实和稻米品质起作用。

第四节 杂交中稻品种与生态对头季稻及其再生稻产量与头季稻米品质的影响

先期有关杂交中稻、优质稻、再生稻品种的在同一生态条件下的库源结构研究较多，而三者综合性状较好的研究甚少。为此，徐富贤等[5]利用12个杂交中稻品种，在川南再生稻区有一定生态代表性的4个地点（表1-23），开展了杂交中稻品种与生态互作对头季稻及其再生稻产量与头季稻米品质影响的研究，以期为该区域杂交中稻蓄留再生稻大面积生产的高产、优质栽培提供理论与实践依据。

表 1-22　稻谷产量性状与品质性状间的相关系数

性状	糙米率	精米率	整精米率	垩白度	垩白粒率	长宽比	碱消值	胶稠度	直链淀粉	蛋白质
产量	-0. 052 9	-0. 406 0	-0. 461 8	-0. 046 8	0. 019 8	-0. 169 4	-0. 420 2	0. 488 9	0. 029 9	-0. 858 0**
齐穗期比叶重	-0. 006 3	-0. 010 9	-0. 172 6	-0. 189 9	-0. 3355	0. 127 2	-0. 442 0	0. 395 6	-0. 226 1	-0. 376 3
齐穗期叶面积指数	-0. 422 8	-0. 167 2	0. 690 7**	-0. 285 5	-0. 239 2	0. 390 0	-0. 100 9	-0. 063 7	0. 122 1	0. 637 9**
齐穗期干物重	-0. 470 4	-0. 276 3	0. 478 3	-0. 534 3*	-0. 525 6*	0. 568 2*	-0. 556 8*	0. 445 0	-0. 087 0	0. 178 9
成熟期叶面积指数	-0. 584 7*	-0. 231 7	0. 687 1**	-0. 363 4	-0. 311 1	0. 486 0	-0. 129 9	0. 014 8	-0. 049 7	0. 527 9*
成熟期干物重	-0. 571 9*	-0. 282 3	0. 460 0	-0. 456 5	-0. 495 1	0. 499 8	-0. 531 5*	0. 434 0	-0. 020 7	-0. 014 1
收获指数	0. 495 1	-0. 009 8	-0. 560 3*	0. 513 7*	0. 461 2	-0. 638 3**	0. 088 8	-0. 095 0	0. 489 9	-0. 505 0*
最高苗	-0. 463 4	-0. 187 0	0. 127 5	-0. 499 1	-0. 354 0	0. 549 0*	-0. 206 4	0. 373 4	-0. 324 6	-0. 075 6
有效穗	-0. 514 5*	-0. 277 7	0. 313 5	-0. 566 3*	-0. 545 5*	0. 497 0	-0. 581 8*	0. 586 0*	0. 167 2	-0. 321 7
穗粒数	-0. 617 4**	-0. 409 2	0. 527 6*	-0. 329 6	-0. 479 8	0. 406 0	-0. 568 3*	0. 402 9	-0. 114 0	0. 212 2
结实率	0. 370 1	-0. 151 8	-0. 587 2*	0. 301 2	0. 369 9	-0. 446 8	0. 034 4	0. 046 1	0. 374 3	-0. 616 2**
千粒重	0. 757 6**	0. 478 5	-0. 681 7**	0. 568 6*	0. 701 7**	-0. 565 8*	0. 756 8**	-0. 605 4*	-0. 034 8	-0. 069 6
营养生长期	-0. 032 8	-0. 015 5	-0. 273 1	-0. 294 6	-0. 309 9	0. 124 4	-0. 406 7	0. 524 0*	-0. 288 3	-0. 632 2**
生殖生长期	0. 196 6	0. 088 4	-0. 557 2*	0. 036 2	-0. 118 6	-0. 077 6	-0. 295 6	0. 413 6	-0. 232 7	-0. 625 1**
全生育期	0. 030 1	0. 012 9	-0. 371 1	-0. 219 9	-0. 275 7	0. 075 2	-0. 401 4	0. 526 5*	-0. 291 1	-0. 670 8**

表 1-23　各试验点的地理位置及稻田土壤肥力

地点	地理位置			基础肥力							
	经度（°，E）	纬度（°，N）	海拔（m）	有机质（%）	全氮（%）	全磷（%）	全钾（%）	pH 值	有效氮（mg/100g）	有效磷（mg/kg）	有效钾（mg/kg）
隆昌	105. 12	29. 15	335	2. 18	0. 098	0. 024	1. 09	4. 73	13. 17	6. 4	106
江安	105. 05	28. 60	316	3. 94	0. 170	0. 022	1. 91	4. 98	12. 91	4. 60	130
富顺	104. 87	29. 07	276	2. 98	0. 105	0. 021	1. 54	5. 21	10. 74	5. 31	122
宜宾	104. 54	28. 58	289	3. 42	0. 141	0. 043	2. 01	8. 14	9. 57	8. 9	158

一、试验地点与水稻品种对稻谷产量的影响

由表1-24可见，12个水稻品种分别在4个生态点间的头季稻及其再生稻产量差异均达极显著水平，方差分析 F 值 2.94** ~222.90**。多点联合分析结果（表1-25）看出，12个水稻品种在4个地点的产量变异系数表现为头季稻<两季总产<再生稻。4个地点间的头季稻产量、再生稻产量和两季总产量分别达极显著水平，方差分析 F 值 13.08** ~37.61**。其中隆昌点产量最高，具体表现头季稻产量隆昌>江安≥富顺≥宜宾（>表示产量差异显著，≥表示产量差异不显著，后同），再生稻产量隆昌>宜宾≥江安≥富顺，两季总产表现为隆昌显著高于江安、富顺、宜宾，后3个点间产量差异不显著。12个水稻品种的头季稻产量、再生稻产量分别达极显著差异，而两总产量间的产量差异则不显著。其中头季稻产量位于前列、产量均在8 500kg/hm^{2}以上的内5优907、创两优华占、千香优418、蓉18优609、宜香4245 5个品种间差异不显著；再生稻产量位于前列、产量在2 800kg/hm^{2}以上的万优956、花优357、泸香优104、创两优华占、隆两优1813 5个品种间差异也不显著。12个品种两季总产差异均不显著，其中绝对产量在11 000kg/hm^{2}以上的7个品种为创两优华占、内5优907、宜香4245、泸香优104、花优357、内6A/绵恢138、隆两优1813。

表1-24 12个杂交中稻品种在4个试验点的头季稻与再生稻产量表现 （kg/hm^2）

品种	隆昌		江安		富顺		宜宾	
	头季稻	再生稻	头季稻	再生稻	头季稻	再生稻	头季稻	再生稻
泸香优104	7 764.5d	3 409.8bcd	9 314.9ab	2 967.5a	8 053.4bc	2 342.3bcd	7 188.5c	3 214.1a
内5优907	9 626.7abc	4 032.3abc	8 604.2cd	2 266.4c	8 773.4a	2 031.2de	8 608.5ab	2 610.0c
花优357	9 064.5c	4 216.7ab	6 893.6g	3 047.3a	8 691.2a	2 635.5abc	6 967.2c	2 846.1b
内香6A/绵恢138	10 366.7a	4 055.3abc	7 888.8ef	2 434.8b	7 900.1cd	1 548.9ef	7 615.4bc	2 574.9c
宜香优4245	9 357.8bc	3 430.5bcd	9 056.3bc	1 727.6e	8 128.8bc	3 040.1a	7 596.0bc	2 259.3d
创两优华占	10 362.2a	4 004.0abc	9 587.4a	2 980.4a	8 126.7bc	1 902.3de	7 378.2c	2 621.6c
万优956	7 977.8d	4 298.7a	8 401.5de	2 957.3a	7 553.4e	2 455.7bcd	7 073.0c	3 168.6a
千香优418	9 977.9ab	3 303.5cd	8 465.4d	1 721.3e	7 184.4f	1 142.3f	9 037.7a	2 126.1de
隆两优1813	9 424.5bc	3 636.8bcd	7 756.2f	3 012.0a	8 275.5b	2 813.4ab	7 053.8c	2 078.0de
甜香优698	9 162.2bc	3 762.2abc	7 842.2f	1 533.2f	7 713.3de	2 255.6bcd	8 974.8a	2 476.8c
蓉18优609	9 860.0abc	2 854.4d	8 570.0cd	2 126.1d	8 262.2b	1 084.5f	7 573.8bc	1 779.2f
乐优808	9 684.5abc	3 677.6abc	8 377.5de	2 194.5cd	7 477.8e	2 184.5cd	7 400.7c	1 974.3ef
方差分析 F 值	9.17**	2.94**	18.91**	222.90**	28.4**	12.60**	4.64**	43.51**

表 1-25　头季稻、再生稻与两季总产变异及其方差分析　(kg/hm²)

项目		头季稻	再生稻	两季合计
最小值		6 893.6	1 084.5	8 326.7
最大值		10 366.7	4 298.7	14 422.0
平均值		8 374.9	2 683.7	11 058.6
CV (%)		11.18	29.87	13.40
品种	泸香优 104	8 080.3c	2 983.4ab	11 063.8a
	内 5 优 907	8 903.2a	2 735.0ab	11 638.2a
	花优 357	7 904.1c	3 186.4a	11 090.5a
	内香 6A/绵恢 138	8 442.8b	2 653.5abc	11 096.2a
	宜香优 4245	8 534.7ab	2 614.4abc	11 149.1a
	创两优华占	8 863.6a	2 877.1ab	11 740.7a
	万优 956	7 751.4c	3 220.1a	10 971.5a
	千香优 418	8 666.4ab	2 073.3cd	10 739.7a
	隆两优 1813	8 127.5bc	2 885.1ab	11 012.6a
	甜香优 698	8 423.1b	2 507.0bcd	10 930.1a
	蓉 18 优 609	8 566.5ab	1 961.1d	10 527.6a
	乐优 808	8 235.1bc	2 507.7bcd	10 742.9a
地点	隆昌	9 385.8a	3 723.5a	13 109.3a
	江安	8 396.5b	2 414.0bc	10 810.5b
	富顺	8 011.7bc	2 119.7c	10 131.4b
	宜宾	7 705.6c	2 477.4b	10 183.1b
方差分析 *F* 值	地点	13.08**	37.61**	28.57**
	品种	8.08**	3.78**	0.58

二、试验地点与水稻品种对稻米品质的影响

利用 12 个水稻品种在 4 个试验点 3 次重复稻谷混合样的稻米品质分析实测值（表 1-26），进行的基因型与多点联合方差分析结果（表 1-27）表明，12 个水稻品种的 6 个品质性状在 4 个地点间的变异系数各不相同。其中垩白粒率和垩白度的变异较大，*CV* 分别为 78.0%、102.3%，整精米率和直链淀粉的变异次之，*CV* 分别为 22.1%、31.4%，而长宽比和胶稠度相对稳定，*CV* 分别为 8.9%、13.4%。6 个稻米品质性状在 4 个地点间的差异除胶稠度不显著外，另 5 个性状达极显著水平，方差分析 *F* 值 5.97** ~26.20**，说明胶稠度受生态环境影响较小，以宜宾和江安 2 个点的米质稍好。12 个水稻品种在 4 个地点间的差异均达

极显著水平，方差分析 F 值 6.61** ~363.32**，其中整精米率较高的有创两优华占、隆两优 1813，长宽比较大的为泸香优 104、宜香 4245、蓉 18 优 609，垩白粒率和垩白度较低的有花优 357、创两优华占、隆两优 1813，胶稠度较高的有创两优华占、隆两优 1813、蓉 18 优 609，直链淀粉较适宜的为泸香优 104、宜香 4245、甜香优 698。综合考虑总体米质相对较好的为创两优华占、隆两优 1813。

表 1-26 杂交中稻品种在不同试验点的品质实测值

地点	品种	整精米率（%）	长宽比	垩白粒率（%）	垩白度（%）	胶稠度（mm）	直链淀粉（%）
隆昌	泸香优 104	18.3	3.3	30.0	3.6	58.0	18.5
	内 5 优 907	19.7	3.0	19.0	2.7	74.0	12.6
	花优 357	28.2	3.0	18.0	2.0	73.0	13.8
	内香 6A/绵恢 138	24.3	3.0	20.0	2.5	72.0	12.4
	宜香优 4245	28.3	3.1	17.0	2.0	76.0	13.8
	创两优华占	43.8	2.9	10.0	0.9	79.0	12.9
	万优 956	31.7	2.2	40.0	9.1	38.0	22.2
	千香优 418	24.1	2.9	37.0	3.7	79.0	12.7
	隆两优 1813	38.9	2.9	12.0	1.4	76.0	12.4
	甜香优 698	20.8	3.0	21.0	2.5	74.0	13.2
	蓉 18 优 609	26.0	3.1	16.0	1.3	76.0	12.8
	乐优 808	12.4	2.6	42.0	7.8	74.0	20.4
	平均值	26.4	2.9	23.5	3.3	70.8	14.8
	CV（%）	33.1	9.6	46.6	77.8	16.4	23.5
江安	泸香优 104	29.9	3.2	11.0	1.7	69.0	18.3
	内 5 优 907	28.3	3.0	14.0	1.1	78.0	12.9
	花优 357	27.8	3.0	4.0	0.6	76.0	13.8
	内香 6A/绵恢 138	23.3	3.0	9.0	1.1	76.0	12.5
	宜香优 4245	30.2	3.0	8.0	1.1	76.0	14.1
	创两优华占	47.2	2.9	1.0	0.1	76.0	12.5
	万优 956	35.6	2.3	36.0	5.1	50.0	21.8
	千香优 418	45.0	2.8	10.0	1.2	73.0	13.9
	隆两优 1813	45.2	2.9	3.0	0.4	74.0	12.6
	甜香优 698	28.1	3.0	17.0	1.7	76.0	14.0
	蓉 18 优 609	35.3	3.0	5.0	0.8	76.0	13.3
	乐优 808	24.4	2.6	17.0	2.6	60.0	21.4
	平均值	33.4	2.9	11.3	1.5	71.7	15.1
	CV（%）	24.9	8.1	83.0	88.2	11.7	22.6

（续表）

地点	品种	整精米率（%）	长宽比	垩白粒率（%）	垩白度（%）	胶稠度（mm）	直链淀粉（%）
富顺	泸香优 104	15.5	3.3	9.0	1.1	66.0	18.3
	内 5 优 907	15.3	3.1	12.0	1.2	74.0	13.0
	花优 357	24.1	3.1	4.0	0.5	73.0	14.4
	内香 6A/绵恢 138	18.5	3.0	12.0	1.3	78.0	13.4
	宜香优 4245	22.5	3.1	4.0	0.4	71.0	15.2
	创两优华占	31.5	3.0	3.0	0.2	77.0	13.2
	万优 956	33.6	2.3	32.0	4.9	58.0	22.9
	千香优 418	18.7	2.9	20.0	1.7	74.0	14.0
	隆两优 1813	37.2	2.9	2.0	0.3	78.0	12.7
	甜香优 698	18.2	3.0	10.0	0.7	76.0	14.7
	蓉 18 优 609	27.6	3.2	11.0	1.5	76.0	13.8
	乐优 808	15.6	2.6	14.0	2.4	72.0	21.4
	平均值	23.2	3.0	11.1	1.4	72.8	15.6
	CV（%）	32.9	9.0	75.9	90.4	7.9	21.9
宜宾	泸香优 104	28.1	3.3	10.0	1.5	50.0	19.2
	内 5 优 907	30.5	3.0	7.0	1.5	72.0	13.0
	花优 357	29.1	3.0	4.0	1.1	72.0	13.5
	内香 6A/绵恢 138	37.5	3.0	12.0	1.1	76.0	12.3
	宜香优 4245	37.3	3.0	8.0	0.9	78.0	14.6
	创两优华占	52.3	3.0	3.0	0.3	79.0	12.7
	万优 956	35.4	2.2	16.0	2.0	40.0	22.0
	千香优 418	38.0	2.8	10.0	0.8	74.0	12.9
	隆两优 1813	41.4	2.9	6.0	1.1	75.0	13.2
	甜香优 698	35.8	3.0	7.0	0.8	73.0	13.9
	蓉 18 优 609	40.1	3.0	17.0	2.8	76.0	13.0
	乐优 808	26.2	2.6	50.0	8.9	69.0	21.2
	平均值	36.0	2.9	12.5	1.9	69.5	15.1
	CV（%）	19.8	9.4	100.5	120.8	17.2	23.3

表 1-27　稻米品质变异及其方差分析

项目		整精米率（%）	长宽比	垩白粒率（%）	垩白度（%）	胶稠度（mm）	直链淀粉（%）
	最小值	12.4	2.2	1.0	0.1	38.0	12.3
	最大值	52.3	3.3	50.0	9.1	79.0	22.9
	平均值	29.7	2.9	14.6	2.0	71.2	15.2
	CV（%）	31.4	8.9	78.0	102.3	13.4	22.1
品种	泸香优 104	23.0fg	3.3a	15.0bc	2.0b	60.8c	18.6c
	内 5 优 907	23.5efg	3.0bc	13.0bc	1.6b	74.5ab	12.9gh
	花优 357	27.3cdef	3.0bc	7.5c	1.1b	73.5ab	13.9ef
	内香 6A/绵恢 138	25.9cdefg	3.0cd	13.3bc	1.5b	75.5ab	12.7h
	宜香优 4245	29.6bcde	3.1bc	9.3bc	1.1b	75.3ab	14.4d
	创两优华占	43.7a	3.0de	4.3c	0.4b	77.8a	12.8gh
	万优 956	34.1b	2.3h	31.0a	5.3a	46.5d	22.2a
	千香优 418	31.5bcd	2.9f	19.3b	1.9b	75.0ab	13.4ef
	隆两优 1813	40.7a	2.9ef	5.8c	0.8b	75.8ab	12.7h
	甜香优 698	25.7defg	3.0cd	13.8bc	1.4b	74.8ab	14.0de
	蓉 18 优 609	32.3bc	3.1b	12.3bc	1.6b	76.0ab	13.2gh
	乐优 808	19.7g	2.6g	30.8a	5.4a	68.8b	21.1b
地点	隆昌	26.4b	2.9b	23.5a	3.3a	70.8a	14.8c
	江安	33.4a	2.9b	11.3b	1.5b	71.7a	15.1bc
	富顺	23.2b	3.0a	11.1b	1.4b	72.8a	15.6a
	宜宾	36.0a	2.9b	12.5b	1.9b	69.5a	15.1b
方差分析 *F* 值	地点	26.20**	5.97**	9.43**	6.12**	1.17	9.46**
	品种	12.71**	156.17**	6.61**	6.78**	16.64**	363.32**

三、品种间稻谷产量、稻米品质间的关系

尽管 12 个水稻品种间的再生稻产量和头季稻产量分别达极显著差异（表 1-25），但再生稻产量和头季稻产量间呈显著负相关关系（图 1-1），导致品种间两季总产量差异不显著。根据当前再生稻生产成本和再生稻单价估算，当再生稻产量在 1 200kg/hm^{2}时，再生稻经济效益为 0，按图 1-1 中回归方程测算，设 y= 1 200，解得 x= 10 762，即理论上当头季稻产量达 10 762kg/hm^{2}以上时，再生稻产量低于 1 200kg/hm^2，则没有经济收益，可以此作为根据头季稻产量水

平确定是否有必要蓄再生稻的科学依据。

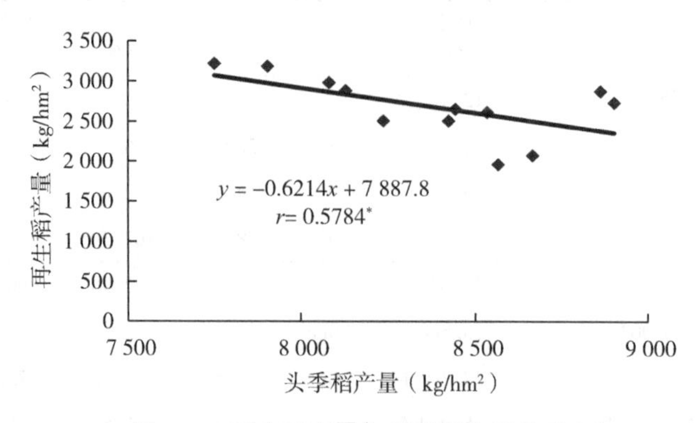

图 1–1　再生稻产量与头季稻产量关系

从稻谷产量、稻米品质性状间的相关分析结果（表 1–28）可以看出，稻谷产量分别与胶稠度和直链淀粉呈极显著正相关和负相关，与整精米率、长宽比、垩白粒率、垩白度 4 个品质性状间没有显著相关性。整精米率与另 5 个品质性状间相关系数均不显著，长宽比分别与垩白粒率、垩白度、直链淀粉呈显著或极显著负相关，与胶稠度呈显著正相关；垩白粒率分别与垩白度、直链淀粉呈极显著正相关，与胶稠度呈极显著负相关；垩白度分别与胶稠度、直链淀粉呈极显著负相关和极显著正相关；胶稠度与直链淀粉含量极显著负相关。说明长宽比大的品种有利于降低垩白粒率、垩白度、直链淀粉含量，提高胶稠度，是优质稻的一个重要指标。

表 1–28　稻谷产量、稻米品质性状间的相关系数

性状	整精米率	长宽比	垩白粒率	垩白度	胶稠度	直链淀粉
产量	0. 110 3	0. 423 5	−0. 376 0	−0. 480 7	0. 687 2**	−0. 627 5**
整精米率		−0. 102 6	−0. 432 1	−0. 369 0	0. 127 0	−0. 327 3
长宽比			−0. 742 0**	−0. 797 9**	0. 596 4*	−0. 630 2*
垩白粒率				0. 966 6**	−0. 701 4**	0. 842 5**
垩白度					−0. 743 1**	0. 908 4**
胶稠度						−0. 867 7**

结论：4 个地点间和 12 个水稻品种的头季稻产量、再生稻产量分别达极显著差异。川南特定生态下需要改良整精米率、垩白粒率、垩白度的 3 个米质性状与高产并没有明显矛盾。长宽比大的品种有利于降低垩白粒率、垩白度、直链淀

粉含量，提高胶稠度。再生稻产量与头季稻产量呈负相关关系。头季稻和再生稻两季产量较高、总体米质相对较好仅有创两优华占、隆两优 1813 两个品种。

第五节　气候变暖对杂交稻生长的影响及其组合适应性

全球气候变暖是不争的事实，其致水稻生育期缩短、产量降低、品质下降。2021 年以代表性的 3 个不育系（椰香 A、沪旱 82S、川康 606A）与 5 个恢复系（泸恢 107、泸恢 127、泸恢 276、泸恢 1156、泸恢 6150）制种的 15 个杂交中稻品种（1-椰香 A/泸恢 107，2-椰香 A/泸恢 127，3-椰香 A/泸恢 276，4-椰香 A/泸恢 1156，5-椰香 A/泸恢 6150，6-沪旱 82S/泸恢 107，7-沪旱 82S/泸恢 127，8-沪旱 82S/泸恢 276，9-沪旱 82S/泸恢 1156，10-沪旱 82S/泸恢 6150，11-川康 606A/泸恢 107，12-川康 606A/泸恢 127，13-川康 606A/泸恢 276，14-川康 606A/泸恢 1156，15-川康 606A/泸恢 6150）为试验材料，按 9 寸×6 寸（1 寸≈0.03m）规格移栽双株，每亩施氮 10 kg（磷钾肥按氮：磷：钾=1：0.5：1 作底肥）。15 个品种分早播（3 月 10 日）和晚播（5 月 20 日播种），共 30 个处理，小区面积 0.02 亩，三次重复，裂区设计，以播种期为主区，品种为裂区。研究了早季与晚季两种温度条件对水稻产量和整精米率的影响与杂交组合亲本的关系，以期为适应气候变缓的高产育种提供科学依据。

一、种植季节与杂交组合对水稻生长的影响

从试验结果（表 1-29）可见，2 个种植季节间最高苗、有效穗、成穗率、穗粒数、千粒重和产量差异达显著或极显著水平（F 值 26.83* ~842.07**），结实率的差异不显著。不同杂交组合间最高苗、有效穗、穗粒数、结实率、千粒重和产量差异达极显著水平（F 值 11.49** ~141.68**），成穗率的差异不显著。种植季节间与杂交组合的交互作用中，穗粒数、结实率、千粒重和产量达极显著水平（F 值 3.22** ~9.80**）。就 15 个杂交组合 2 个种植季节的平均值而言，早季比晚季的最高苗、有效穗、千粒重和产量分别提高了 63.49%、16.54%、3.61%和 13.92%，成穗率、穗粒数和结实率分别下降了 28.67%、9.59%和 3.00%。

在根系活力、干物质产量、生育期等因素中（表 1-30），除 2 个种植季节间的干物质重差异不显著外，其余生育性状分别在杂交组合间、种植季节间以及杂交组合与种植季节的交互作用达显著或极显著水平（F 值 17.51* ~4421.1**）。再从 15 个杂交组合 2 个种植季节的平均值看，早季比晚季的 SPAD 值、干物质重、播抽期、全生育期分别提高了 3.65%、7.02%、35.35%和 23.67%，LAI、收获指数和伤流量分别下降了 11.44%、3.10%和 25.13%。

表 1-29　不同杂交组合早季与晚季产量及其穗粒结构比较

播期	组合编号	最高苗（万/亩）	有效穗数（万/亩）	成穗率（%）	穗粒数（粒）	结实率（%）	千粒重（g）	产量（kg/亩）
早播	1	25.97ab	16.78a	65.59a	167.97i	76.84cde	29.40c	651.34a
	2	22.81cd	13.33de	58.66abcd	189.39def	78.10cde	28.56d	592.35bc
	3	21.78de	13.48d	61.85abc	199.11cde	71.46f	27.31ef	530.15fg
	4	23.07c	14.96bc	64.95ab	174.05ghi	75.95de	27.69ef	545.50ef
	5	25.30b	15.74ab	62.24abc	179.03fghi	77.96cde	25.47g	566.27de
	6	25.04b	13.59d	54.34d	182.82fgh	79.92c	28.89d	531.37fg
	7	19.81f	12.18ef	61.63abcd	190.05def	83.64b	28.86d	514.91g
	8	20.81ef	12.04f	57.88bcd	224.03a	77.83cde	27.22f	546.79ef
	9	20.85ef	13.00ef	62.43abc	215.23ab	83.99b	27.41ef	565.27de
	10	22.41de	13.59d	60.76abcd	202.00bcd	71.64f	25.38g	472.91h
	11	27.33a	15.26b	56.22cd	170.81hi	75.26e	31.02a	547.31ef
	12	21.70de	12.78ef	58.99abcd	201.96bcd	79.08cd	31.18a	607.80b
	13	21.18ef	13.04ef	61.56abcd	205.04bc	68.78f	29.95b	533.74fg
	14	21.89de	13.45d	61.68abcd	185.75efg	83.44b	29.78bc	575.27cd
	15	21.96de	13.96cd	63.59abc	226.27a	88.04a	27.81e	604.53b
晚播	1	15.96ab	13.59ab	85.50abc	209.07ef	77.24gh	27.58ef	495.56cde
	2	14.41bc	12.30cd	85.34abc	223.85bcd	79.06defgh	27.06f	506.75bcd
	3	12.63cd	10.74ef	85.04abc	275.72a	77.22gh	25.44h	432.34h
	4	14.44bc	11.63def	80.38c	211.18de	78.44efgh	27.12f	468.26efg
	5	15.89ab	13.33bc	83.89abc	212.96cde	82.32abcd	24.67i	473.39efg
	6	14.18c	11.56ef	81.50bc	208.37ef	83.22abc	27.84de	514.20abc
	7	12.30d	10.44f	85.03abc	204.45efg	82.77abc	27.15f	462.31fg
	8	10.48e	9.26g	88.83ab	274.64a	80.95bcdef	25.49h	447.94gh
	9	12.81cd	11.67ef	91.27a	225.80bc	84.88a	26.04g	528.07ab
	10	13.71cd	12.08d	87.96abc	200.40efg	80.40cdefg	24.41i	464.47fg
	11	17.30a	14.63a	84.70abc	172.55i	75.95h	32.15a	520.29abc
	12	13.70cd	11.55def	84.67abc	193.55gh	81.59abcde	30.88b	485.36def
	13	13.30cd	11.37ef	86.36abc	231.51b	77.76fgh	28.22d	505.76bcd
	14	14.04cd	11.93de	85.23abc	183.89hi	84.40ab	29.54c	540.54a
	15	13.96cd	11.63ef	83.17bc	194.72fgh	82.10abcd	27.53ef	515.40abc

（续表）

播期	组合编号	最高苗（万/亩）	有效穗数（万/亩）	成穗率（%）	穗粒数（粒）	结实率（%）	千粒重（g）	产量（kg/亩）
平均值	早播	22. 79a	13. 81a	60. 82b	194. 23b	78. 13b	28. 40a	559. 03a
	晚播	13. 94b	11. 85b	85. 26a	214. 84a	80. 55a	27. 41b	490. 71b
方差分析 F 值	A（播期）	842. 07**	20. 30**	378. 25**	26. 83*	3. 93	62. 99*	132. 68**
	B（组合）	12. 68**	11. 49**	0. 90	21. 89**	13. 20**	141. 68**	14. 21**
	A×B	1. 03	1. 19	0. 89	9. 80**	3. 22**	6. 64**	6. 60**

表 1-30　不同杂交组合早季与晚季根系活力、干物质产量、生育期等比较

播期	组合编号	LAI	SPAD 值	干物重（kg/亩）	收获指数	伤流量［mg/（茎·h）］	播抽期（d）	全生育期（d）
早播	1	6. 29abcde	39. 34cde	1 126. 58bc	0. 559 5b	74. 51def	114. 33ef	146. 67f
	2	6. 75ab	40. 36abcd	1 038. 61defg	0. 546 9b	92. 55b	114. 00f	146. 00fg
	3	6. 78a	38. 06e	1 085. 73cde	0. 504 4d	73. 94def	114. 67def	146. 67f
	4	6. 56abc	40. 78abc	994. 31g	0. 512 1d	78. 14cde	114. 33ef	145. 67g
	5	5. 90efg	40. 00bcd	1 009. 23fg	0. 522 1cd	81. 12cd	115. 00cde	150. 33b
	6	5. 83efgh	39. 75bcd	1 061. 63def	0. 519 1cd	67. 31ef	114. 33ef	148. 00de
	7	5. 39h	39. 72bcd	1 062. 67def	0. 506 0d	72. 75def	114. 33ef	148. 33de
	8	6. 28bcde	39. 10de	1 040. 26defg	0. 498 9d	75. 62def	114. 67def	148. 00de
	9	5. 99defg	40. 87ab	1 088. 85cde	0. 514 3d	81. 30cd	115. 67c	150. 33b
	10	5. 39h	41. 49a	873. 77h	0. 505 1d	73. 57def	114. 33ef	148. 67cd
	11	6. 21cdef	39. 96bcd	1 077. 33cde	0. 498 8d	66. 06f	115. 33cd	149. 33c
	12	5. 73fgh	40. 76abc	1 172. 30ab	0. 541 7bc	68. 48ef	115. 00cde	147. 67e
	13	4. 37i	39. 89bcd	1 028. 49efg	0. 539 1bc	104. 44a	118. 00a	145. 33g
	14	6. 43abcd	40. 10abcd	1 226. 54a	0. 504 0d	78. 56cde	116. 33b	155. 67a
	15	5. 53gh	40. 46abcd	1 094. 39cd	0. 608 4a	87. 56bc	108. 67g	151. 00b

（续表）

播期	组合编号	LAI	SPAD 值	干物重（kg/亩）	收获指数	伤流量［mg/（茎·h）］	播抽期（d）	全生育期（d）
晚播	1	6. 26def	38. 20cde	970. 02bc	0. 586 3ab	92. 88g	82. 33ef	119. 33cd
	2	6. 58cd	40. 09ab	998. 25b	0. 580 3ab	124. 72ab	82. 33ef	116. 67h
	3	6. 72bcd	38. 06de	974. 58bc	0. 554 1cd	119. 45abcd	82. 00f	119. 33cd
	4	7. 13b	39. 64abc	881. 14e	0. 542 7d	108. 13def	82. 33ef	119. 67c
	5	6. 91bc	39. 69abc	976. 59bc	0. 573 2bc	95. 41g	81. 33g	117. 67g
	6	6. 00f	38. 79bcde	914. 75cde	0. 550 5cd	78. 39h	83. 67d	118. 33efg
	7	7. 60a	39. 96ab	906. 28de	0. 504 5ef	128. 84a	84. 00d	118. 00fg
	8	6. 27def	39. 44abcd	891. 69e	0. 533 0d	114. 30bcd	83. 00e	118. 33efg
	9	6. 54cde	40. 48a	1 120. 40a	0. 536 7d	97. 01fg	84. 33d	119. 00cde
	10	6. 85bc	39. 15abcd	957. 78bcd	0. 510 1e	100. 79efg	84. 00d	118. 67def
	11	7. 67a	36. 40f	1 118. 53a	0. 501 6ef	89. 95g	91. 00a	125. 33ab
	12	6. 98bc	37. 49ef	1 109. 85a	0. 536 1d	120. 84abc	90. 33b	124. 67b
	13	6. 56cde	38. 22cde	957. 03bcd	0. 598 0a	89. 59g	80. 00h	115. 33i
	14	6. 07ef	34. 76g	1 069. 37a	0. 485 9f	110. 45cde	90. 00b	125. 33ab
	15	6. 85bc	39. 15abcd	1 086. 56a	0. 539 6d	99. 74efg	89. 33c	125. 67a
平均值	早播	5. 96b	40. 04a	1 065. 39a	0. 525 4b	78. 39b	114. 60a	148. 51a
	晚播	6. 73a	38. 63b	995. 52a	0. 542 2a	104. 70a	84. 67b	120. 09b
方差分析 *F* 值	A（播期）	551. 21**	17. 51*	10. 18	26. 32*	52. 33*	2 016. 1**	4 421. 1**
	B（组合）	6. 23**	4. 59**	14. 59**	13. 14**	6. 34**	142. 21**	97. 92**
	A×B	8. 10**	3. 42**	4. 55**	4. 85**	6. 64**	44. 14**	26. 15**

二、杂交组合亲本对种植季节间产量差异的影响

表 1-31 不同不育系与恢复系配制组合早季与晚季产量差值进行的方差分析结果（表 1-32）表明，杂交组合的 2 个亲本（不育系和恢复系）及其交互作用对早季与晚季产量差值的影响均达显著或极显著水平（*F* 值 6. 43* ~14. 26**），早季与晚季产量差值，3 个不育系表现为椰香 A ＞川康 606A ＞沪旱 82S，5 个恢复系表现为泸恢 127 ＞泸恢 276 ＞泸恢 107 ＞泸恢 6150 ＞泸恢 1156。在 15 个杂交组合中，早季与晚季产量差值较低的组合有沪旱 82S/泸恢 6150、川康 606A/泸恢 276、沪旱 82S/泸恢 1156 和川康 606A/泸恢 1156，两季产量差值 8. 44 ~

37.21kg/亩，对气候变暖适应性较强。

表 1-31　不同不育系与恢复系配制组合产量　(kg/亩)

杂交组合编号	早季			晚季			早季-晚季		
	Ⅰ	Ⅱ	Ⅲ	Ⅰ	Ⅱ	Ⅲ	Ⅰ	Ⅱ	Ⅲ
1	657.13	643.20	653.69	501.24	504.44	480.99	155.89	138.76	172.7
2	627.54	559.62	589.88	505.33	511.25	503.68	122.21	48.37	86.2
3	571.60	501.05	517.80	430.45	436.77	429.80	141.15	64.28	88
4	565.10	512.44	558.96	464.45	465.49	474.85	100.65	46.95	84.11
5	587.16	561.38	550.28	486.17	485.55	448.46	100.99	75.83	101.82
6	521.38	515.95	556.79	526.19	493.68	522.73	-4.81	22.27	34.06
7	528.30	495.93	520.49	459.64	477.78	449.50	68.66	18.15	70.99
8	538.70	555.51	546.17	473.06	441.48	429.29	65.64	114.03	116.88
9	566.75	555.36	573.71	531.11	529.89	523.20	35.64	25.47	50.51
10	455.84	464.94	497.96	461.79	437.28	494.35	-5.95	27.66	3.61
11	530.40	536.42	575.10	513.43	508.22	539.21	16.97	28.2	35.89
12	601.32	586.49	635.60	536.48	455.80	463.80	64.84	130.69	171.8
13	518.70	537.14	545.37	499.69	509.13	508.46	19.01	28.01	36.91
14	573.04	549.30	603.48	562.54	503.55	555.54	10.5	45.75	47.94
15	638.04	574.43	601.13	558.76	483.69	503.76	79.28	90.74	97.37

表 1-32　产量差的多重比较

不育系	产量差均	恢复系	与椰香 A 配组	与沪旱 82S 配组	与川康 606A 配组	平均
椰香 A	101.86a	泸恢 107	155.78a	17.17cd	27.02c	66.66bc
沪旱 82S	42.85b	泸恢 127	85.59b	52.60b	122.44a	86.88a
川康 606A	60.26ab	泸恢 276	97.81b	98.85a	27.98c	74.88ab
		泸恢 1156	77.24b	37.21bc	34.73c	49.72c
		泸恢 6150	92.88b	8.44d	89.13b	63.48bc
变异来源	方差分析 *F* 值	*P* 值				
不育系（A）	6.43*	0.046 3				
恢复系（B）	4.57**	0.006 9				
A×B	14.26**	0.000 1				

三、种植季节与干燥温度对整精米率的影响

从试验结果（表1-33）可见，不同种植季节稻谷在不同干燥温度下对整精米率的影响，在15个杂交组合间的差异均达极显著水平。从15个杂交组合的平均值看，稻谷干燥温度40℃和80℃，晚季整精米率分别比早季提高3.01%和77.73%，说明稻谷在低温（40℃）干燥下，早季与晚季间的整精米率差异较小，而在高温（80℃）干燥下，晚季的整精米率表现出较好的耐热性。

联合方差分析结果（表1-34），种植季节、干燥温度、不育系、恢复系各单因子及其互作对稻谷整精米率的影响均达极显著水平（F值为5.97**～3 200.44**）。其中晚季比早季提高22.85%，低温（40℃）比高温（80℃）提高202.04%，不育系沪旱82S最高，并分别比椰香A和川康606A提高5.21%、16.12%，恢复系泸恢6150最高，比其他4个恢复系提高13.23%～17.29%。说明稻谷整精米率同时受种植季节、亲本和干燥温度的显著影响，总体表现为干燥温度的影响最大，种植季节次之，亲本最小。

表1-33　不同种植季节下稻谷干燥温度对整精米率影响的单因素方差分析

杂交组合编号	早季		晚季	
	40℃	80℃	40℃	80℃
1	62.43cd	27.16b	66.31ab	42.05def
2	64.19bcd	17.54cd	66.14ab	45.34bcde
3	63.96bcd	18.39cd	67.89a	21.63g
4	63.76bcd	18.31cd	67.39a	48.06abcd
5	66.52ab	37.28a	67.69a	59.19a
6	63.80bcd	21.33bc	67.73a	57.52ab
7	65.50abc	19.67cd	68.12a	56.35abc
8	65.26abc	16.40cd	68.04a	45.25bcde
9	64.60abcd	26.55b	66.57ab	41.74def
10	68.42a	39.72a	68.42a	51.88abcd
11	65.60abc	15.99cd	64.48bc	22.53g
12	64.57abcd	13.35d	63.35c	34.75ef
13	61.22d	19.97cd	66.66ab	44.17cde
14	61.24d	20.09cd	63.53c	20.05g
15	65.08abcd	37.76a	62.87c	30.64fg
平均	64.41	23.30	66.35	41.41
F值	2.63**	17.52**	7.61**	11.63**

表 1-34　种植季节、干燥温度、杂交亲本对稻谷整精米率的联合方差分析

试验因子		整精米均值（%）
种植季节（A）	早季	43.86b
	晚季	53.88a
干燥温度（B）	40℃	65.38a
	80℃	32.36b
不育系（C）	椰香 A	49.56b
	沪旱 82S	52.14a
	川康 606A	44.90c
恢复系（D）	泸恢 107	48.08b
	泸恢 127	48.24b
	泸恢 276	46.57b
	泸恢 1156	46.82b
	泸恢 6150	54.62a
F 值	A×	294.76**
	B×	3 200.44**
	C×	52.81**
	D×	25.59**
	A×B×	191.94**
	A×C×	21.84**
	A×D×	8.79**
	B×C×	20.06**
	B×D×	17.18**
	C×D×	6.93**
	A×B×C×	14.16**
	A×B×D×	7.07**
	A×C×D×	7.95**
	B×C×D×	7.61**
	A×B×C×D×	5.97**

小结：15 个杂交组合 2 个种植季节的平均值，早季比晚季的最高苗、有效穗数、千粒重、SPAD 值、干物重、播抽期、全生育期分别提高了 63.49%、16.54%、3.61%、3.65%、7.02%、35.35%和 23.67%，成穗率、穗粒数、结实

率、LAI、收获指数和伤流量分别下降了 28.67%、9.59%、3.00%、11.44%、3.10%和 25.13%。最终产量提高 13.92%。

早季与晚季产量差值，3 个不育系表现为椰香 A ＞川康 606A ＞沪早 82S，5 个恢复系表现为泸恢 127 ＞泸恢 276 ＞泸恢 107 ＞泸恢 6150 ＞泸恢 1156。在 15 个杂交组合中，早季与晚季产量差值较低的组合有沪早 82S/泸恢 6150、川康 606A/泸恢 276、沪早 82S/泸恢 1156 和川康 606A/泸恢 1156，两季产量差值 8.44~37.21kg/亩，对气候变暖适应性较强。

稻谷整精米率同时受种植季节、亲本和干燥温度的显著影响。晚季比早季提高 22.85%，低温（40℃）比高温（80℃）提高 202.04%，不育系沪早 82S 最高，并分别比椰香 A 和川康 606A 提高 5.21%、16.12%，恢复系泸恢 6150 最高，比其他 4 个恢复系提高 13.23%~17.29%。总体表现为干燥温度的影响最大，种植季节次之，亲本最小。

参考文献

[1] 徐富贤，周兴兵，张林，等．四川盆地东南部气象因子对杂交中稻产量的影响［J］．作物学报，2018，44（4）：601-613.

[2] 徐富贤，郑家奎，朱永川，等．灌浆期气象因子对杂交中稻稻米碾米品质和外观品质的影响［J］．植物生态学报，2003，27（1）：73-77.

[3] 徐富贤，刘茂，周兴兵，等．长江上游高温伏旱区气象因子对杂交中稻产量与稻米品质的影响［J］．应用与环境生物学报，2020，26（1）：106-116.

[4] 朱永川，徐富贤，郑家奎．四川省优质杂交稻的外观品质现状［J］．中国稻米，2000（2）：33-34.

[5] 徐富贤，袁驰，王学春，等．不同杂交中稻品种在川南再生稻区的两季产量及头季稻米品质差异［J］．中国生态农业学报，2020，28（7）：990-998.

第二章　高低温对水稻开花期伤害的风险预测

第一节　水稻地膜育秧膜内外气温关系

水稻地膜育秧（包括旱育秧与水育秧）具有保证适时播种、防止烂秧、培育壮秧和提早抽穗的效能，已成为我国南方稻区水稻生产上的主要育秧方式之一。目前，生产上存在较多问题：一是播种期过早，造成低温烂种死苗；二是地膜覆盖时间较长，以致秧苗徒长和高温死苗。因此，徐富贤等[1]研究了地膜育秧膜内外气温关系，对确定适时早播临界期和培育壮秧均有极其重要的现实意义。

一、地膜育秧膜内外气温关系

1996 年 3 月 13 日按大面积生产技术进行地膜旱育秧与水育秧，3 月 20—24 日，每天 8:00、10:00、12:00、14:00、16:00、18:00，分别定点同时测定地膜旱育秧和水育秧膜内表面温度与膜外气温，精确到 0.1℃。分析结果（表 2-1）表明，地膜育秧膜内苗床表面温度与膜外气温之间呈极显著正相关关系。从 5 日合计的回归方程来看，当膜外气温每升高 1℃时，旱育秧和水育秧的膜内苗床表面温度分别升高 1.47℃和 1.27℃，说明旱育秧比水育秧的温室效应好。

二、地膜育秧膜外的几个临界气温预测

籼稻和粳稻播种所需最低温度分别为 12℃、10℃，当温度分别高于 32℃、38℃时，就会引起秧苗徒长与高温烧苗。据此，利用表 2-1 中 5 日合计的旱育秧与水育秧两种育秧方式的膜内外气温关系的回归方程表达式，分别令 y 为 12℃、10℃、32℃、38℃，求得相应的 x 值（表 2-2）。从表 2-2 中可见：① 当籼稻地膜旱育秧与水育秧膜外气温分别达到 9.65℃、10.41℃，粳稻分别达到 8.28℃、8.83℃时，即是它们相应的最早播种期的临界温度，与四川先期提出的 8~10℃时为播种期基本吻合[2]，且更为准确；② 水育秧和旱育秧膜外气温分别达到

26.16℃、23.26℃时，就会造成秧苗徒长；③ 水育秧和旱育秧膜外气温分别达到30.88℃、27.34℃时，就会引起高温烧苗。

表 2-1　膜内苗床表面温度（y）与膜外气温（x）的关系

月/日	天气	旱育秧		湿润育秧		n
		回归方程	r	回归方程	r	
3/20	雨	$y=-2.64+1.48x$	0.954 2**	$y=-1.42+1.29x$	0.982 7**	6
3/21	晴	$y=-9.04+2.12x$	0.980 8**	$y=-5.66+1.62x$	0.980 9**	6
3/22	晴	$y=-5.12+1.78x$	0.998 3**	$y=-3.43+1.53x$	0.996 4**	6
3/23	阴	$y=-4.09+1.68x$	0.994 3**	$y=-0.31+1.25x$	0.984 5**	6
3/24	阴	$y=-4.36+1.67x$	0.969 0**	$y=-2.82+1.48x$	0.939 2**	6
合计		$y=-2.19+1.47x$	0.944 2**	$y=-1.22+1.27x$	0.968 3**	30

注：$r_{6,0.01}=0.917\ 2^{**}$；$r_{30,0.01}=0.448\ 7^{**}$。

表 2-2　地膜育秧几种膜内临界温度与膜外相应气温的预测　（℃）

项目	膜内临界温度	膜外相应预测气温	
		旱育秧	水育秧
籼稻最早播种期	$y=12$	$x=9.65$	$x=10.41$
粳稻最早播种期	$y=10$	$x=8.28$	$x=8.83$
秧苗徒长	$y=32$	$x=23.26$	$x=26.16$
高温烧苗	$y=38$	$x=27.34$	$x=30.88$

三、播种临界期与纬度、经度及海拔关系

根据四川省62个气象台站（纬度26.5°~33.27°、经度99.8°~109.5°、海拔165.7~2 957.2m）1951—1995年30~45年逐候平均气温资料，每月按6候统计，即每月1—5日为第1候，6—10日为第2候……，26至月末为第6候，全年共72候。然后分别统计62个气象台站达到地膜育秧最早播种期的膜外气温为8.28℃、8.83℃、9.65℃、10.41℃（表2-2），其安全保证率分别为75%、85%、95%所在的月/候，并将月/候按表2-3转换成y值。如泸州候平均气温≥9.65℃达85%安全保证率所对应的日期为3/3（3月第3候），按表2-3进行转换成y值为15。最后分别以62个气象台站达到前述4个温度在3种保证率条件下的12组y值（每y值含62个数据）为因变量，相应气象台站所处位置的纬度（x_1）、经度（x_2）、海拔（x_3）为自变量，在386微机上进行多元回归分析。

从分析结果表2-4中看出，地膜育秧最早安全播种期与所处地理位置的纬度、经度及海拔之间呈极显著线性关系，即最早安全播种期随着纬度、经度及海拔的增加而推迟。表明利用这些回归方程进行最早安全播种期的预测是可行的。

表 2-3　安全最早播种期所在月/候与 y 值的转换关系

项目	对应关系												
候/月	全年任何月/候均可播种			1/1	1/2	1/3	1/4	1/5	1/6	2/1	2/2	2/3	2/4
Y 值	0			1	2	3	4	5	6	7	8	9	10
候/月	2/5	2/6	3/1	3/2	3/3	3/4	3/5	3/6	4/1	4/2	…	5/6	…
Y 值	11	12	13	14	15	16	17	18	19	20	…	30	…

表 2-4　安全播种期（y）与纬度（x_1）、经度（x_2）和海拔（x_3）的关系

项目	保证率（%）	水育秧			旱育秧			n
		多元回归方程	r	F	多元回归方程	r	F	
籼稻	75	$y=-102.39+1.394\ 8x_1+0.698\ 1x_2+0.005\ 5x_3$	$0.854\ 8^{**}$	52.45^{**}	$y=-99.14+1.519\ 9x_1+0.621\ 9x_2+0.005\ 5x_3$	$0.869\ 3^{**}$	59.81^{**}	62
	85	$y=-103.42+1.392\ 7x_1+0.718\ 2x_2+0.005\ 4x_3$	$0.857\ 1^{**}$	53.53^{**}	$y=-92.83+1.504\ 4x_1+0.577\ 4x_2+0.005\ 3x_3$	$0.855\ 6^{**}$	52.82^{**}	62
	95	$y=-88.79+1.251\ 5x_1+0.627\ 4x_2+0.005\ 4x_3$	$0.850\ 8^{**}$	50.67^{**}	$y=-81.49+1.176\ 5x_1+0.573\ 7x_2+0.005\ 4x_3$	$0.858\ 6^{**}$	54.22^{**}	62
粳稻	75	$y=-115.37+1.480\ 9x_1+0.776\ 8x_2+0.005\ 6x_3$	$0.855\ 5^{**}$	52.78^{**}	$y=-109.16+1.316\ 4x_1+0.757\ 5x_2+0.005\ 5x_3$	$0.834\ 9^{**}$	44.48^{**}	62
	85	$y=-104.97+1.372\ 8x_1+0.716\ 9x_2+0.005\ 5x_3$	$0.839\ 5^{**}$	46.14^{**}	$y=-110.95+1.279\ 2x_1+0.792\ 9x_2+0.005\ 6x_3$	$0.837\ 2^{**}$	45.29^{**}	62
	95	$y=-94.67+1.486\ 9x_1+0.597\ 2x_2+0.005\ 4x_3$	$0.854\ 6^{**}$	52.37^{**}	$y=-98.15+1.330\ 2x_1+0.669\ 0x_2+0.005\ 1x_3$	$0.847\ 2^{**}$	49.16^{**}	62

注：$r_{62,0.01}=0.324\ 8^{**}$；$F_{0.01(3,58)}=4.15^{**}$。

四、地膜育秧膜内外气温关系的应用

适当提早地膜育秧播种期，既有利于头季稻高产，还可提早头季稻成熟期，为再生稻和双季晚稻奠定高产稳产的生态基础。因此，生产上部分地区地膜育秧稻种期越来越早，以致常常遭受严重低温烂种与死苗。为了解决早播高产与低温烂种死苗的矛盾，充分发挥水稻高产潜力，尚需要一个地膜育秧安全播种的最早临界期。虽然各地区生产上地膜水育秧已有其适宜播种期，但不一定是最早临界期，况且旱育秧才开始推广，各地尚无确切的适宜播种期。

目前，水稻生产上地膜育秧播种期的确定，一般是以一个县为单位，大致按高上区、中山区、平坝区统一提出 3 个不同的播种期指导农民育秧，但所提出的播种期不一定能解决早播高产与低温烂种死苗的矛盾。而在水稻生产实践中，同一县不同乡（镇）、村、社因所处地理位置不同，其生态条件则有一定差异，播种期应有所不同。根据本研究，只要知道一个地区所处地理位置的纬度、经度、海拔即可较准确地预测出籼、粳稻地膜水、旱育秧不同安全保证率的最早播种期，其应用范围可小到实际播种的某一块田，因为一个乡（镇）所处地理位置的纬度、经度资料比较好查找，海拔高度可用海拔仪测定，具有较强实用性。以泸州市为例，所处地理位置：28. 88°N、105. 45°E、海拔 334. 8m。首先，分别将 $x_1=28.88°$、$x_2=105.45°$、$x_3=334.8$m 代入表 2-4 相应的回归方程，求出 y 值；其次，将 y 值按表 2-3 转化为月/候，如 y 值为 13. 6，将 13. 6 分为 13 和 0. 6 两部分，13 表示 3 月第一候（即 3 月 1—5 日），0. 6×5d=3d（因 1 候=5d），则 13. 6 表示 3 月 5 日+3 日，故 3 月 8 日即为最早安全播种期。

根据以上方法预测结果为：泸州市所处地理位置籼稻地膜水育秧，75%、85%、95%三种安全保证率的最早播种期分别为 3 月 7 日、3 月 12 日和 3 月 17 日，与方文等先期提出的高产播种期为 3 月 8—20 日相稳合[3]；籼稻地膜旱育秧 75%、85%、95%三种安全保证率的最早播种期分别为 3 月 1 日、3 月 7 日和 3 月 11 日，也与郑家国等提出的旱育秧适宜播种期在当地水育秧常年播种期基础上提早 5~10d 基本符合[4]。由此说明，本研究利用纬度、经度及海拔进行最早安全播种期的预测，准确度较高，可作为制定高产安全播种期的方法。

在水稻地膜育秧过程中，生产上普遍存在盖膜时间较长，以致秧苗徒长，甚至高温烧苗。本研究表明，水育秧和旱育秧当膜外气温分别达到 26. 16℃和 23. 26℃，其膜内气温则≥32℃，就应揭膜降温，以防秧苗徒长；当水育秧和旱育秧膜外气温分别达到 30. 88℃和 27. 34℃时，膜内气温则≥38℃，就必须全部揭膜，否则会烧苗。以上情况在 3 月中旬晴天 13:00—15:00 时应特别注意观测膜外气温。

结论：① 水稻地膜旱育秧与水育秧膜内苗床表面温度（y）与膜外气温（x）呈极显著正相关关系，$y_{旱}=-2.19+1.47x$，$r=0.9442^{**}$，$y_{水}=-1.22+1.27x$，$r=0.9683^{**}$。② 将籼稻和粳稻地膜育秧最早播种期的膜内苗床表面温度分别定为 12℃、10℃，则籼稻地膜旱育秧与水育秧，粳稻地膜旱育秧与水育秧的膜外相应气温应分别达到 9.65℃、10.41℃、8.28℃、8.83℃。③ 籼、粳稻地膜旱育秧与水育秧分别达 75%、85%、95%，三种安全保证率的最早播种期（$y_{1\sim12}$）与纬度（x_1）、经度（x_2）、海拔（x_3）间均呈极显著线性关系，符合表达式 $y=a+b_1x_1+b_2x_2+b_3x_3$，$r=0.8394\sim0.8693^{**}$，$F=44.48\sim59.82^{**}$。④ 水育秧膜外气温分别达到 26.16℃和 30.88℃，旱育秧膜外气温分别达到 23.26℃和 27.34℃，就会造成秧苗徒长与烧苗。

第二节　关键生育期临界温度起始期预测模型的建立

前人对西南水稻高、低温灾害的研究表明，水稻生长过程中遇到农业气象灾害时，不同发育期的水稻对气象灾害的敏感程度及所受的影响均有差异，而且气象灾害对不同品种作物的影响也不同[5]。然而，由于缺乏对西南区域水稻关键生育期界限温度发生期的预测研究，也缺乏安全生产的理论指导，其生产的安全性和产量的稳定性已引起相关部门的高度关注。有鉴于此，徐富贤等[6]基于西南水稻种植区 317 个气象台站 1961—2015 年的逐年日平均温度和最高气温资料（图 2-1），

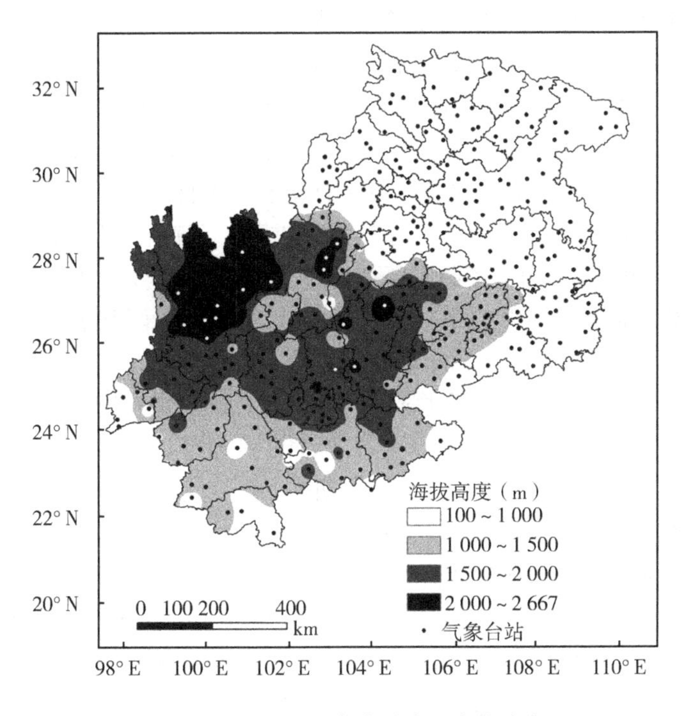

图 2-1　研究区域气象站点及海拔分布

根据水稻关键生育期界限温度（表2-5），并建立西南区域水稻各关键生育期界限温度起始期不同安全保证率下的预测模型，以期为该区域提前预测低温冷害或高温热害发生时间，使水稻关键生育期错过灾害高发时段，有针对性地调整播期、合理选用品种以及选择种植方式等提供依据与指导。

表2-5　水稻关键生育期界限温度　（℃）

项目	界限温度
露地湿润育秧安全播种期日平均气温	≥12
地膜旱育秧安全播种期日平均气温	≥9.7
地膜湿润育秧安全播种期日平均气温	≥10.4
中稻开花期高温热害日平均气温	≥30
中稻开花期高温热害日最高气温	≥35
再生稻或晚稻开花期低温冷害日平均气温	≤22

一、西南区域水稻关键生育期界限温度起始期的空间分布特征

（一）水稻露地湿润育秧安全播种期

1961—2015年，80%保证率下水稻露地湿润育秧安全播种期在云南南部最早，平均为2月10日左右，云南北部、四川攀西地区南部和盆地中部、重庆大部平均为3月1日至4月1日，云南西北和东北部、四川攀西北部平均为5月1日至6月5日，而西南其余地区在4月1日至5月1日。85%和90%保证率下水稻露地湿润育秧安全播种期的空间分布特征类似，云南南部最早，平均在2月10日左右，云南北部、四川攀西南部平均为3月1日至4月1日，云南西北和东北部、四川攀西北部平均为5月1日至6月10日，而西南其余地区在4月1日至5月1日。95%保证率下水稻露地湿润育秧安全播种期在云南南部最早，平均为3月1日左右，云南西北和东北部、四川攀西北部、贵州中西部平均为4月20日至6月30日，而西南其余地区在3月20日至4月20日（图2-2）。

（二）水稻地膜旱育秧安全播种期

1961—2015年，80%保证率下水稻地膜旱育秧安全播种期在云南中、南部和四川攀西南部最早，平均为2月10日左右，云南西北部、四川攀西北部和贵州中东部平均为4月1日至6月1日，而西南其余地区在3月1日至4月1日。85%保证率下水稻地膜旱育秧安全播种期的空间分布特征与80%保证率类似，云南中、南部和四川攀西南部最早，平均为2月10日左右，云南西北部、四川攀西北部和贵州大部平均为4月1日至6月20日，而西南其余地区在3月1日至4

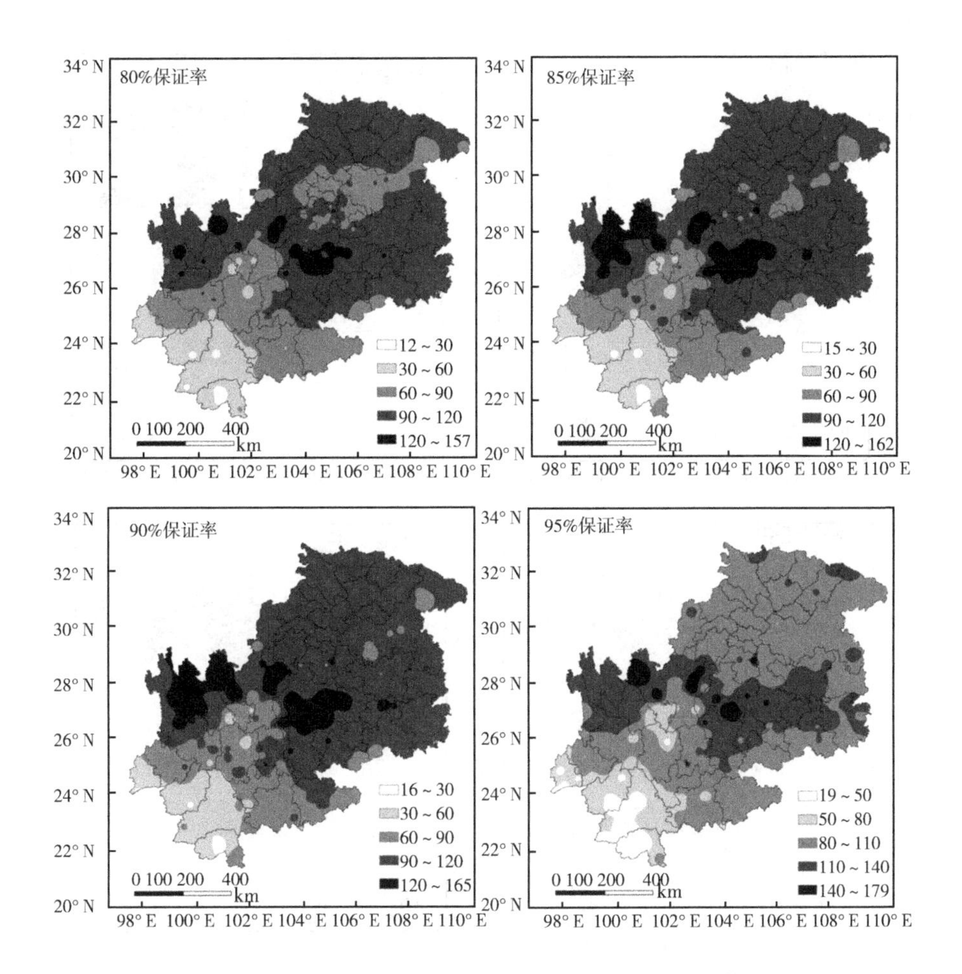

图 2-2　水稻露地湿润育秧安全播种期的空间分布

注：图内数据为年内日序，后同。

月 1 日。90%保证率下水稻地膜旱育秧安全播种期在云南中、南部和四川攀西南部最早，平均为 3 月 10 日以前，云南西北部、四川攀西北部和贵州中西部平均为 4 月 10 日至 6 月 30 日，而西南其余地区在 3 月 10 日至 4 月 10 日。95%保证率下水稻地膜旱育秧安全播种期在云南大部和四川攀西南部最早，平均为 3 月 1 日左右，云南东北部、四川攀西北部、贵州西部个别地区平均为 5 月 1 日至 7 月 20 日，而西南其余地区在 3 月 20 日至 4 月 30 日（图 2-3）。

（三）水稻地膜湿润育秧安全播种期

1961—2015 年，80%保证率下水稻地膜湿润育秧安全播种期在云南南部最

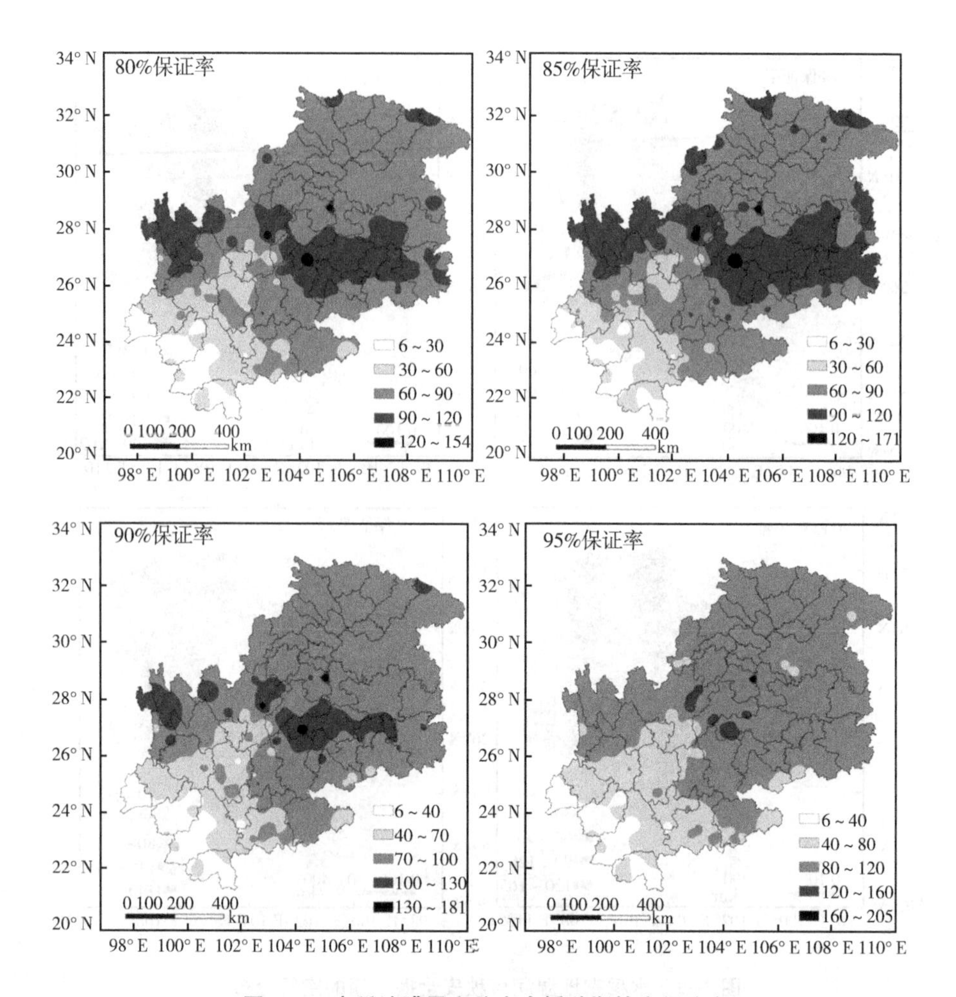

图 2-3　水稻地膜旱育秧安全播种期的空间分布

早，平均为 2 月 10 日左右，云南北部和东部、四川攀西南部和盆地中部、重庆大部平均为 3 月 1 日至 4 月 1 日，而西南其余地区在 4 月 1 日至 5 月 20 日。85%保证率下水稻地膜湿润育秧安全播种期在云南南部最早，平均为 3 月 1 日以前，云南西北部、四川攀西北部和贵州大部平均为 4 月 1 日至 6 月 5 日，而西南其余地区在 3 月 1 日至 4 月 1 日。90%保证率下水稻地膜湿润育秧安全播种期在云南中、南部和四川攀西南部最早，平均为 2 月 10 日左右，云南西北部、四川攀西北部和贵州中西部平均为 4 月 10 日至 6 月 15 日，而西南其余地区在 3 月 10 日至 4 月 10 日。95%保证率下水稻地膜湿润育秧安全播种期在云南南部最早，平均为 3 月 1 日左右，云南东北部和西北部、四川攀西北部、贵州个别地区平均为

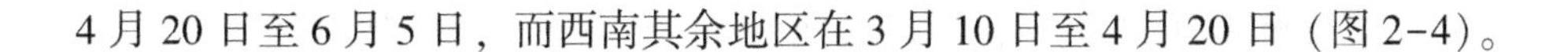
4 月 20 日至 6 月 5 日，而西南其余地区在 3 月 10 日至 4 月 20 日（图 2–4）。

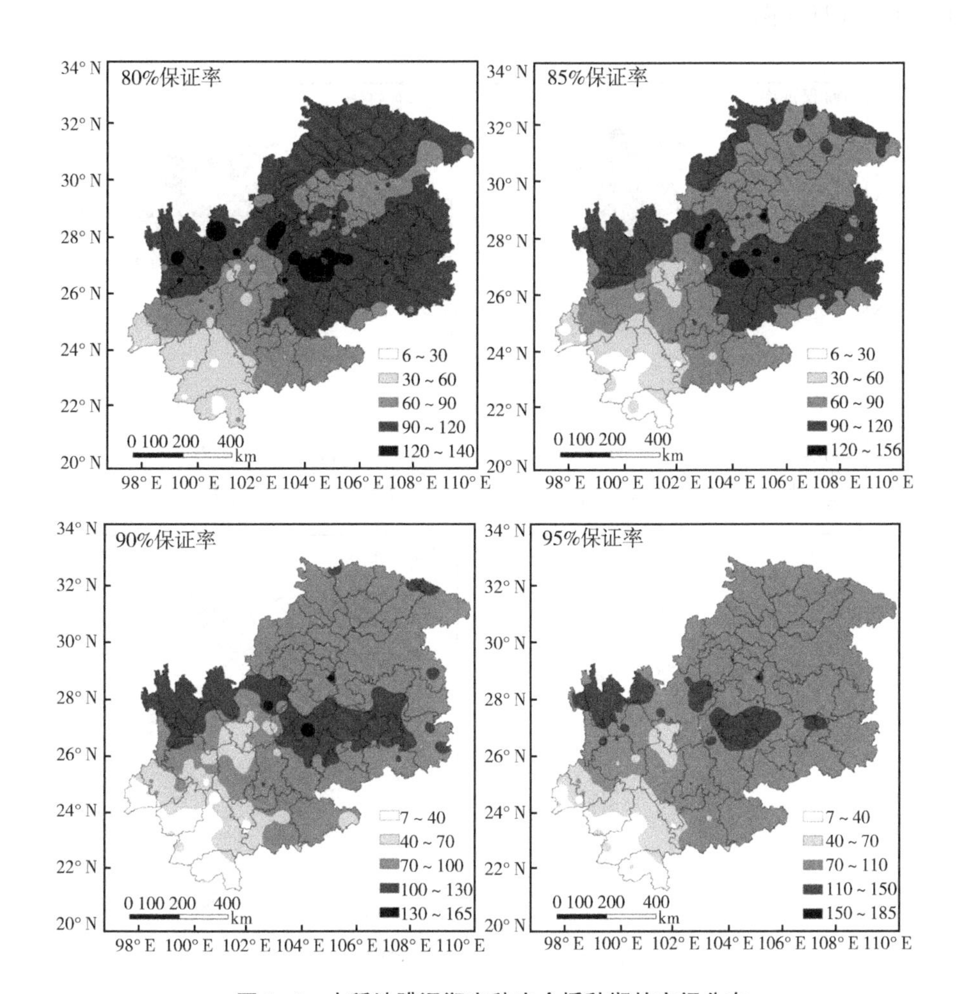

图 2–4　水稻地膜湿润育秧安全播种期的空间分布

（四）中稻开花期高温热害最早发生期

利用持续 3d 及以上日平均气温≥30℃作为判别指标来分析西南中稻开花期高温热害最早发生期。结果显示，1961—2015 年，中稻开花期高温热害主要发生在四川盆地、重庆、贵州北部和东南部。80%和 85%保证率下大部地区中稻开花期高温热害最早发生期出现在 7 月 20 日至 8 月 10 日，仅四川盆地西部、贵州东北部等地出现在 8 月 10—25 日。90%保证率下大部地区中稻开花期高温热害最早发生期出现在 7 月 20 日至 8 月 20 日，仅四川盆地西部、贵州东北部等地出现在 8 月 20—30 日。95%保证率下大部地区中稻开花期高温热害最早发生期出现在7月25日至8月25日，仅四川盆地西部、贵州东北部等地出现在8月25日至9月5日（图2-5）。

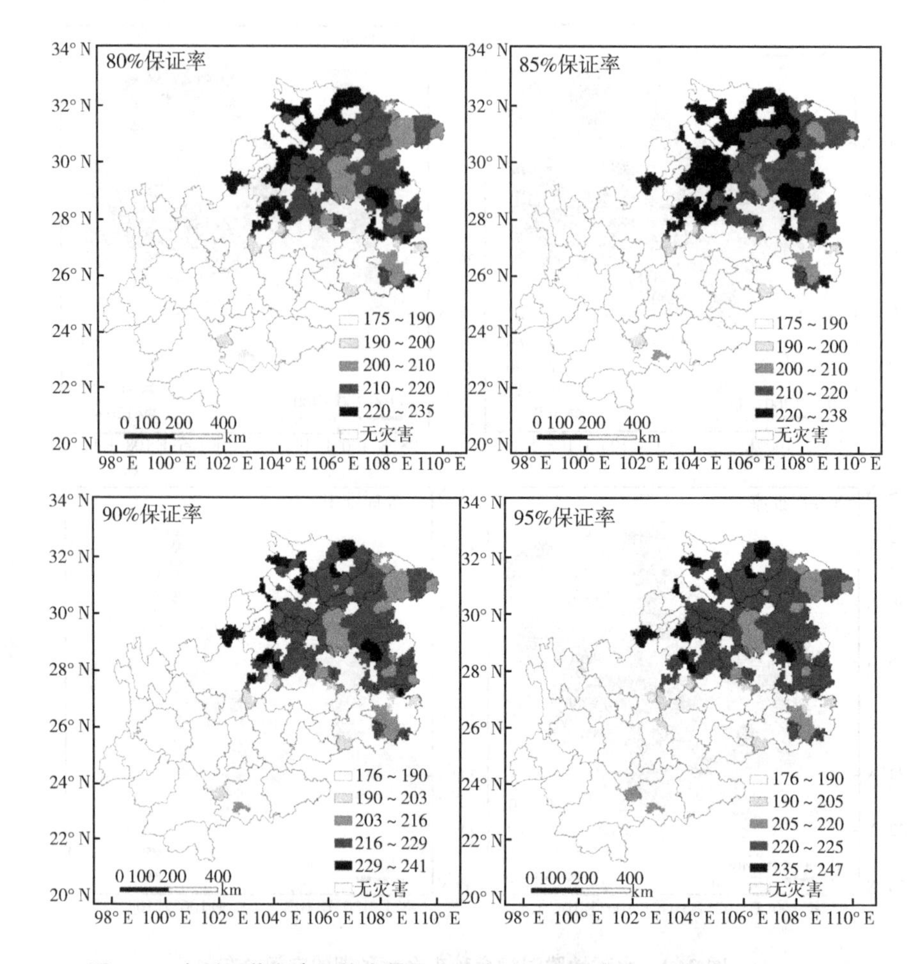

图2-5　中稻开花期高温热害最早发生期（日平均气温≥30℃）的空间分布

利用持续3d及以上日最高气温≥35℃作为判别指标来分析西南中稻开花期高温热害最早发生期。结果显示，1961—2015年，中稻开花期高温热害主要发生在四川盆地、重庆、贵州北部和东南部。80%、85%、90%、95%保证率下大部地区中稻开花期高温热害最早发生期分别出现在7月15日至8月8日、7月15日至8月10日、7月15日至8月10日、7月20日至8月20日，仅四川盆地西部、贵州东北部等地分别出现在8月8—21日、8月10—25日、8月10—26日、8月20—30日（图2-6）。

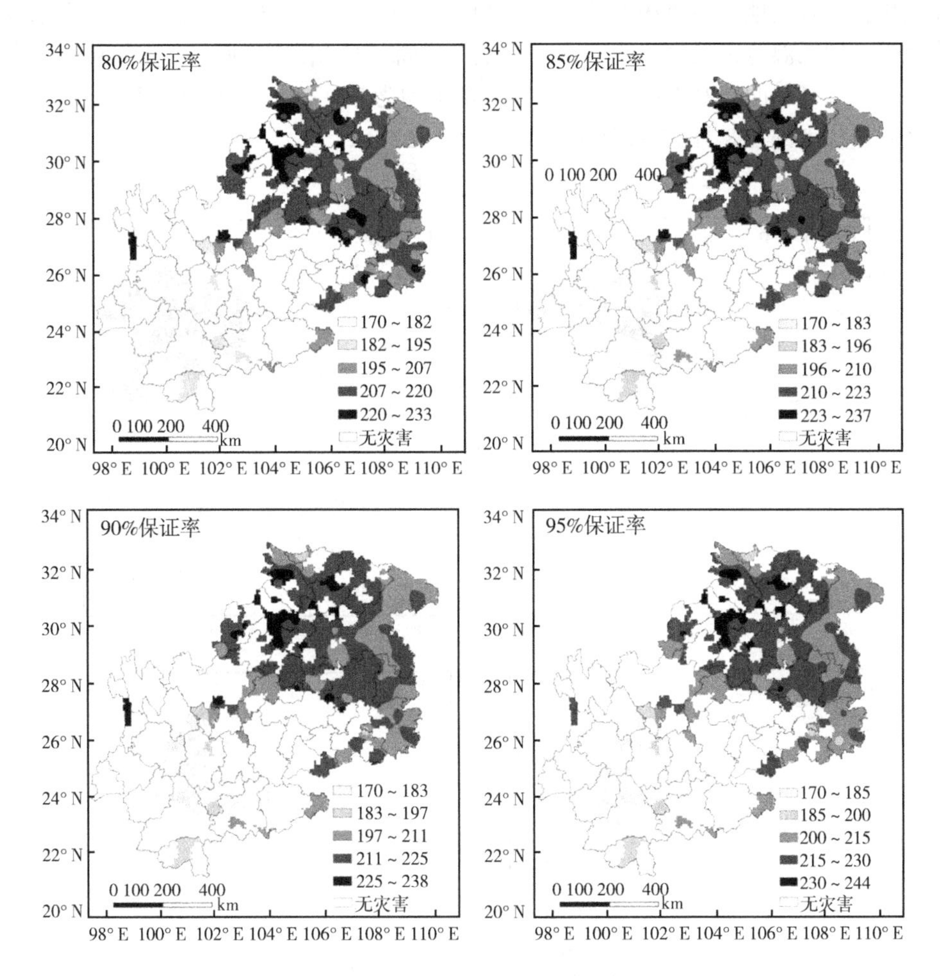

图 2-6 中稻开花期高温热害最早发生期（日最高气温≥35℃）的空间分布

（五）再生稻或晚稻开花期低温冷害最早发生期

1961—2015 年，80%保证率下再生稻或晚稻开花期低温冷害最早出现在云南和贵州大部、四川攀西地区，平均为 6 月 20 日至 7 月 31 日，四川盆地西部、贵州东北部平均为 8 月 1—15 日，而四川盆地其余地区和重庆大部在 8 月 15—9 月 15 日。85%保证率下再生稻或晚稻开花期低温冷害最早出现在云南和贵州大部、四川攀西地区，平均为 6 月 20 日至 7 月 20 日，四川盆地西部、贵州东北部平均为 7 月 20 日至 8 月 10 日，而四川盆地其余地区和重庆大部在 8 月 10 日至 9 月 20 日。90%保证率下再生稻或晚稻开花期低温冷害最早出现在云南和贵州大部、四川攀西地区，平均为 6 月 20 日至 7 月 31 日，四川盆地西部、贵州东北部平均为 8 月 1—20 日，而四川盆地其余地区和重庆大部在8月20日至9月25日。95%保证率下再生稻或晚稻开花期低温冷害最早出现在云南和贵州大部、四川攀西地区，平均为6月20日至8月2日，四川盆地西部、贵州东北部平均为8月2—25日，而四川盆地其余地区和重庆大部在8月25日至9月30日（图2-7）。

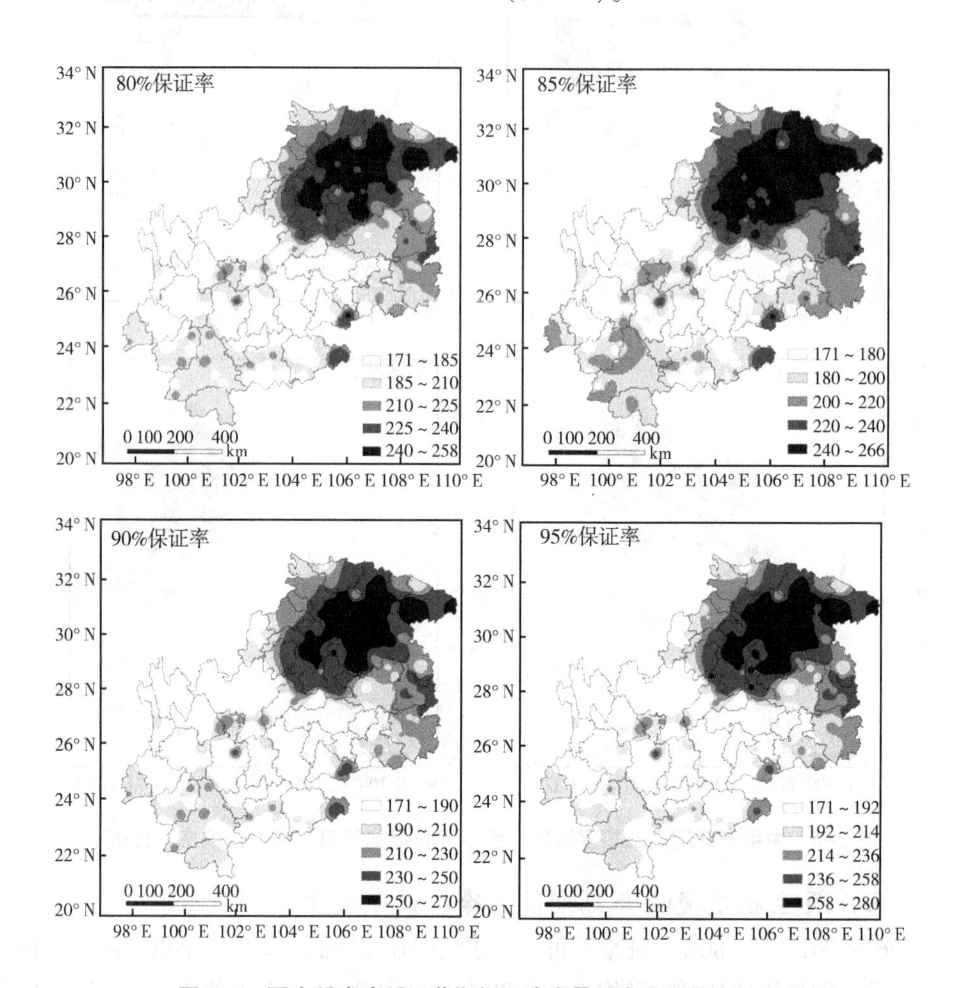

图2-7　再生稻或晚稻开花期低温冷害最早发生期的空间分布

二、西南区域水稻关键生育期界限温度起始期预测模型

采用逐步回归的方法建立西南区域水稻关键生育期界限温度起始期（y）的预测模型，即根据各站点所处地理位置的纬度（x_1）、经度（x_2）和海拔高度（x_3）可推算不同保证率下（80%、85%、90%、95%）水稻安全播种期、中稻

花期高温热害最早发生期、再生稻或晚稻开花期低温冷害的最早发生期。由表2-6可知，露地湿润育秧安全播种期、地膜旱育秧安全播种期、地膜湿润育秧安全播种期、再生稻或晚稻开花期低温冷害的最早发生期由各站点纬度（x_1）、经度（x_2）和海拔高度（x_3）计算得到，而中稻开花期高温热害的最早发生期由各站点纬度（x_1）和海拔高度（x_3）计算得到。预测模型起始日期（y）格式采用日序表示：如3月6日记为65，7月15日记为196。

表2-6　水稻关键生育期界限温度起始期预测模型

项目	80%保证率	85%保证率	90%保证率	95%保证率
露地湿润育秧安全播种期	$y=4.792x_1+5.462x_2+0.033x_3-644.664$	$y=4.700x_1+5.408x_2+0.033x_3-633.109$	$y=4.663x_1+5.380x_2+0.033x_3-627.569$	$y=4.541x_1+5.303x_2+0.034x_3-611.902$
地膜旱育秧安全播种期	$y=4.164x_1+5.966x_2+0.028x_3-690.688$	$y=4.151x_1+5.950x_2+0.029x_3-685.266$	$y=4.153x_1+5.935x_2+0.029x_3-681.978$	$y=4.135x_1+5.907x_2+0.030x_3-674.388$
地膜湿润育秧安全播种期	$y=4.567x_1+5.940x_2+0.030x_3-696.638$	$y=4.569x_1+5.888x_2+0.031x_3-687.993$	$y=4.541x_1+5.889x_2+0.031x_3-685.693$	$y=4.518x_1+5.830x_2+0.032x_3-674.693$
中稻开花期高温热害的最早发生期（日平均气温指标）	$y=3.206x_1+119.623$	$y=3.247x_1-0.008x_3-126.121$	$y=3.310x_1-0.010x_3+126.806$	$y=3.516x_1-0.013x_3+127.023$
中稻开花期高温热害的最早发生期（日最高气温指标）	$y=1.855x_1+156.723$	$y=2.146x_1+150.706$	$y=2.306x_1+147.282$	$y=2.446x_1-0.006x_3+149.670$
再生稻或晚稻开花期低温冷害的最早发生期	$y=2.535x_1-1.199x_2-0.036x_3+295.772$	$y=3.036x_1-1.230x_2-0.039x_3+290.503$	$y=3.286x_1-1.241x_2-0.040x_3+287.483$	$y=3.914x_1-1.283x_2-0.044x_3+281.367$

注：y，水稻各关键生育期界限温度的起始期；x_1，纬度；x_2，经度；x_3，海拔高度。

结论：基于西南水稻种植区317个气象台站1961—2015年的逐年日平均温度和最高气温资料，分析了近55年来该区域不同保证率下水稻安全播种期、水稻开花期高温热害和低温冷害的最早发生期，建立了西南区域水稻各关键生育期界限温度起始期预测模型。预测结果表明：80%~95%保证率下，云南南部的水稻育秧安全播种期最早，平均在2月20日左右；云南北部、四川攀西南部和盆地中部、重庆大部和贵州部分地区为3月10日至4月10日；而其余地区在4月10日至6月10日。80%~95%保证率下中稻开花期高温热害主要发生在四川盆地、重庆、贵州北部和东南部，最早出现在7月15日至8月30日。80%~95%保证率下再生稻或晚稻开花期低温冷害最早出现在云南和贵州大部、四川攀西地区，平均6月20日至8月1日；四川盆地西部、贵州东北部平均为8月1—20日；其余地区在8月20日至9月20日。基于纬度、经度和海拔高度建立的西南区域水稻各关键生育期界限温度起始期预测模型，简单实用。研究可为西南水稻安全生产、防灾减灾等提供理论依据。

第三节　杂交中稻开花期高温热害的风险预测

四川盆地东南部现有稻田 167 万 hm^2 左右，年种一季杂交中稻（或再生稻）的利用模式占95%以上，其生育期特别是营养生长期，随着水稻生长季节气温升高缩短而产量明显下降。在全球气候变暖背景下，水稻生长期间高温胁迫天气的发生更加频繁，高温胁迫导致水稻蛋白质生物合成机制受到损伤、颖花退化率高、花粉活力降低与花药充实不良、籽粒充实度和结实率差而大幅度减产。因水稻开花期受高温胁迫机率最大、损失最重，前人就水稻开花期耐高温品种与调节剂筛选、播种期调整、水肥管理等缓解技术开展了较多研究。由于高温发生具有明显的区域和时期分布特征，生产上出现了较多实施开花期缓解技术后又未出现极端高温胁迫天气情况，结果不仅比传统高产技术有所减产、还增加了生产成本。因此，先期利用长期各气象台站的气象资料，分别对江西、两湖地区、西南地区、长江中下游地区乃至全国水稻开花期高温热害天气发生的时空分布规律进行了大量研究，为指导大面积生产避（缓）水稻开花期高温热害起到了积极作用。然而，在大面积水稻生产实践中生态环境复杂多样，就一个县（区）的小区域而言，有平坝、丘陵甚至山区之分，小到同一村、社的不同田块因海拔高度差异致水稻开花期相差极大。以上研究形成的大区域高温热害天气发生的时空分布规律，不能解决小区域生态环境的多样性问题。因此，徐富贤等[7]基于地理位置（经度、纬度和海拔）信息建立相应的四川盆地东南部杂交中稻开花期预测模型，进一步开展受极端高温伤害的风险预测，以期为制定实地避（缓）水稻开花期高温伤害技术提供科学依据。

试验采用统一方案，于 2018 年、2019 年分别在四川盆地东南部多个生态点的冬水田进行，各试验点的地理位置见表 2-7。

表 2-7　试验点的地理位置

试验编号	试验地点	经度（°，E）	纬度（°，N）	海拔（m）
试验一	泸县得胜	105.26	29.52	287
	富顺互助	104.97	29.27	284
	泸县福集	105.23	29.13	303
	隆昌云顶	105.13	29.15	335
	南溪大观	104.54	28.58	289
	荣县长山	104.13	29.26	427
	泸县大田	105.19	29.11	330

（续表）

试验编号	试验地点	经度（°，E）	纬度（°，N）	海拔（m）
试验二	江安蟠龙	105.05	28.60	316
	泸县基地	105.23	29.12	301
	富顺中石	105.11	29.12	290
	隆昌云顶	105.13	29.14	336
	泸县太和	105.20	29.11	330
	南溪大观	104.55	28.58	289

一、杂交中稻齐穗期与地理位置关系模型的建立

从两个品种在5个施肥处理下齐穗期情况（表2-8）可见，同一个试验地点各小区间齐穗期相差5~7d，不同地点间也有明显差异，7个地点齐穗期2018年、2019年平均最早均为富顺互助，分别为6月27日、7月2日，最迟均是荣县长山，分别为7月29日和8月5日。其中2018年为正常年景，2019年为低温年景，以致2019年比2018年齐穗期平均推迟了5d，但两年结果的表现趋势基本一致。

根据先期研究结果，开花期是水稻结实率受极端高温伤害的敏感期，开花当时及以后3h为敏感时点，而水稻齐穗至全部抽完需要3~5d，因此齐穗后第5日以后发生的高温对结实率没有影响。为了探索各试验地点的齐穗期后第5日日序与地理位置间的定量关系，进而明确不同地理位置水稻开花期的极端高温对籽粒结实率的影响机率，以反映地理位置的经度（x_1）、纬度（x_2）和海拔（x_3）为自变量，各点齐穗后第5日日序（1月1日为1，2月1日为32，…，6月30日为181，以此类推）平均值为因变量，进行的相关分析结果（表2-9）表明，杂交中稻齐穗后第5日日序与经度呈显著负相关，与海拔呈极显著正相关，与纬度相关不显著（可能与7个试验点间纬度差异较小有关）。因此进一步建立了基于经度（x_1）和海拔（x_3）（表2-7）预测水稻齐穗后第5日日序的回归模型（表2-10），该模型经检验F值13.25**~13.56**，达极显著水平，决定系数高达0.8688~0.8715。从理论上讲，利用该模型根据不同地点的经度和海拔高度变异值，预测其杂交中稻种植所在区域的抽穗期是可行的。

表 2-8 不同地理位置下杂交中稻 5 个粒芽肥施肥量齐穗期及其齐穗后第 5 日日序

地点	项目	2018 年		2019 年	
		齐穗期（月-日）	齐穗后第 5 日日序	齐穗期（月-日）	齐穗后第 5 日日序
泸县得胜	最早值	7-1	187	7-6	192
	最迟值	7-7	193	7-11	197
	平均值	7-4	190	7-9	195
富顺互助	最早值	6-24	180	6-28	184
	最迟值	6-29	185	7-5	191
	平均值	6-27	183	7-2	188
泸县福集	最早值	7-2	188	7-8	194
	最迟值	7-8	194	7-13	199
	平均值	7-5	191	7-11	197
隆昌云顶	最早值	6-29	185	7-4	190
	最迟值	7-4	190	7-9	195
	平均值	7-2	188	7-7	193
南溪大观	最早值	7-3	189	7-11	197
	最迟值	7-9	195	7-15	201
	平均值	7-6	192	7-13	199
荣县长山	最早值	7-27	213	8-3	220
	最迟值	7-31	217	8-7	224
	平均值	7-29	215	8-5	222
泸县大田	最早值	7-5	191	7-9	195
	最迟值	7-11	197	7-16	202
	平均值	7-8	194	7-13	198

表 2-9 杂交中稻齐穗后第 5 日日序与地理位置的相关系数

地理位置	2018 年		2019 年		n
	相关系数 r	显著水平 P	相关系数 r	显著水平 P	
x_1：经度（°，E）	-0.7609^{*}	0.0470	-0.7973^{*}	0.0318	7
x_2：纬度（°，N）	0.0394	0.9332	−0.0104	0.9823	7
x_3：海拔（m）	0.9072^{**}	0.0048	0.8873^{**}	0.0077	7

表 2-10　杂交中稻齐穗后第 5 日日序与地理位置的回归分析

年度	回归方程	F 值	R^2	偏相关	t 值	P 值
2018	$y=875.59-6.9456x_1+0.1442x_3$	13.56**	0.871 5	$r(y, x_1)=-0.5237$	1.23	0.273 6
				$r(y, x_3)=0.8335$	3.02	0.029 5
2019	$y=1161.09-9.5919x_1+0.1371x_3$	13.25**	0.868 8	$r(y, x_1)=-0.6195$	1.58	0.175 3
				$r(y, x_3)=0.8001$	2.67	0.044 5

二、杂交中稻齐穗期与地理位置关系模型的验证

为了验证杂交中稻齐穗期与地理位置关系模型的准确性，分别将 2018 年、2019 年各不相同的 10 个杂交中稻品种在 6 个生态点种植实测的齐穗后第 5 日日序（表 2-11），与按表 2-10 的模型基于 6 个试验点的地理位置（表 2-7）的预测值进行比较。由表 2-12 可见，2018 年平均齐穗后第 5 日日序，实测值比预测值提早 2.74d，相对值0.985 6；2019 年因水稻生长中前期低温导致生育期明显延迟 5d 以上，平均齐穗后第 5 日日序，实测值比预测值推迟 1.78d，相对值 1.0091。

再从实测值与预测值 1 : 1 回归模型可见，预测值与实测值的决定系数高达 0.836 2~0.864 1，实测值与预测值之间的均方根差（RMSE）回归模型表示模型的预测精度，该值为 0.83%~1.18%（表 2-13），表明预测值与实测值之间具有较好的一致性。因此，在误差允许范围内，利用经度和海拔变异值，能对杂交中稻品种在不同区域种植齐穗期作出预测。

表 2-11　不同地理位置下多个杂交中稻品种齐穗期及其齐穗后第 5 日日序

地点	项目	2018 年		2019 年	
		齐穗期（月-日）	齐穗后第 5 日日序	齐穗期（月-日）	齐穗后第 5 日日序
江安蟠龙	最早值	6-22	181	7-3	189
	最迟值	7-8	194	7-16	202
	平均值	7-2	188	7-11	197
泸县基地	最早值	6-26	183	6-28	184
	最迟值	7-3	189	7-14	200
	平均值	6-28	186	7-8	194

（续表）

地点	项目	2018年		2019年	
		齐穗期（月-日）	齐穗后第5日日序	齐穗期（月-日）	齐穗后第5日日序
富顺中石	最早值	6-24	180	7-5	291
	最迟值	6-30	186	7-16	203
	平均值	6-28	184	7-10	196
隆昌云顶	最早值	7-1	187	7-12	198
	最迟值	7-9	195	7-18	204
	平均值	6-30	191	7-15	201
泸县太和	最早值	6-28	184	7-9	195
	最迟值	7-8	194	7-16	202
	平均值	7-3	189	7-13	199
南溪大观	最早值	6-28	184	7-9	195
	最迟值	7-9	195	7-18	204
	平均值	7-4	190	7-14	200

表2-12　6个生态点多品种齐穗后第5日日序的实测值与预测值比较

试验地点	2018年				2019年			
	实测值	预测值	实测值-预测值	实测值/预测值	实测值	预测值	实测值-预测值	实测值/预测值
江安蟠龙	188	191.52	-3.52	0.981 6	197	196.78	0.22	1.001 1
泸县基地	186	188.11	-2.11	0.988 8	194	193.00	1.00	1.005 2
富顺中石	184	187.36	-3.36	0.982 1	196	192.64	3.36	1.017 4
隆昌云顶	191	193.85	-2.85	0.985 3	201	198.76	2.24	1.011 3
泸县太和	189	192.50	-3.5	0.981 8	199	197.27	1.73	1.008 8
南溪大观	190	191.10	-1.1	0.994 2	200	197.88	2.12	1.010 7
均值	188	190.74	-2.74	0.985 6	198	196.06	1.78	1.009 1

表2-13　杂交中稻齐穗后第5日日序的实测值（x）与预测值（y）的回归分析及预测精度

年份	回归方程	R^2	RMSE（%）	n
2018	$y=21.595+0.8997x$	0.864 1	1.18	6
2019	$y=18.261+0.8987x_1$	0.836 2	0.83	6

三、杂交中稻齐穗期与地理位置关系模型的应用

为了探索不同水稻种植区域开花期受极端高温伤害的概率，首先应用陈超等[6]建立的基于地理位置（纬度：x_2、海拔：x_3）预测≥35℃最早发生期预测模型（80%保证率：$y=156.723+1.855x_2$。85%保证率：$y=150.706+2.146x_2$。90%保证率：$y=147.282+2.306x_2$。95%保证率：$y=149.670+2.446x_2-0.006x_3$），预测出各区域水稻开花期受极端高温伤害的最早发生期；再利用本研究建立的齐穗期与地理位置关系模型（表2-10），预测杂交中稻品种齐穗期，并进行极端高温伤害的最早发生期与齐穗期对比，则可明确其受极端高温伤害的可能程度。

例如本研究相同品种在7个生态点中，荣县长山点的2019年抽穗期与极端高温发生最早日期的重叠度较高，其结实率受到一定影响，仅为75.16%。两年其余各点因齐穗后第5日出现日期比极端高温最早发生预测期提早了6~34d，完全错开了高温发生期。因此其结实率高达86.84%~92.44%（表2-14），没有受到极端高温伤害，表明本模型预测结果与最终结实率实际情况相符。

表2-14 基于地理位置的杂交中稻受高温胁迫程度预测

地点	≥35℃最早发生期预测值（月-日）				齐穗后第5日预测值（月-日）		齐穗后第5日比高温发生期提早时间（d）	结实率（%）	
	保证率（%）								
	80	85	90	95	2018年	2019年		2018年	2019年
泸县得胜	7-30	8-2	8-3	8-8	7-5	7-10	20~34	90.38	87.52
富顺互助	7-30	8-2	8-3	8-8	7-6	7-12	18~33	92.15	87.72
泸县福集	7-30	8-1	8-2	8-7	7-7	7-12	18~31	91.79	89.14
隆昌云顶	7-30	8-1	8-3	8-7	7-13	7-18	12~25	92.44	85.09
南溪大观	7-29	7-31	8-1	8-6	7-10	7-17	12~27	88.20	90.51
荣县长山	7-30	8-2	8-3	8-7	8-1	8-9	-10~6	86.84	75.16
泸县大田	7-30	8-1	8-2	8-7	7-13	7-16	14~25	91.03	90.24

四、四川盆地杂交中稻开花期避（耐）高温伤害的关键措施

利用本研究建立的杂交中稻开花期与地理位置（经度、纬度和海拔）的关系模型，结合陈超等[6]建立的开花期≥35℃起始期预测模型，再根据预测高温发生期与杂交中稻预测开花期的差异，确定品种布局与播期调节使开花期避开高温发生期。本研究结果表明，水稻实际齐穗期比预测高温发生最早期提早10d以

上、预测齐穗后第 5 日日序比预测高温发生期最早期提早 5d 以上，其开花期受高温伤害的概率低于 5%。据此，对四川盆地杂交中稻开花期避高温伤害提出以下措施，供大面积生产参考。

在实际生产应用中，以 2019 年前期温度偏低的模型更保险。由于本研究是采用人工插秧的方式，考虑到其齐穗期比机插水稻要早 2~7d[8]。因此，生产上杂交中稻手插和机插预测的齐穗后第 5 日日序，应分别比预测的最早高温发生期提早 5~10d 才安全。对于满足此条件的地区，在品种选择上不需选开花期耐高温品种，但为应对特殊年份高温发生期推迟的情况，应作好抽穗期喷施高温缓解剂和灌深水的准备。反之，预测的齐穗后第 5 日日序应分别与预测的最早高温发生期相近的区域，要选择生育期比迟熟杂交中稻短 7d 以上的并开花期耐高温的中熟品种，采用可提早齐穗期 3~5d 的旱地育秧方式，并提高开花期叶片含氮量，虽然不能缓解夜间高温对源库相互作用的负面影响，但可以缓解开花期高温造成的产量损失。

结论：杂交中稻齐穗后第 5 日日序与经度呈显著负相关，与海拔呈极显著正相关，与纬度相关不显著。建立的基于经度（x_1）和海拔（x_3）预测水稻齐穗后第 5 日日序的回归模型，F 值为 13.25**~13.56**，决定程度高达 0.868 8~0.871 5。该模型经多个品种连续两年在 6 个生态点验证，实测值与预测值 1：1 回归模型的决定系数高达 0.836 2~0.864 1，实测值与预测值之间的均方根差（RMSE）值为 0.83%~1.18%，预测值与实测值之间具有较好的一致性。将本研究建立的齐穗期与地理位置关系模型与作者等先期建立的基于地理位置（纬度：x_2、海拔：x_3）预测≥35℃最早发生期预测模型相结合，探明了不同地理位置杂交中稻开花期受极端高温伤害的概率。利用地理位置信息可准确预测杂交中稻开花期受极端高温伤害的风险程度，具有较强的生产适用性。

第四节　再生稻开花期低温冷害的风险预测

在全球气候变化的不断加剧背景下，未来极寒夜可能对我国农作物造成更大的霜冻危害，水稻正面临越来越严重的极端低温胁迫，并对植株体代谢产生破坏性的影响。水稻生育前期冷害的发生使抽穗开花时间延迟，导致开花期受低温伤害后结实率、千粒重降低而显著减产。因此，前人在耐冷品种的 QTL 定位及其保护性膜的结构与功能，开花期低温下颖花、花药、花粉、细胞壁的生理反应、叶片气孔导度等生理活性下降对光合速率的影响，以及水稻开花期耐冷性品种的鉴定方法、安全播种期、肥水管理等缓解低温伤害技术多方面开展了大量研究。由于低温冷害的发生具有明显的区域和时期分布特征，生产上实施水稻低温缓解技术后开花期未出现冷害胁迫天气的情况时有发生。为此，先期利用多年多点的气象资料，分别对东北、四川、江西、长江中下游地区水稻开花期低温冷害天气发生的时空分布规律进行了大量研究，为指导大面积生产避（缓）水稻开花期低温冷害起到了重要作用。

以上研究形成的大尺度下低温冷害天气发生的时空分布规律，大多是基于各气象台站的气象资料建模预测，不能解决小区域生态环境的多样性（无气象资料）问题。徐富贤等[9]基于获取方便的地理位置（经度、纬度和海拔）信息，建立相应的四川盆地东南部再生稻开花期预测模型，进一步开展受低温冷害的风险预测，以期为实地制定再生稻开花期避（缓）低温冷害技术提供科学与实践依据。

一、模型建立

从试验结果（表 2-15）可见，在两个品种的 5 个粒芽肥施用量条件下，2018 年、2019 年同一个试验地点各小区间再生稻齐穗期分别相差 3~7d 和 5~7d；不同地点间平均齐穗期 2018 年、2019 年分别相差 29d 和 31d，在 7 个试验点中两年最早均为富顺互助，分别为 8 月 27 日和 9 月 12 日，最迟均是荣县长山，分别为 9 月 25 日和 10 月 13 日。其中 2018 年为正常年景，2019 年为低温年景，以致 2019 年比 2018 年齐穗期平均推迟了 14.7d，但两年结果的表现趋势基本一致。

开花期是水稻结实率受低温伤害的敏感期，籼稻开花期低于 22℃不能正常结实，而再生稻齐穗至全部抽完需要 5d 左右，因此齐穗后第 5 日以后发生的低温对结实率没有影响。为了探索各试验地点的齐穗期后第 5 日日序与地理位置间的定量关系，进而明确不同地理位置再生稻开花期的低温对籽粒结实率的影响机率，以反映地理位置的经度（x_1）、纬度（x_2）和海拔（x_3）为自变量，各点齐穗后第 5 日日序（1 月 1 日为 1，2 月 1 日为 32，…，8 月 30 日为 243，以此类推）平均值为因变量，进行的相关分析结果（表 2-16）可见，再生稻齐穗后第 5 日日序与经度呈显著负相关，与海拔呈极显著正相关，与纬度相关不显著（可能与 7 个试验点间纬度差异较小有关）。因此进一步建立了基于经度（x_1）和海拔（x_3）（表 2-7）预测再生稻齐穗后第 5 日日序的回归模型（表 2-17），该模型经检验 F 值为 22.88** ~65.11**，达极显著水平，决定系数高达 0.919 6~0.970 2，利用试验测定数据与预测值之间的均方根差（RMSE）对模型进行检验，2018 年、2019 年 RMSE 分别为 0.973%和 0.605%，表明其预测精度较高。理论上，利用该模型根据不同地点的经度和海拔高度变异值，预测其再生稻种植所在区域的抽穗期是可行的。

表 2-15 不同地理位置下再生稻 5 个粒芽肥施肥量的齐穗期及其齐穗后第 5 日日序

地点	项目	2018 年		2019 年	
		齐穗期（月-日）	齐穗后第 5 日日序（d）	齐穗期（月-日）	齐穗后第 5 日日序（d）
泸县得胜	最早值	8-23	235	9-8	251
	最迟值	8-30	242	9-15	258
	平均值	8-27	239	9-12	255
富顺互助	最早值	9-2	245	9-11	254
	最迟值	9-8	251	9-17	260
	平均值	9-5	248	9-14	257
泸县福集	最早值	8-26	238	9-14	257
	最迟值	8-29	241	9-19	262
	平均值	8-27	239	9-17	260
隆昌云顶	最早值	9-6	249	9-14	257
	最迟值	9-10	253	9-19	262
	平均值	9-8	251	9-17	260
南溪大观	最早值	9-5	248	9-20	263
	最迟值	9-9	252	9-27	270
	平均值	9-8	251	9-24	267
荣县长山	最早值	9-21	264	10-10	283
	最迟值	9-28	271	10-16	289
	平均值	9-25	268	10-13	286
泸县大田	最早值	8-30	242	9-11	254
	最迟值	9-2	245	9-18	261
	平均值	9-1	244	9-15	258

表 2-16 再生稻齐穗后第 5 日日序与地理位置的相关系数

地理位置	2018 年		2019 年		n
	相关系数 r	显著水平 P	相关系数 r	显著水平 P	
x_1：经度（°E）	-0.9097^{**}	0.004 5	-0.9319^{**}	0.002 2	7
x_2：纬度（°N）	-0.145 5	0.755 5	-0.172 2	0.711 9	7
x_3：海拔（m）	0.8252^{**}	0.022 3	0.8516^{**}	0.015 0	7

表 2-17　再生稻齐穗后第 5 日日序与地理位置的回归分析

年度	回归方程	F 值	R^2	偏相关	t 值	P 值
2018	y=1 799.66-15.025 56x_1+0.078 89x_3	22.88**	0.919 6	r（y，x_1）=-0.864 9	3.46	0.018 3
				r（y，x_3）=0.730 5	2.14	0.085 4
2019	y=1 953.43-16.382 8x_1+0.089 3x_3	65.11**	0.970 2	r（y，x_1）=-0.944 2	5.73	0.002 3
				r（y，x_3）=3.694 8	3.69	0.014 1

二、模型验证

为了验证再生稻齐穗期与地理位置关系模型的准确性，分别将 2018 年、2019 年各不相同的 10 个杂交中稻品种在 6 个生态点种植实测的齐穗后第 5 日日序（表 2-18），与按表 2-17 的模型基于 6 个试验点的地理位置（表 2-7）预测的平均值进行比较。由表 2-19 可见，2018 年平均齐穗后第 5 日日序，实测值比预测值推迟 1.22d，相对值 1.005；2019 年因水稻生长中前期低温导致生育期明显延迟 14d 以上，平均齐穗后第 5 日日序实测值比预测值提早 1.38d，相对值 0.995。

再从实测值与预测值 1∶1 回归模型可见，其预测值与实测值关系的决定系数高达0.839 1~0.863 8，实测值与预测值之间的均方根差（RMSE）表示回归模型的预测精度，该值为 0.93%~1.21%（表 2-20），表明预测值与实测值之间具有较好的一致性。因此，在误差允许范围内，利用经度和海拔变异值，能对再生稻品种在不同区域种植的齐穗期作出预测。

表 2-18　不同地理位置下多个品种再生稻的齐穗期及其齐穗后第 5 日日序

地点	项目	2018 年		2019 年	
		齐穗期（月-日）	齐穗后第 5 日日序（d）	齐穗期（月-日）	齐穗后第 5 日日序（d）
江安蟠龙	最早值	9-1	244	9-12	255
	最迟值	9-9	252	9-17	260
	平均值	9-5	248	9-14	257
泸县基地	最早值	8-28	240	8-31	243
	最迟值	9-7	250	9-16	259
	平均值	9-2	245	9-8	251

（续表）

地点	项目	2018年		2019年	
		齐穗期（月-日）	齐穗后第5日日序（d）	齐穗期（月-日）	齐穗后第5日日序（d）
富顺中石	最早值	8-29	241	9-11	254
	最迟值	9-8	251	9-19	262
	平均值	9-3	246	9-15	258
隆昌云顶	最早值	8-29	241	9-14	257
	最迟值	9-9	252	9-23	266
	平均值	9-4	247	9-19	262
泸县太和	最早值	8-29	241	9-11	254
	最迟值	9-8	251	9-18	261
	平均值	9-4	247	9-14	257
南溪大观	最早值	8-28	240	9-20	263
	最迟值	9-11	254	9-29	272
	平均值	9-6	249	9-25	268

表 2-19　6个生态点多品种再生稻齐穗后第5日日序的实测值与预测值比较

地点	2018年				2019年			
	实测值	预测值	实测值-预测值	实测值/预测值	实测值	预测值	实测值-预测值	实测值/预测值
江安蟠龙	248	246.15	1.85	1.008	257	260.64	-3.64	0.986
泸县基地	245	242.27	2.73	1.011	251	256.35	-5.35	0.979
富顺中石	246	243.2	2.80	1.012	258	257.33	0.67	1.003
隆昌云顶	247	246.53	0.47	1.002	262	261.11	0.89	1.003
泸县太和	247	245	2.00	1.008	257	259.43	-2.43	0.991
南溪大观	249	251.54	-2.54	0.990	268	266.42	1.58	1.006
平均值	247	245.78	1.22	1.005	259	260.21	-1.38	0.995

表 2-20　再生稻齐穗后第5日日序的实测值（x）与预测值（y）的关系及预测精度

年度	回归方程	R^2	RMSE（%）	n
2018	$y=2.149x-285.02$	0.8638	0.93	6
2019	$y=0.5714x+112.31$	0.8391	1.21	6

三、模型应用

为了探索不同再生稻种植区域开花期受低温危害的概率，首先应用陈超等[6]建立的基于地理位置（经度：x_1、纬度：x_2、海拔：x_3）预测≤22℃最早发生期保证率95%的预测模型（$y=3.914x_1-1.283x_2-0.044x_3+281.367$），预测出各区域再生稻开花期受低温伤害的最早发生期；再利用本研究建立的再生稻齐穗期与地理位置关系模型（表2-17），预测再生稻多个品种齐穗期，并进行低温冷害的最早发生期与齐穗期对比，则可明确其受低温冷害的可能程度。

在本研究相同品种的7个试验点中（表2-21），2018年、2019年泸县得胜点的再生稻齐穗后第5日预测值最早，分别比≤22℃最早发生期预测值提早9d和推迟5d，其结实率最高分别为78.55%、70.1%；荣县长山点的再生稻齐穗后第5日预测值最迟，分别比≤22℃最早发生期预测值推后25d和31d，其结实率受低温影响严重，分别为33.44%和22.21%。2018年、2019年齐穗后第5日预测值与≤22℃最早发生期预测值的差值分别与结实率呈极显著负相关，r分别为-0.9685^{**}和-0.9743^{**}，表明齐穗后第5日预测值比≤22℃最早发生期预测值（简称5S比22P，后同）提早越多，再生稻开花期受低温影响越小。2018年结实率在70%~78.55%的6个试验点，5S比22P提早9d至推后4d；2019年结实率70%以上的仅有泸县得胜试验点，5S比22P推后5d，其余6个试验点结实率22.21%~65.56%，5S比22P推后10~31d。表明本模型预测结果与最终再生稻结实率实际情况相符。

综合两年试验结果，5S比22P最多推后5d，即齐穗期与比≤22℃最早发生期预测值相近或提早，方可保证再生稻结实率在70%以上。7个试验点中，正常年景（2018年）除荣县长山外的6个点均可正常收获再生稻，而低温年景（2019年）仅有泸县得胜、富顺互助、泸县福集3个点可获有较好的再生稻产量；而隆昌云顶、南溪大观、泸县大田3个点为再生稻次适宜区，荣县长山则确定为非再生稻区。

表2-21 基于地理位置的再生稻受低温胁迫程度预测

地点	≤22℃最早发生期预测值（月-日）	齐穗后第5日预测值（月-日）		齐穗后第5日预测值与≤22℃最早发生期预测值之差（d）		结实率（%）	
		2018年	2019年	2018年	2019年	2018年	2019年
泸县得胜	9-7	8-29	9-12	-9	5	78.55	70.10
富顺互助	9-6	9-2	9-16	-4	10	75.15	65.56

（续表）

地点	≤22℃最早发生期预测值（月-日）	齐穗后第5日预测值（月-日）		齐穗后第5日预测值与≤22℃最早发生期预测值之差（d）		结实率（%）	
		2018年	2019年	2018年	2019年	2018年	2019年
泸县福集	9-4	8-30	9-14	-5	10	73.78	61.52
隆昌云顶	9-3	9-4	9-18	1	15	72.33	53.95
南溪大观	9-4	9-8	9-24	4	20	70.12	48.86
荣县长山	9-1	9-26	10-2	25	31	33.44	22.21
泸县大田	9-3	9-2	9-17	-1	14	75.83	48.93

四、四川盆地再生稻开花期避（耐）低温冷害的关键措施

四川盆地东南部利用杂交中稻可发展再生稻面积600万亩左右，由于目前杂交中稻品种生育期有所延长，再生稻开花期受≤22℃低温伤害的风险加大。因此如何将开花期提早到低温发生之前，是避低温冷害的重要途径之一。前人虽然从宏观上开展了不同区域水稻开花期发生低温冷害的风险评估，但没有考虑到各小区域温光条件差异对开花期的影响，仍不能实现因地准确预测。因此，利用本研究建立的再生稻开花期与地理位置（经度、纬度和海拔）的关系模型，结合陈超等[6]建立的开花期≤22℃起始期预测模型，再根据预测低温发生期与预测再生稻开花期的差异，确定品种布局与播期调节使开花期错开低温发生期。据此，对四川盆地再生稻开花期避低温冷害提出以下措施，供大面积生产参考。

根据本研究结果，按建立的再生稻齐穗期第5日日序预测模型的预测值与≤22℃最早发生期日序预测值提早或推迟5d以内，方可保证再生稻结实率在70%以上，多为9月5日以前齐穗[10]、海拔380m以下地区[11]。这些区域可定性为再生稻适宜区，该地区在品种选择上不需选开花期耐低温品种，但为应对特殊年份低温发生期推迟的情况，应作好抽穗期叶面喷施0.3%磷酸二氢钾和灌深水的物质准备。反之，预测的齐穗后第5日日序比预测的≤22℃最早发生期日序推迟6~10d以内的区域，定性为再生稻次适宜区，要选择生育期比迟熟杂交中稻短7d以上且开花期耐低温的中熟品种，采用可提早齐穗期3~5d的旱地育秧方式，可促进再生稻安全抽穗开花。

结论：（1）再生稻齐穗后第5日日序与经度呈显著负相关，与海拔呈极显著正相关；建立了基于经度（x_1）和海拔（x_3）预测再生稻齐穗后第5日日序的回归模型，F检验值22.88** ~ 65.11**，决定系数高达0.919 6~0.970 2。

(2) 该模型经多个品种连续两年在6个生态点验证，实测值与预测值1∶1回归模型的决定系数高达0.839 1~0.863 8，实测值与预测值之间的均方根差(RMSE)值为0.93%~1.21%，预测值与实测值之间具有较好的一致性。(3) 将本研究建立的再生稻齐穗期和地理位置关系模型与作者等先期建立的基于地理位置（纬度：x_2、海拔：x_3）预测≤22℃最早发生期预测模型相结合，探明了不同地理位置再生稻开花期受低温冷害的机率。利用地理位置信息可准确预测再生稻开花期受低温冷害的风险程度，具有较强的生产适用性。

参考文献

[1] 徐富贤，熊洪．水稻地膜育秧膜内外气温关系及其应用［J］．四川农业大学学报，1998（2）：60-63.

[2] 四川省科委编．水稻旱育秧栽培新技术［M］．四川省星火人才培训专题教材，1994：1-15.

[3] 四川省作物学会地膜育秧技术研究组．水稻地膜育秧的技术研究与应用效果评价［J］．农业科学导报，1985（创刊号）：21-27.

[4] 郑家国，谭中和．四川省水稻旱育秧栽培技术研究［J］．西南农业学报，1994，7（4）：13-19.

[5] 张桂莲，陈立云，雷东阳，等．水稻耐热性研究进展［J］．杂交水稻，2005，20（1）：1-5.

[6] 陈超，徐富贤，庞艳梅，等．西南区域水稻关键生育期界限温度起始期的预测研究［J］．中国生态农业学报，2019，27（8）：1172-1182.

[7] 徐富贤，袁驰，王学春，等．四川盆地东南部杂交中稻开花期高温伤害的风险预测［J］．中国稻米，2021，27（3）：83-88.

[8] 徐富贤，张林，熊洪，等．冬水田杂交中稻机插秧高产配套技术研究［J］．中国稻米，2016，22（3）：52-56.

[9] 徐富贤，袁驰，王学春，等．四川盆地东南部再生稻开花期受低温冷害的风险预测［J］．中国稻米，2022（待发表）

[10] 方文，熊洪，姚文力．提高再生稻产量的气象条件探讨［J］．中国农业气象，1990（1）：35-38.

[11] 徐富贤，熊洪．杂交中稻蓄留再生稻高产理论与调控途径［M］．北京：中国农业科学技术出版社，2016：7-10.

第三章　开花期耐高温品种的植株特性与鉴定方法

第一节　杂交中稻耐高温组合的库源特征

由于水稻育种及品种鉴定主要在大田栽培条件下进行，先期研究获得的耐高温的生理生化指标必须通过实验室才能完成，可操作性较差，在时间上滞后，其工作效率极低。因此，徐富贤等[1]以30个近年大面积推广的杂交中稻组合为材料，在分期播种条件下，研究了杂交中稻结实率与开花期气候条件关系及其耐高低温组合的库源性状，以期为抽穗期耐高温杂交组合的选育提供田间鉴定的科学依据。

一、不同播种期的结实率表现

朱兴明等[2]研究结果表明，抽穗期日最高气温高于35℃或日平均气温高于32℃是高温对水稻开花受精造成明显伤害的温度指标。从试验结果（表3-1）可见，在5个播期中，3月5日、4月10日、4月20日3个播种期的30个杂交组合抽穗期日平均最高气温低于35℃，日平均气温低于32℃。表明这3个播期下抽穗期没有受到高温危害[2]，6月1日播种期日平均最高气温高达36.1℃，则该期对开花受精造成明显伤害。而6月25日播种期日平均最低温20.69℃，则开花受精受到了低温伤害。30个组合平均结实率随着播种期推迟而下降，其中以3月5日最高，但3月5日、4月10日、4月20日3个播种期的差异不显著，均分别比6月1日和6月25日两期极显著提高；杂交组合间结实率差异极显著，以内香优8156最高（表3-2）。

表 3-1　30 个品种在 5 个播期下结实率表现

品种	播种期									
	3 月 5 日播		4 月 10 日播		4 月 20 日播		6 月 1 日播		6 月 25 日播	
	齐穗期（月/日）	结实率（%）	齐穗期（月/日）	结实率（%）	齐穗期（月/日）	结实率（%）	齐穗期（月/日）	结实率（%）	齐穗期（月/日）	结实率（%）
G 优 802	7/11	74.66	7/29	73.98	8/3	70.36	8/29	36.80	9/25	36.12
绵香 576	7/6	83.07	7/25	78.05	7/27	78.91	8/25	72.86	9/15	45.80
蓉 18 优 188	7/11	78.68	7/26	72.27	7/29	68.46	8/24	63.58	9/19	43.88
宜香 7808	7/9	76.77	7/26	67.57	7/31	82.44	8/27	55.08	9/20	39.67
宜香 2079	7/11	81.42	7/31	73.76	7/31	70.21	8/27	54.86	9/16	49.40
D 优 6511	7/11	84.69	7/28	83.68	7/30	81.01	8/29	63.92	9/20	64.40
内 2 优 6 号	7/11	75.61	7/28	76.74	7/31	76.02	8/28	59.21	9/23	36.15
川香 858	7/16	79.37	7/30	74.54	8/2	67.73	8/28	70.90	9/22	46.75
川香优 3203	7/16	79.77	8/2	74.45	8/3	74.91	8/29	60.89	9/20	44.74
内 5 优 39	7/6	90.68	7/27	77.83	7/29	79.48	8/25	77.00	9/21	45.22
蓉稻 415	7/9	82.53	7/27	75.64	7/29	72.13	8/25	72.58	9/20	50.33
宜香 2168	7/4	81.54	7/25	72.31	7/28	75.07	8/24	62.30	9/8	39.67
泰优 99	7/16	78.41	7/29	88.33	8/4	89.24	8/29	72.09	9/11	59.83
内 5 优 317	7/9	83.49	7/27	82.61	7/30	73.43	8/26	65.51	9/15	43.04
川作 6 优 177	7/4	80.98	7/23	80.27	7/26	80.96	8/23	67.69	9/9	60.06
内香优 18 号	7/11	77.04	8/1	78.20	8/4	84.22	8/30	48.16	9/20	54.16
香绿优 727	7/11	81.05	7/27	80.47	7/31	84.05	8/26	72.49	9/15	50.17
宜香 4245	7/11	76.83	7/29	73.20	7/30	76.32	8/26	66.38	9/16	38.20
内香 8156	7/6	90.96	7/26	85.90	7/28	88.35	8/24	76.01	9/9	53.92
冈香 707	7/16	87.59	7/27	88.12	7/29	89.26	8/21	48.03	9/16	43.49
绵优 5240	7/13	84.72	7/28	75.19	8/1	81.58	8/24	76.80	9/16	43.30
内香 2128	7/11	76.10	7/28	80.53	7/27	80.27	8/26	63.79	9/22	29.51
内香 2550	7/11	75.65	7/26	79.81	7/28	76.32	8/27	68.05	9/21	35.57
内 5 优 5399	7/9	82.04	7/25	86.63	7/25	76.63	8/24	61.60	9/21	35.40
宜香优 7633	7/16	78.82	7/26	74.96	8/4	70.97	8/26	51.81	9/16	36.83
宜香 4106	7/13	77.55	7/25	77.60	8/1	75.39	8/25	59.20	9/16	36.28
川谷优 202	7/13	83.26	7/28	81.81	8/2	80.82	8/26	80.24	9/16	44.76

（续表）

品种	3月5日播		4月10日播		4月20日播		6月1日播		6月25日播	
	齐穗期（月/日）	结实率（%）	齐穗期（月/日）	结实率（%）	齐穗期（月/日）	结实率（%）	齐穗期（月/日）	结实率（%）	齐穗期（月/日）	结实率（%）
乐丰优 329	7/9	87.52	7/28	73.60	7/29	81.33	8/26	66.41	9/17	31.79
宜香 1108	7/9	81.99	7/26	78.10	7/30	77.38	8/24	65.39	9/16	35.90
川香优 727	7/13	86.77	7/30	82.91	8/2	82.37	8/26	57.47	9/15	38.93
抽穗期日最低温均值（℃）	22.36		24.15		24.16		25.3		20.69	
抽穗期日最高温均值（℃）	30.14		33.61		32.51		36.1		26.82	
抽穗期日平均温均值（℃）	25.43		28.19		27.50		29.1		23.03	

注：表头“播种期”横跨各播种日期列。

表 3-2　各播种期及杂交组合间结实率比较

播种期（月/日）	结实率（%）	组合	结实率（%）
3/5	81.32aA	内香优 8156	79.03A
4/10	78.30aA	泰优 99	77.58AB
4/20	78.19aA	优 6511	75.54ABC
6/1	63.90bB	川谷优 202	74.18ABCD
6/25	43.78cC	内 5 优 39	74.04ABCD
F 值	204.17**	川作 6 优 177	73.99ABCD
		香绿优 727	73.65ABCD
		Ⅱ优航 2 号 II	72.32ABCD
		绵香优 576	71.74ABCD
		冈香优	71.30ABCD
		蓉稻 415	70.64ABCD
		川香优 727	69.69ABCDE
		内 5 优 317	69.62ABCDE
		内 5 优	68.46ABCDE
		内香优 18 号	68.36ABCDE
		乐丰优 329	68.13ABCDE

（续表）

播种期（月/日）	结实率（%）	组合	结实率（%）
		川香优 858	67.86ABCDE
		宜香优	67.75ABCDE
		内香优 2550	67.08ABCDE
		川香优 3203	66.95BCDE
		宜香优 4245	66.19BCDE
		宜香优 2168	66.18BCDE
		内香优 2128	66.04BCDE
		宜香优 2079	65.93BCDE
		蓉 18 优 188	65.37CDE
		宜香优	65.20CDE
		内 2 优 6 号	64.75CDE
		宜香优 7808	64.31CDE
		宜香优	62.68DE
		G 优 802	58.38E
		F 值	2.90**

注：在同一列中有相同字母表示在 0.01 水平差异不显著，* 和 ** 分别表示 0.05 和 0.01 水平上差异显著。

二、结实率与抽穗期气候因素及杂交组合库源性状的关系

杂交组合结实率既与抽穗期的气候条件（日均温 x_1、日最高温 x_2、日最低温 x_3、日最低相对湿度 x_4、日降水量 x_5、日照时数 x_6）有关，也受杂交组合库源性状（最高苗 x_7、有效穗 x_8、着粒数 x_9、结实率 x_{10}、千粒重 x_{11}、总颖花量 x_{12}、LAI x_{13}、粒叶比 x_{14}）的影响。

结实率与抽穗期气候条件及杂交组合库源性状的回归分析结果（表 3-3）表明，30 个杂交组合 5 个播种期总体对结实率的影响，主要受抽穗期气候条件（日最低温 x_3、最低相对湿度 x_4、日降水量 x_5 和日照时数 x_6）和齐穗期库源性状（最高苗 x_7、LAI x_{13} 和粒叶比 x_{14}）共同作用，决定程度达 76.12%。表明该时段内的日最低温、最低相对湿度、降水量、日照时数相对较低和最高苗数少、LAI 和粒叶比较高是导致结实率下降的重要原因。但具体各时期间有明显差异：3 月 5 日、4 月 10 日、4 月 20 日 3 个播种期，没有不利于水稻开花结实的气候条件，结实率主要受齐穗期库源性状的影响；6 月 1 日和 6 月 25 日 2 个播期，结实

率主要受气候条件制约（表3-1）。其中，6月1日播种的受高温危害严重，30个杂交组合中26个组合抽穗期日最高温超过35℃，3个接近35℃（表3-4）。6月25日播种的品种抽穗期日均温有较大差异，多数品种抽穗期日均温在临界值22℃以上，其余在临界值以下（表3-5）。

从5个播种期30个杂交组合平均结实率比较（表3-2）看出，3月5日、4月10日和4月20日3期的差异不显著，6月1日播种期结实率比前3期极显著下降，但主要受降水量（X_5）少的影响而并非高温；从组合自身性状主要受穗粒数的作用（表3-3）。由于日降雨少是导致日最高温较高的直接原因，日最高温超过35℃，会致结实率下降。因此，实际上为高温引起的结实率下降。

表3-3 结实率与抽穗期气候因素及杂交组合库源性状的回归分析

时期（月/日）	回归方程	决定系数	F值	偏相关项	偏相关系数	t检验值	显著水平
合计	$Y=-78.56+1.8985X_3+1.6022X_4+5.9116X_5+7.7717X_6+0.0836X_7-4.6731X_{13}-34.3750X_{14}$	0.761 2	64.83**	$r(Y, X_3)$	0.194 5	2.362 6	0.019 5
				$r(Y, X_4)$	0.661 2	10.503 2	0.000 0
				$r(Y, X_5)$	0.300 2	3.749 6	0.000 3
				$r(Y, X_6)$	0.656 1	10.360 1	0.000 0
				$r(Y, X_7)$	0.254 0	3.129 7	0.002 1
				$r(Y, X_{13})$	−0.257 8	3.179 3	0.001 8
				$r(Y, X_{14})$	−0.220 7	2.696 3	0.007 9
3/5	$Y=185.75-1.3351X_{11}-14.0789X_{12}-1.8635X_{13}$	0.366 5	5.01**	$r(Y, X_{11})$	−0.345 2	1.875 5	0.071 6
				$r(Y, X_{12})$	−0.585 5	3.682 2	0.001 0
				$r(Y, X_{13})$	−0.358 8	1.959 9	0.060 4
4/10	$Y=269.78-4.1451X_3-8.6049X_{13}-57.9922X_{14}$	0.460 7	7.40**	$r(Y, X_3)$	−0.370 1	2.031 2	0.052 2
				$r(Y, X_{13})$	−0.677 2	4.692 6	0.000 1
				$r(Y, X_{14})$	−0.614 8	3.975 0	0.000 5
4/20	$Y=250.55-1.9277X_{11}-7.6876X_{12}-7.5355X_{13}-63.0682X_{14}$	0.402 7	4.21**	$r(Y, X_{11})$	−0.366 1	1.966 8	0.060 0
				$r(Y, X_{12})$	−0.276 7	1.439 6	0.161 9
				$r(Y, X_{13})$	−0.575 5	3.518 7	0.001 6
				$r(Y, X_{14})$	−0.485 3	2.775 2	0.010 1
6/1	$Y=80.36+14.5835X_5-0.16139X_9$	0.334 3	6.78**	$r(Y, X_5)$	0.419 5	2.401 3	0.023 2
				$r(Y, X_9)$	−0.362 6	2.021 5	0.052 9
6/25	$Y=-74.95+1.8203X_4+10.9161X_6$	0.192 9	3.32*	$r(Y, X_4)$	0.299 3	1.629 9	0.114 3
				$r(Y, X_6)$	0.375 0	2.102 2	0.044 7

表 3-4　6 月 1 日播种抽穗期气候条件

品种	始穗期（月/日）	齐穗期（月/日）	结实率（%）	日均温（℃）	日最高温（℃）	日最低温（℃）	最低相对湿度（%）	日降水量（mm）	日照时数（h）
G 优 802	8/25	8/29	36.80	29.09	36.47	23.41	23.56	0.47	9.54
绵香 576	8/21	8/25	72.86	29.39	35.30	24.69	29.22	1.02	8.52
蓉 18 优 188	8/20	8/24	63.58	30.09	35.87	25.46	28.78	1.02	8.77
宜香 7808	8/23	8/27	55.08	28.58	35.02	23.50	28.56	1.02	8.19
宜香 2079	8/24	8/27	54.86	28.20	34.96	23.10	28.75	0.53	8.71
D 优 6511	8/25	8/29	63.92	29.09	36.47	23.41	23.56	0.47	9.54
内 2 优 6 号	8/24	8/28	59.21	28.51	35.46	23.36	27.44	0.47	8.78
川香 858	8/25	8/28	70.90	29.15	34.88	24.8	41.75	0.75	8
川香优 3203	8/25	8/29	60.89	29.09	36.47	23.41	23.56	0.47	9.54
内 5 优 39	8/21	8/25	77.00	29.39	35.30	24.69	29.22	1.02	8.52
蓉稻 415	8/22	8/25	72.58	29.31	35.26	24.61	38.50	0.90	8.54
宜香 2168	8/20	8/24	62.30	30.09	35.87	25.46	28.78	1.02	8.77
泰优 99	8/25	8/29	72.09	29.09	36.47	23.41	23.56	0.47	9.54
内 5 优 317	8/22	8/26	65.51	28.89	35.14	24.04	28.67	1.02	8.37
川作 6 优 177	8/19	8/23	67.69	30.89	36.83	26.27	25.89	1.02	9.04
内香优 18 号	8/26	8/30	48.16	28.50	33.84	24.49	43.11	0.11	7.69
香绿优 727	8/22	8/26	72.49	28.89	35.14	24.04	28.67	1.02	8.37
宜香 4245	8/22	8/6	66.38	28.89	35.14	24.04	28.67	1.02	8.37
内香 8156	8/20	8/24	76.01	30.09	35.87	25.46	28.78	1.02	8.77
冈香 707	8/17	8/21	48.03	32.27	38.11	27.78	24.33	0.64	9.52
绵优 5240	8/20	8/24	76.80	30.09	35.87	25.46	28.78	1.02	8.77
内香 2128	8/22	8/26	63.79	28.89	35.14	24.04	28.67	1.02	8.37
内香 2550	8/22	8/27	68.05	29.08	35.47	24.09	27.9	0.92	8.48
内 5 优 5399	8/20	8/24	61.60	30.09	35.87	25.46	28.78	1.02	8.77
宜香优 7633	8/22	8/26	51.81	28.89	35.14	24.04	28.67	1.02	8.37
宜香 4106	8/22	8/25	59.20	28.75	34.78	24.00	30.25	1.15	8.09
川谷优 202	8/22	8/26	80.24	28.89	35.14	24.04	28.67	1.02	8.37
乐丰优 329	8/22	8/26	66.41	28.89	35.14	24.04	28.67	1.02	8.37
宜香 1108	8/20	8/24	65.39	30.09	35.87	25.46	28.78	1.02	8.77
川香优 727	8/23	8/26	57.47	29.51	35.30	24.93	39.13	0.90	8.55

表 3-5　6 月 25 日播种抽穗期气候条件

品种	始穗期（月/日）	齐穗期（月/日）	结实率（%）	日均温（℃）	日最高温（℃）	日最低温（℃）	最低相对湿度（%）	日降水量（mm）	日照时数（h）
G 优 802	9/19	9/25	36.12	18.99	21.55	17.31	60.82	1.65	0.00
绵香 576	9/9	9/15	45.80	23.98	28.09	21.50	52.27	0.89	1.67
蓉 18 优 188	9/13	9/19	43.88	21.95	25.55	19.80	56.18	0.89	1.65
宜香 7808	9/14	9/20	39.67	21.30	24.56	19.33	57.82	0.92	1.17
宜香 2079	9/11	9/16	49.40	23.78	27.74	21.27	53.9	0.64	1.84
D 优 6511	9/13	9/20	64.40	21.53	24.98	19.47	57.50	0.87	1.51
内 2 优 6 号	9/17	9/23	36.15	20.28	23.53	18.15	56.18	1.65	0.71
川香 858	9/16	9/22	46.75	20.55	23.89	18.46	56.45	1.65	1.17
川香优 3203	9/13	9/20	44.74	21.53	24.98	19.47	57.50	0.87	1.51
内 5 优 39	9/15	9/21	45.22	20.82	24.06	18.85	58.09	1.64	1.17
蓉稻 415	9/13	9/20	50.33	21.53	24.98	19.47	57.50	0.87	1.51
宜香 2168	9/4	9/8	39.67	28.18	33.14	24.79	38.22	1.01	5.06
泰优 99	9/7	9/11	59.83	24.96	29.12	22.54	50.56	1.09	2.66
内 5 优 317	9/10	9/15	43.04	24.17	28.02	21.61	52.3	0.62	1.84
川作 6 优 177	9/6	9/9	60.06	26.50	31.21	23.60	44.88	1.18	4.00
内香优 18 号	9/13	9/20	54.16	21.53	24.98	19.47	57.50	0.87	1.51
香绿优 727	9/11	9/15	50.17	24.32	28.37	21.69	51.89	0.54	2.04
宜香 4245	9/11	9/16	38.20	23.78	27.74	21.27	53.9	0.64	1.84
内香 8156	9/5	9/9	53.92	27.31	32.10	24.28	42.33	1.04	4.59
冈香 707	9/10	9/16	43.49	23.69	27.48	21.24	54.09	0.70	1.67
绵优 5240	9/10	9/16	43.30	23.69	27.48	21.24	54.09	0.70	1.67
内香 2128	9/14	9/22	29.51	20.88	24.18	18.90	57.00	1.42	0.99
内香 2550	9/15	9/21	35.57	20.82	24.06	18.85	58.09	1.64	1.17
内 5 优 5399	9/13	9/21	35.40	21.22	24.60	19.22	57.92	1.44	1.39
宜香优 7633	9/12	9/16	36.83	23.94	28.00	21.49	53.67	0.31	2.01
宜香 4106	9/12	9/16	36.28	23.94	28.00	21.49	53.67	0.31	2.01
川谷优 202	9/12	9/16	44.76	23.94	28.00	21.49	53.67	0.31	2.01

（续表）

品种	始穗期（月/日）	齐穗期（月/日）	结实率（%）	日均温（℃）	日最高温（℃）	日最低温（℃）	最低相对湿度（%）	日降水量（mm）	日照时数（h）
乐丰优 329	9/13	9/17	31.79	23.26	27.32	20.88	53.89	1.00	2.01
宜香 1108	9/12	9/16	35.90	23.94	28.00	21.49	53.67	0.31	2.01
川香优 727	9/12	9/15	38.93	24.58	28.74	21.99	51.38	0.16	2.26
平均				23.03	26.82	20.69	53.90	0.93	1.89

三、耐热系数与植株库源性状的关系

利用6月1日播种的抽穗期遇高温与3月5日抽穗期气温正常两期结实率（表3-1）计算的耐热系数，与3月5日播种期正常生长季节下库源性状（表3-6）的相关分析表明，耐热系数分别与最高苗、有效穗呈显著正相关，与穗粒数和粒叶比呈显著负相关。表明分蘖力强的穗数型组合抽穗期耐高温能力较强。究其原因，分蘖力强的组合形成的有效穗数多，穗粒数下降，但单位颖花的叶面积占有量高，光合物质充足，有利于籽粒灌浆结实。因此在高温下结实率受影响的程度相对较小，以致耐热系数高。

根据表3-6结果，耐热系数达90%左右的抗热品种有：川香858、泰优99、香绿优727、绵5优5240、内香2550、川谷优202，均为中小穗型杂交组合，可作为高温伏旱区的推荐品种。

表3-6　耐热系数与抽穗期正常气候条件下的组合间库源性状

品种	耐热系数（%）	最高苗（10^4/hm^2）	有效穗数（10^4/hm^2）	穗粒数（粒/穗）	结实率（%）	千粒重（g）	齐穗期总颖花量（10^4/m^2）	LAI	粒叶比（粒/cm^2）
G优802	49.29	310.15	180.90	228.06	74.66	28.71	4.06	5.14	0.79
绵香576	87.71	363.88	221.40	169.82	83.07	31.15	3.41	7.26	0.47
蓉18优188	80.81	302.93	211.50	216.65	78.68	29.15	4.25	5.45	0.78
宜香7808	71.75	321.38	215.85	184.62	76.77	30.29	3.82	6.37	0.6
宜香2079	67.38	356.88	237.00	161.28	81.42	30.70	3.56	7.03	0.59
D优6511	75.48	356.8	247.50	173.31	84.69	30.12	3.83	5.18	0.74
内2优6号	78.31	315.43	245.25	162.33	75.61	31.86	3.48	6.57	0.53

（续表）

品种	耐热系数（%）	最高苗（10^4/hm^2）	有效穗数（10^4/hm^2）	穗粒数（粒/穗）	结实率（%）	千粒重（g）	齐穗期总颖花量（10^4/m^2）	LAI	粒叶比（粒/cm^2）
川香 858	89.33	382.43	234.75	172.78	79.37	29.85	3.89	6.71	0.58
川香优 3203	76.33	371.45	231.45	181.29	79.77	28.97	4.01	7.16	0.56
内 5 优 39	84.91	344.00	245.85	163.40	90.68	30.22	3.53	6.09	0.58
蓉稻 415	87.94	324.10	226.50	190.51	82.53	29.80	4.03	6.11	0.66
宜香优 2168	76.40	366.75	235.95	141.18	81.54	32.24	3.35	8.19	0.49
泰优 99	91.94	369.80	226.50	175.38	78.41	30.63	3.85	6.19	0.47
内 5 优 317	78.46	385.55	248.70	162.50	83.49	29.50	3.70	5.78	0.64
川作 6 优 177	83.59	372.88	248.10	143.68	80.98	27.97	3.48	7.57	0.53
内香优 18 号	62.51	364.15	233.10	205.70	77.04	27.47	4.20	5.6	0.75
香绿优 727	89.44	359.90	229.80	166.77	81.05	31.47	3.64	5.87	0.62
宜香 4245	86.40	354.91	247.50	188.37	76.83	28.44	3.91	5.84	0.67
内香 8156	83.56	353.03	230.40	160.16	90.96	30.82	3.36	5.79	0.58
冈香 707	54.84	284.40	193.65	210.45	87.59	29.81	3.58	5.04	0.71
绵 5 优 5240	90.65	369.45	217.50	193.72	84.72	26.82	4.03	7.07	0.57
内香 2128	83.82	339.13	237.60	198.46	76.10	28.16	4.21	6.90	0.61
内香 2550	89.95	317.43	257.55	161.33	75.65	31.66	3.52	5.68	0.62
内 5 优 5399	75.09	365.95	235.95	178.92	82.04	29.02	3.79	5.66	0.67
宜香优 7633	65.73	379.03	258.15	171.11	78.82	28.58	4.00	6.78	0.59
宜香 4106	76.34	362.73	255.90	170.3	77.55	29.66	3.89	5.72	0.68
川谷优 202	96.37	358.28	220.95	185.97	83.26	30.5	3.80	5.67	0.67
乐丰优 329	75.88	335.23	218.10	174.83	87.52	28.25	3.79	5.83	0.65
宜香 1108	79.75	327.48	223.05	183.08	81.99	29.73	3.80	6.55	0.58
川香优 727	66.23	313.18	195.90	196.37	86.77	30.18	3.72	6.00	0.62
与抗逆指数的 r		0.365 7*	0.401 2*	−0.412 2*	0.074 8	0.202 5	0.133 8	0.255 3	−0.450 4*

结论：抽穗期间的日最低温、最低相对湿度、日降水量、日照时数相对较低和最高苗数少、LAI 和粒叶比较高，是导致结实率下降的重要原因。日降水量少

是导致日最高温较高的直接因素，因此高温是引起结实率下降的根本原因。抽穗期耐热系数分别与最高苗、有效穗呈显著正相关，与穗粒数和粒叶比呈显著负相关，分蘖力强的穗数型组合抽穗期耐高温能力较强。川香858、泰优99、香绿优727、绵5优5240、内香2550、川谷优202，可作为高温伏旱区的推荐品种。

第二节　开花期耐高温品种的开花习性

水稻遗传育种是一门实践性很强的学科，利用前人研究植株生理生化与耐高温性关系的成果难以直接应用于耐高温品种的选育工作，在水稻品种选育过程中，十分需要明确与耐高温有关的植株形态特征和开花习性，作为鉴定开花期耐高温能力的选择依据，而该方面的研究文献极少。为此，徐富贤等[3]以多个杂交水稻组合为材料，开展了杂交水稻开花期高温对结实率的影响与组合库源性状及开花习性的关系研究，以期为开花期耐高温品种的选育提供理论依据。

一、群体条件下高温对结实率影响及与组合间库源性状关系

从表3-7可见，5个播种期下抽穗期的温度状况明显不同，其中只有6月1日播种的遇到35℃以上的高温（较常年明显推迟），6月25日遇到22℃以下的低温。这两期的结实率均比前3期显著下降。前3期抽穗期间气温正常，结实率差异不显著，但以3月5日播期略高。因此，以3月5日播期的结实率作为常温对照。再从6月1日播种的30个杂交组合抽穗期9d的气温（表3-8）看，除宜香优2079、川香优858、宜香优4106三个组合日最高温平均接近35℃以外，其余27个组合均在35℃以上高温下抽穗，但各杂交组合间抽穗期的绝对温度条件有一定差异，造成一定的结实差异。30个杂交组合分别在常温和高温下开花的结实率及其耐高温指数差异极显著，其中在常温下结实率较高（>80%），耐高温指数达85%以上的杂交组合有绵香优576、蓉稻优415、香绿优727、绵优5240和川谷优202五个。

表3-7　30个杂交组合不同播期下抽穗期的温度状况与结实率（2011）

播种期（月/日）	齐穗期（月/日）	抽穗期日最低温均值（℃）	抽穗期日最高温均值（℃）	抽穗期日平均温均值（℃）	平均结实率（%）
3/5	7/4-7/16	22.4	30.1	25.4	81.3a
4/5	7/23-8/2	24.2	33.6	28.2	78.3a
4/20	7/25-8/4	24.2	32.5	27.5	78.2a

（续表）

播种期（月/日）	齐穗期（月/日）	抽穗期日最低温均值（℃）	抽穗期日最高温均值（℃）	抽穗期日平均温均值（℃）	平均结实率（%）
6/1	8/21-8/30	25.3	35.2	29.1	63.9b
6/25	9/8-9/25	20.7	26.8	23.0	43.8c

注：同一列中数据后跟不同字母表示在5%水平差异显著。

表3-8　30个杂交组合抽穗期的高温状况及耐高温指数（2011）　（℃）

杂交组合	始穗期（月/日）	齐穗期（月/日）	抽穗期（始穗—齐穗后3d）			结实率（%）		耐高温指数（%）
						高温期	常温期	
G优802	8/25	8/29	29.1	36.5	23.4	36.8l	74.7h	49.3m
绵香优576	8/21	8/25	29.4	35.3	24.7	72.9bc	83.1bcdef	87.7bcd
蓉18优188	8/20	8/24	30.1	35.9	25.5	63.6fgh	78.7defgh	80.8defgh
宜香优7808	8/23	8/27	28.6	35.0	23.5	55.1ij	76.8efgh	71.8jk
宜香优2079	8/24	8/27	28.2	35.0	23.1	54.9ij	81.4bcdefgh	67.4kl
D优6511	8/25	8/29	29.1	36.5	23.4	63.9efgh	84.7abcd	75.5ij
内2优6号	8/24	8/28	28.5	35.5	23.4	59.2gh	75.6gh	78.3fghij
川香优858	8/25	8/28	29.2	34.9	24.8	70.9bcde	79.4defgh	89.3abc
川香优3203	8/25	8/29	29.1	36.5	23.4	60.9fgh	79.8cdefgh	76.3ghij
内5优39	8/21	8/25	29.4	35.3	24.7	77.0ab	90.7a	84.9bcdef
蓉稻优415	8/22	8/25	29.3	35.3	24.6	72.6bcd	82.5bcdefg	87.9bcd
宜香优2168	8/20	8/24	30.1	35.9	25.5	62.3fgh	81.5bcdefgh	76.4ghij
泰优99	8/25	8/29	29.1	36.5	23.4	72.1bcd	78.4defgh	91.9ab
内5优317	8/22	8/26	28.9	35.1	24.0	65.5defg	83.5bcde	78.5fghij
川作6优177	8/19	8/23	30.9	36.8	26.3	67.7cdef	81.0bcdefgh	83.6defgh
内香优18	8/25	8/29	29.1	36.5	23.4	48.2k	77.0efgh	62.5l
香绿优727	8/22	8/26	28.9	35.1	24.0	72.5bcd	81.1bcdefgh	89.4abc
宜香优4245	8/22	8/26	28.9	35.1	24.0	66.4cdefg	76.8efgh	86.4bcde
内香优8156	8/20	8/24	30.1	35.9	25.5	76.0ab	91.0a	83.6cdefgh
冈香优707	8/19	8/23	30.3	36.1	25.8	48.0k	87.6ab	54.84m
绵优5240	8/20	8/24	30.1	35.9	25.5	76.8ab	84.7abcd	90.7abc

（续表）

杂交组合	始穗期（月/日）	齐穗期（月/日）	抽穗期（始穗—齐穗后 3d）			结实率（%）		耐高温指数（%）
						高温期	常温期	
内香优 2128	8/22	8/26	28.9	35.1	24.0	63.8efgh	76.1fgh	83.8cdefg
内香优 2550	8/22	8/27	29.1	35.5	24.1	68.1cdef	75.7gh	90.0abc
内 5 优 5399	8/20	8/24	30.1	35.9	25.5	61.6fgh	82.0bcdefg	75.1ij
宜香优 7633	8/22	8/26	28.9	35.1	24.0	51.8jk	78.8defgh	65.7kl
宜香优 4106	8/22	8/25	28.8	34.8	24.0	59.2gh	77.6defgh	76.3ghij
川谷优 202	8/22	8/26	28.9	35.1	24.0	80.2a	83.3bcdef	96.4a
乐丰优 329	8/22	8/26	28.9	35.1	24.0	66.4cdefg	87.5ab	75.9hij
宜香优 1108	8/20	8/24	30.1	35.9	25.5	65.4defg	82.0bcdefg	79.8efgh
川香优 727	8/23	8/26	29.5	35.3	24.9	57.5hij	86.8abc	66.2kl
F 值						20.6**	4.4**	22.6**

注：同一列中数据后跟不同字母表示在 5%水平差异显著。

30 个杂交组合间的穗粒结构及库源结构均达极显著差异（方差分析 *F* 值为 2.06** ~40.48**），相关分析结果显示，杂交组合间的最高苗、有效穗数、穗粒数、粒叶比 4 个性状与耐高温指数有显著相关性（表 3-9），其中 2011 年有效穗（x_2）和粒叶比（x_8）对耐高温指数的偏相关达显著或极显著水平（表 3-10）。究其原因，有效穗数越低的组合，其穗粒数越高（图 3-1），穗粒数越高组合的粒叶比越高，即单位颖花的光合源占有量越少（图 3-2），以致抽穗期耐高温指数与粒叶比呈极显著负相关（图 3-3），2011 年和 2013 年两年结果表现一致。表明抽穗开花期遇高温情况下有充足的光合物质供应，有利于减轻对颖花受精结实的危害。

表 3-9　30 个杂交组合常温下抽穗期库源性状与耐高温指数的关系（2011）

性状	最高苗（$\times10^4$/hm^2）x_1	有效穗数（$\times10^4$/hm^2）x_2	穗粒数 x_3	结实率（%）x_4	千粒重（g）x_5	总颖花量（$\times10^4$/m^2）x_6	LAI x_7	粒叶比（粒/cm^2）x_8
最小值	284.40	180.90	134.93	74.66	26.82	3.35	5.04	0.47
最大值	385.55	258.15	220.83	90.96	32.24	4.25	8.19	0.78
平均值	347.13	230.95	172.95	81.48	29.76	3.78	6.16	0.63
CV（%）	7.51	8.22	11.67	5.45	4.43	6.61	12.45	13.61
F 值	6.52**	2.67**	3.41**	4.37**	40.48**	3.59**	18.02**	2.06**

（续表）

性状	最高苗（×10^4/hm^2）x_1	有效穗数（×10^4/hm^2）x_2	穗粒数 x_3	结实率（%）x_4	千粒重（g）x_5	总颖花量（×10^4/m^2）x_6	LAI x_7	粒叶比（粒/cm^2）x_8
与耐高温指数的 r	0.37*	0.39*	-0.40*	0.07	0.20	-0.13	0.27	-0.45*

表 3-10　抽穗期耐高温指数（y）与植株性状（x 或 z）的多元回归分析

年度	回归方程	R^2	F 值	偏相关系数	t 检验值	显著水平
2011	$y=94.06+0.19x_2+13.80x_6-6.14x_7-117.70x_8$	0.58	6.85**	$r(y, x_2)=0.37$*	1.99	0.05
				$r(y, x_6)=0.29$	1.54	0.14
				$r(y, x_7)=-0.29$	1.51	0.14
				$r(y, x_8)=-0.49$**	2.75	0.01
2013	$y=82.40+0.47z_2-0.06z_6-7.07z_8$	0.70	12.41**	$r(y, z_2)=0.73$**	4.23	0.00
				$r(y, z_6)=-0.48$*	2.19	0.04
				$r(y, z_8)=-0.39$	1.66	0.11

二、定穗条件下高温对结实率影响及与组合间库源结构和开花习性的关系

从定穗观察 20 个组合开花习性的 7 月 12—15 日连续 4d 气温状况看，均出现了 35℃以上的日最高温，而且均出现在 12:30 以后（表 3-11）。在 4d 时间中所有 20 个组合开花均结束。表 3-12 显示，定穗条件下杂交组合间的结实率、耐高温指数、不同时段开花比例、库源结构的差异显著或极显著（方差分析 F 值为 2.24*～23.34**），由于该年度试验抽穗期遇高温仅 5d，定穗开花期结束后的 7 月 16—20 日为多云转晴或小雨，日最高气温 25.0～34.5℃，其高温强度明显比前试验弱。因此，20 个参试组合的平均耐高温指数高达 94.55%，比前试验 30 个组合平均耐高温指数 78.54%高 16.01 个百分点。在本试验中同时满足常温下开花结实率 85%以上、耐高温指数 95%以上的组合有：川优 6203、冈优 169、内香优 5828、川谷优 7329、江优 126 五个组合。

从相关分析结果看，9:30—11:00 开花越多耐高温指数越高，而 11:00—12:30和 12:30 以后开花越多则耐高温指数越低，耐高温指数分别与粒叶比和穗粒数呈显著或极显著负相关（表 3-12）；其中 9:30—11:00 开花比例（z_2）和穗粒数（z_6）的偏相关达显著或极显著水平（表 3-10）。表明 9:30—11:00 开花比

例高和穗粒数少的组合耐高温能力较强。分析其原因，开花期高温伤害的敏感期在开花当时，对受精影响最大，花后 1h 则无明显影响[4-5]，而本试验 35℃以上的日最高温出现在 12: 30 以后，9: 30—11: 00 开花比例高的组合因避开了高温伤害敏感期而减轻了伤害；穗粒数高影响耐高温指数应与较低的光合源供给水平有关（图 3-2、图 3-3），与前试验结果表现一致。

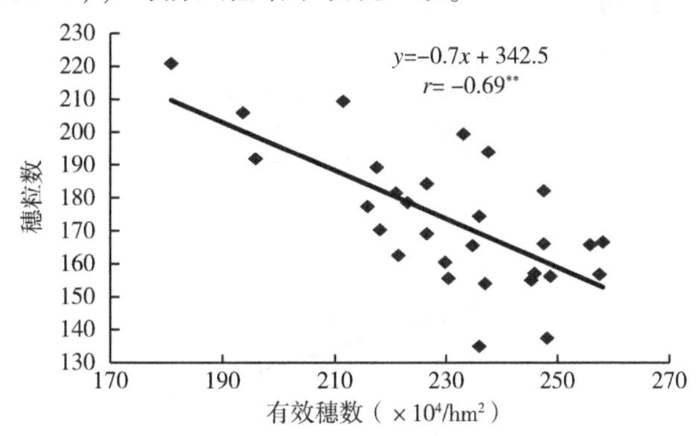

图 3-1　杂交组合穗粒数与有效穗数关系（2011 年）

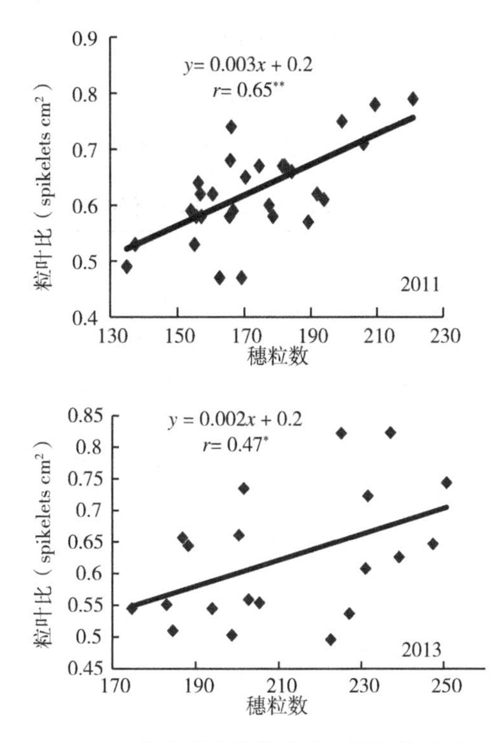

图 3-2　杂交组合间粒叶比与穗粒数关系

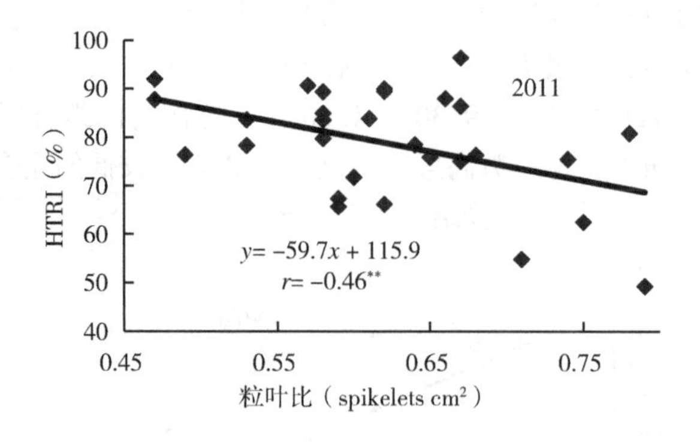

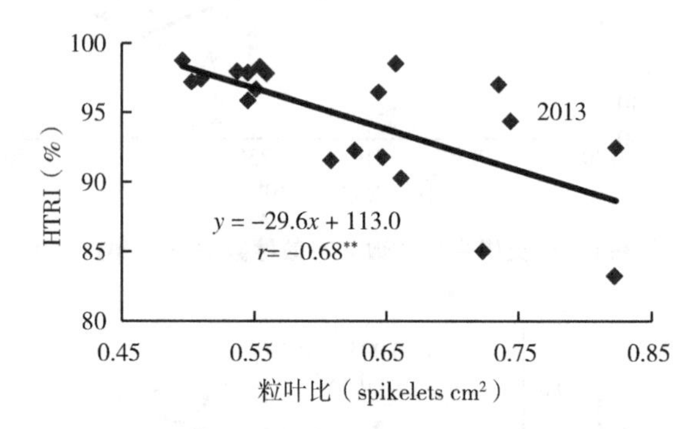

图 3-3　抽穗期耐高温指数与粒叶比关系

表 3-11　抽穗期间温度状况（2013）（℃）

日期（月/日）	天气	气温								
		7: 30	8: 30	9: 30	10: 30	11: 30	12: 30	13: 30	14: 30	15: 30
7/12	晴	26. 7	28. 9	31. 7	32. 4	33. 1	34. 1	35. 5	36. 3	36. 0
7/13	晴	26. 4	28. 6	31. 3	32. 1	32. 0	33. 0	34. 5	36. 0	35. 5
7/14	晴	28. 1	30. 2	32. 0	34. 2	34. 3	35. 6	36. 5	37. 7	36. 5
7/15	晴	28. 5	30. 4	32. 6	34. 3	34. 5	35. 5	36. 0	36. 3	35. 5

表 3-12　20 个杂交组合常温下抽穗期库源性状与耐高温指数的关系（2013）（%）

性状	结实率		耐高温指数	各时段开花占总数的比例				粒叶比（粒/cm²）z_5	穗粒数 z_6	干物重（g）z_7	SPAD 值 z_8
	高温	常温		9: 30 前 z_1	9: 30—11: 00 z_2	11: 00—12: 30 z_3	12: 30 后 z_4				
最小值	66. 0	79. 2	83. 2	0. 0	66. 0	8. 5	0. 0	0. 50	174. 7	3. 3	37. 1

（续表）

性状	结实率		耐高温指数	各时段开花占总数的比例				粒叶比（粒/cm^2）z_5	穗粒数 z_6	干物重（g）z_7	SPAD值 z_8
	高温	常温		9:30前 z_1	9:30—11:00 z_2	11:00—12:30 z_3	12:30后 z_4				
最大值	87.8	89.6	98.8	6.2	90.1	32.8	2.7	0.82	250.7	5.3	43.0
平均值	79.3	83.8	94.6	2.5	81.5	16.1	0.4	0.63	211.6	4.5	39.6
CV（%）	7.4	3.6	4.7	72.9	7.2	36.0	165.5	16.32	11.1	13.0	3.8
F 值	6.1**	5.6**	4.9**	9.4**	10.6**	8.2**	3.5**	2.2*	23.3**	8.2**	3.0**
与耐高温指数的 *r*				−0.33	0.76**	−0.71**	−0.44	−0.69**	−0.51*	−0.03	−0.09

三、人工控制高温对结实率影响及与库源结构和叶片叶绿素含量的关系

上述自然高温条件下研究结果表明，提高开花当时植株的光合物质供给水平，有明显减轻高温伤害程度的作用。就同一杂交组合而言，是否具有同样的效果呢？从试验结果（表3-13）表明，随着开花期剪叶面积的增加，结实率明显下降，其中高温下的降低幅度更大，以致开花期剪叶面积与耐高温指数呈极显著负相关；施氮量越高，开花期叶绿素含量（SPAD值）和高温下的结实率越高（可能是叶绿素含量高提高了光合速率而增强了其抵御高温胁迫的能力），但对常温下的结实率没有影响，以致开花期叶绿素含量与耐高温指数呈显著正相关，粒叶比与耐高温指数呈极显著负相关（表3-14）。表明开花期保留较多绿叶面积和较高叶绿素含量对提高耐高温能力作用明显，与不同组合间粒叶比的表现相符。

表3-13　不同剪叶程度在高温下的结实率比较（2012，绵优5240）　（%）

剪叶面积	高温结实率	常温结实率	耐高温指数
0	51.2a	87.4a	58.6a
25	32.7b	81.8b	39.9b
33	24.9c	70.2c	35.5c
50	11.4d	64.8d	17.5d
75	0.0e	51.5e	0.0e
与剪叶面积的 *r*	−0.99**	−0.98**	−0.99**

注：同一列中数据后跟不同字母表示在5%水平差异显著。

表 3-14　不同施氮量在高温下的结实率比较（2013，冈优 169）　　（%）

施氮量（g/pot）	粒叶比（粒/cm^2）	SPAD 值	高温结实率	常温结实率	耐高温指数
0	0.62a	32.0c	35.2d	79.9a	44.1d
0.5	0.61a	32.0c	37.0cd	80.2a	46.1cd
1.0	0.57bc	33.5b	37.6cd	81.1a	46.4cd
1.5	0.56c	33.5b	38.9c	79.5a	49.0c
2.0	0.50d	34.1a	45.3b	80.6a	56.2b
2.5	0.46e	34.8a	49.8a	79.2a	62.9a
0.96^{**}	-0.96^{**}	与 SPAD 值的 r	0.88^{*}	-0.19	0.87^{*}
-0.97^{**}	与粒叶比的 r	-0.96^{**}	-0.98^{**}	0.28	-0.97^{**}

注：同一列中数据后跟不同字母表示在 5%水平差异显著。

结论：杂交水稻组合间耐高温能力差异显著，绵香优 576、蓉稻优 415、香绿优 727、绵优 5240、川谷优 202、川优 6203、冈优 169、内香优 5828、川谷优 7329、江优 126 十个组合开花期在常温下结实率和耐高温指数均较高，可作为抽穗期耐热品种大面积推广。有效穗数越少的杂交组合穗粒数和粒叶比越高，即单位颖花的光合源占有量越少，开花期耐高温指数与粒叶比呈显著负相关，11:00 以前开花比例和抽穗期叶绿素含量分别与耐高温指数呈显著正相关。选用穗数型、花时早而集中的杂交组合和提高开花期叶绿素含量水平，是增强杂交水稻开花期耐高温能力的重要途径。

第三节　开花期耐高温品种的生理特性

深入研究不同生育期高温干旱胁迫互作效应对水稻产量构成的影响及其机理，对于减轻高温干旱对水稻的危害具有十分重要的意义。徐富贤等以 18 个杂交水稻组合为材料，在分蘖期至幼穗分化期干旱胁迫后，水稻抽穗期至成熟期再次高温干旱复合胁迫对其结实率、产量以及生理生化方面的影响作了相关研究，旨在为缓解气候变化对水稻造成的不利影响提供理论依据。

一、高温与干旱复合胁迫下的耐热性分析

本试验在分蘖期至幼穗分化期干旱后，抽穗期至成熟期再次高温干旱双重胁迫时，除广优 66 外，相对结实率均大于 90%，几乎不受影响。方差分析表明（表 3-15），品种对杂交中稻结实率的影响达显著水平；但水分处理、水分处理

与品种互作对杂交中稻产量的影响未达显著水平。说明分蘖期至幼穗分化期干旱后，再高温干旱胁迫，水稻抗性增加，高温与干旱复合胁迫结实率和单一高温胁迫结实率相比几乎不受影响，有的双重胁迫的结实率甚至比单一高温胁迫还高，原因可能是前期受到干旱胁迫后，水稻产生了系统抗性，抗高温干旱能力增加。

表 3-15　杂交稻品种在单一高温和高温干旱复合胁迫下的耐热性表现　(%)

杂交稻品种	高温单一胁迫结实率	高温干旱复合胁迫结实率	相对结实率
泸优 137	88. 56±3. 45a	82. 06±7. 53a	92. 66±0. 12
泸优 5 号	76. 36±2. 87a	83. 61±4. 39a	109. 49±0. 09
旌优 727	90. 54±1. 88a	88. 07±3. 33a	97. 27±0. 02
川优 6203	85. 60±2. 96a	88. 48±1. 83a	103. 36±0. 06
川绿优 188	74. 21±3. 66a	79. 19±9. 63a	106. 72±0. 18
天优 863	77. 93±1. 98a	82. 64±4. 93a	106. 05±0. 06
宜香优 196	69. 79±4. 72a	75. 67±2. 29a	108. 43±0. 09
蓉优 3324	75. 89±2. 58a	79. 93±1. 75a	105. 33±0. 06
绵优 5323	77. 73±2. 70a	78. 87±3. 22a	101. 48±0. 06
旌优 127	85. 59±5. 13a	83. 56±3. 20a	97. 63±0. 10
旌 3 优 177	84. 27±3. 88a	84. 42±4. 22a	100. 18±0. 05
广优 66	79. 39±2. 73a	67. 96±12. 46a	85. 60±0. 18
绿优 4923	78. 38±1. 32a	71. 77±7. 89a	91. 57±0. 11
内 6 优 103	91. 82±1. 52a	87. 24±8. 19a	95. 00±0. 10
内 6 优 107	83. 68±1. 54a	84. 73±4. 41a	101. 25±0. 06
蓉 18 优 9 号	76. 19±5. 57a	74. 12±3. 48a	97. 29±0. 11
蓉 18 优 1015	81. 34±2. 69a	81. 14±6. 50a	99. 76±0. 11
德优 4727	84. 18±3. 56a	78. 58±6. 65a	93. 35±0. 10
高温浅水	81. 19A		
高温干旱	80. 67A		
因数	*F*	*P*	显著性
水分处理	0. 21	0. 6502	ns
品种	4. 58	0. 000 0	**
水分处理×品种	1. 10	0. 373 7	ns

注：同一行不同水分管理不同小写字母表示 0. 05 水平差异显著；不同大写字母表示 0. 01 水平差异显著。** 表示方差分析达 0. 01 的显著水平；ns 表示方差分析差异不显著。

二、高温与干旱复合胁迫对水稻产量的影响

分蘖期至幼穗分化期干旱后，再高温干旱复合胁迫处理，水稻品种的产量显著低于高温单一胁迫，且下降的幅度品种间有所不同，方差分析表明（表3-16），水分处理对杂交中稻产量的影响达显著水平；品种间、水分处理与品种互作对产量的影响均未达显著水平。并且分蘖期至幼穗分化期干旱后，再高温干旱胁迫，水稻结实率和单一高温对照胁迫结实率相比几乎不受影响，这说明分蘖期至幼穗分化期干旱对产量影响较大。

表3-16 高温下不同水分处理对不同水稻产量方差分析和多重比较结果

杂交稻组合	高温单一胁迫产量（kg）	高温干旱复合胁迫产量（kg）	产量系数（%）
泸优 137	463.55±20.97A	344.62±18.04B	0.74±0.05
泸优 5 号	436.82±46.83a	303.25±19.51b	0.69±0.09
旌优 727	441.08±52.35a	319.15±28.00b	0.72±0.02
川优 6203	408.37±33.25a	331.62±37.00a	0.81±0.05
川绿优 188	498.63±76.73a	284.97±24.97b	0.57±0.07
天优 863	408.40±39.47a	303.63±5.62b	0.74±0.07
宜香优 196	356.31±55.46a	311.43±38.37a	0.87±0.25
蓉优 3324	462.00±45.88a	316.44±14.51b	0.68±0.08
绵优 5323	458.74±10.81A	338.83±6.12B	0.74±0.00
旌优 127	522.03±147.74a	313.00±23.48a	0.60±0.19
旌 3 优 177	404.37±41.01a	295.19±41.08a	0.73±0.14
广优 66	415.70±20.86a	302.48±30.39b	0.73±0.10
绿优 4923	352.15±52.06a	328.53±70.71a	0.93±0.12
内 6 优 103	418.27±1.42a	303.21±64.09a	0.72±0.15
内 6 优 107	444.25±78.42a	274.10±42.70a	0.62±0.12
蓉 18 优 9 号	408.77±21.35a	298.12±50.53b	0.73±0.11
蓉 18 优 1015	390.03±15.05a	266.72±40.57b	0.68±0.12
德优 4727	427.04±18.44A	310.86±29.40B	0.73±0.04
高温浅水	428.70A		
高温干旱	308.12B		
因素	*F*	*P*	显著性
水分处理	126.68	0.000 0	**
品种	1.17	0.311 2	ns
水分处理×品种	1.06	0.404 4	ns

注：同行不同水分管理不同小写字母表示0.05水平差异显著；不同大写字母表示0.01水平差异显著；** 表示方差分析达0.01的显著水平；ns表示方差分析差异不显著。

三、复合胁迫处理下不同干旱程度对水稻光合作用的影响

（一）高温与干旱复合胁迫对水稻光合速率的影响

由图 3-4A 结果可知，高温干旱复合胁迫时，水稻光合速率较单一高温胁迫有所降低，且不同品种间差异较大。绿优 4923 和内 6 优 103 在高温干旱时水稻光合速率分别降低了 50%、53%，而泸优 5 号未受影响。

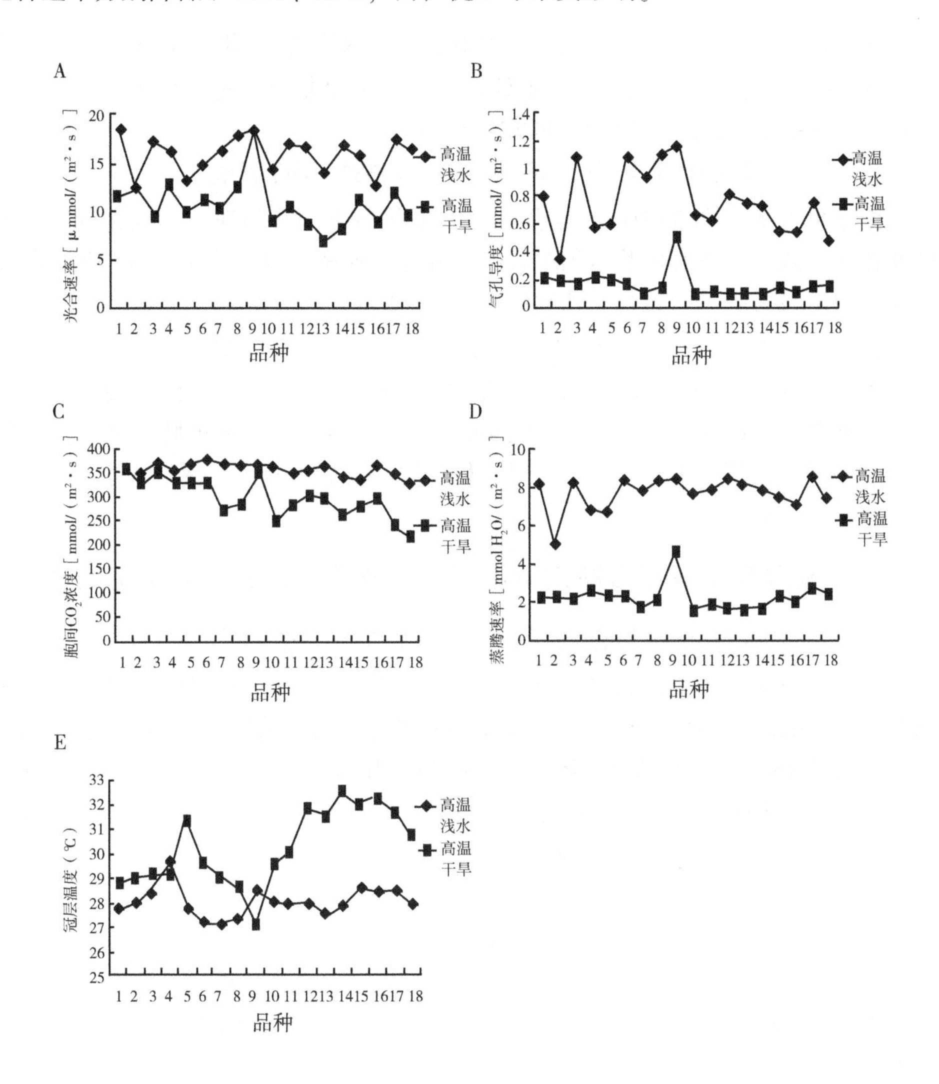

图 3-4　高温与干旱胁迫对光合作用的影响

（二）高温与干旱复合胁迫对水稻气孔导度的影响

相比单一高温浅水处理，高温干旱复合胁迫下不同水稻组合剑叶气孔导度也显著降低（图3-4B）。以宜香优196的气孔导度降低最多，高温干旱复合胁迫时下降了89%。而泸优5号的气孔导度降低率最小，同一品种高温干旱复合胁迫处理与单一高温浅水处理气孔导度差异显著。

（三）高温与干旱复合胁迫对水稻胞间 CO_2 浓度的影响

单一高温胁迫与高温干旱复合胁迫下，不同水稻组合剑叶胞间 CO_2浓度变化见图3-4C，相比单一高温胁迫浅水处理，高温干旱复合胁迫条件下，水稻胞间 CO_2浓度均有所降低，且不同品种间差异显著。

（四）高温与干旱复合胁迫对水稻蒸腾速率的影响

由结果可知（图3-4D），复合高温干旱胁迫下，蒸腾速率的变化和气孔导度变化是一致的，所有试验水稻组合的剑叶蒸腾速率受高温干旱复合胁迫后较单一高温胁迫显著降低，这是气孔导度减小引起的。

（五）高温与干旱复合胁迫对水稻冠层温度的影响

由结果可知（图3-4E），高温干旱复合胁迫下，水稻冠层温度较单一高温胁迫显著升高，以内6优103、绿优4923增加最多，并且两种胁迫处理间的冠层温度差异达显著水平，说明水分对水稻冠层温度影响较大，保持浅水灌溉有利于降低水稻冠层温度。

四、高温与干旱复合胁迫下不同干旱程度对水稻生理指标的影响

（一）高温与干旱复合胁迫对水稻丙二醛含量的影响

单一高温胁迫与复合高温干旱胁迫下，不同水稻组合剑叶丙二醛含量变化见图3-5A。相比单一高温胁迫，除川绿优188外，其余水稻组合的MDA值均有所升高，以蓉18优9号的MDA含量升高最多，升高了89%。而广优66、内6优107、蓉18优1015、内6优103等升高率较小。且同一品种高温干旱复合处理与单一高温胁迫处理MDA值差异显著。

（二）高温与干旱复合胁迫对水稻可溶性糖含量的影响

单一高温胁迫与复合高温干旱胁迫下，不同水稻组合剑叶可溶性糖含量变化见图3-5B。部分水稻组合的可溶性糖含量在复合胁迫时较单一高温胁迫有所升高，如蓉18优9号、天优863等分别升高了74%和75%；而广优66在高温干旱胁迫时可溶性糖含量却降低了32%。

（三）高温与干旱复合胁迫对水稻SOD活性的影响

单一高温胁迫与复合高温干旱胁迫下，不同水稻组合剑叶SOD活性有着不

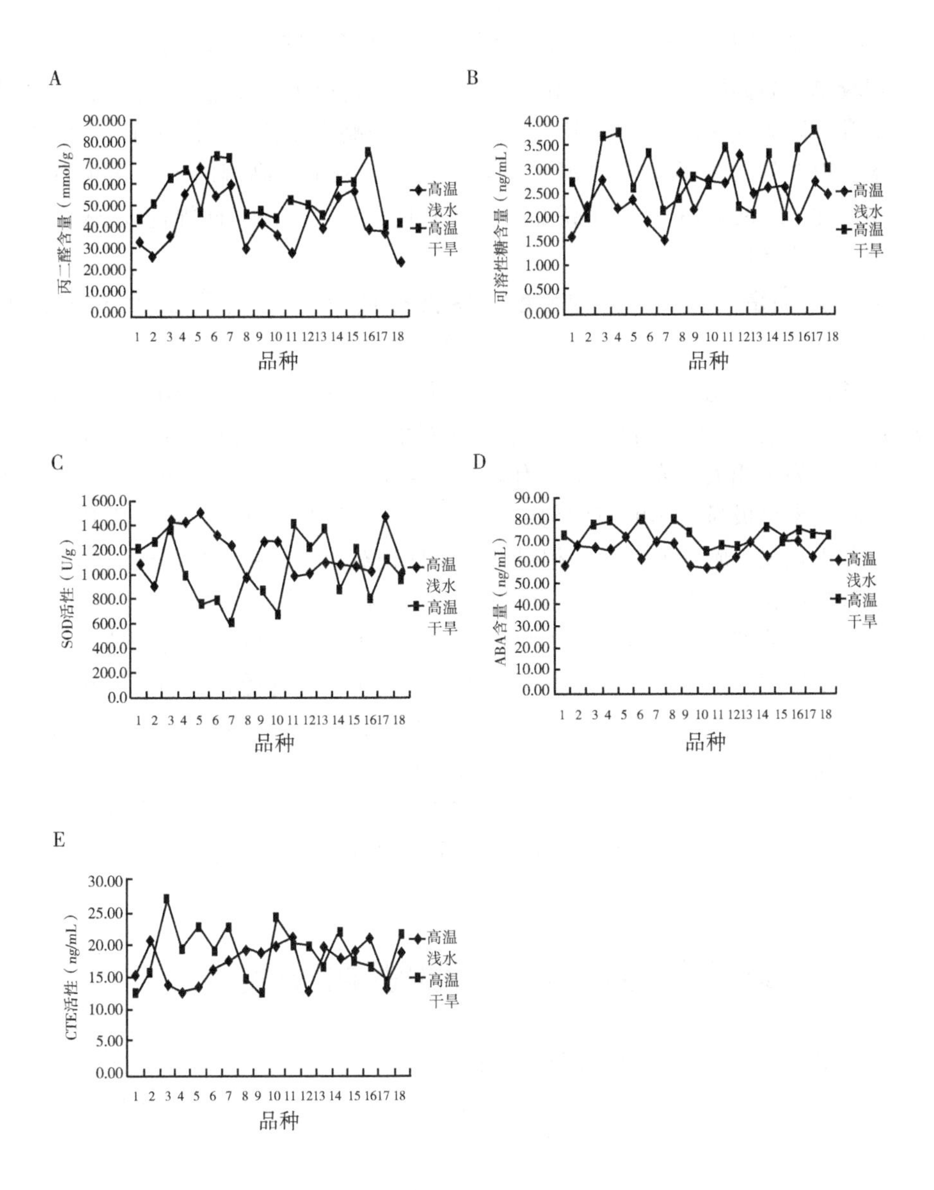

图 3-5　高温下不同干旱程度对水稻生理生化指标的影响

同变化（图 3-5C）。部分水稻组合的 SOD 活性在高温干旱复合胁迫时有所升高，如泸优 5 号、旌 3 优 177 等在高温干旱胁迫时均升高了 40%，而川绿优 188、宜香优 196、旌优 127 的 SOD 活性却显著下降了。

（四）高温与干旱复合胁迫对水稻 ABA 和 CTK 含量的影响

相较单一高温胁迫，大部分供试水稻组合在高温干旱复合胁迫时 ABA 含量有所上升，以天优 863 升高较多。泸优 5 号等却略有下降（图 3-5D）。而不同试验水稻组合的 CTK 含量在高温干旱双重胁迫时较单一高温胁迫变化也有所不同，如旌优 727 的 CTK 含量在高温干旱胁迫时呈显著升高，而绵优 5323 却显著下降了（图 3-5E）。

（五）高温与干旱复合胁迫下各指标间及其与耐高温干旱的相关性分析

以各指标在高温干旱复合胁迫和单一高温胁迫的相对值进行相关性分析可知（表 3-17），气孔导度相对值、CO_2浓度相对值、蒸腾速率相对值、光合速率这四项指标互为正相关；光合速率、有效穗数与相对结实率极显著正相关。光合速率、蒸腾速率也极显著影响有效穗数和穗长；有效穗数、穗长、产量系数三者之间极显著正相关；胞间 CO_2浓度相对值、SOD 相对值与千粒重显著或极显著正相关。可溶性糖含量相对值与 ABA 含量相对值显著正相关。

结论：分蘖期至幼穗分化期干旱后，水稻产生了系统抗性，使抽穗期至成熟期抗高温干旱能力增加，结实率与单一高温胁迫相比没有受到影响。但水稻品种的产量仍极显著低于抽穗期单一高温胁迫，经相关性分析表明，这主要是由水稻分蘖期至幼穗分化期干旱，严重影响有效穗数和穗长发育，使水稻减产造成的。且不同生育期高温干旱复合胁迫的水稻光合速率、气孔导度、胞间 CO_2 浓度和蒸腾速率较单一高温胁迫处理均有所降低，MDA 有所升高，不同品种间差异显著。

第四节　开花期耐高温品种的鉴定方法

徐富贤等[4]在先期已明确花时早而集中的杂交组合开花期耐高温能力的基础上，试图进一步探索杂交水稻品种间不同时点开花比例与耐高温性的定量关系，以期为水稻开花期耐高温品种的鉴定提供一种简便、适用的科学方法。

一、杂交水稻品种间开花动态与耐高温性的关系

从试验结果（表 3-18）表明，不同杂交水稻品种之间在常温和高温下开花的结实率及耐高温指数均达显著或极显著差异（方差分析 F 值为 $4.23^{*} \sim -10.54^{**}$），耐高温指数与高温下结实率呈极显著正相关（$r$ 值为 $0.9605^{**} \sim 0.9841^{**}$）；耐高温指数达 0.8 以上的品种有旌优 127、Q 优 1 号、川农优华占。

表 3-17　各指标间耐高温干旱相关性分析（*P* 值）

性状	ABA	CI	CO_2	CTK	GF	PN	MDA	S	TR	SOD	Y	EL	EP	TGW
CI	0.35	1												
CO_2	0.72	0.03*	1											
CTK	0.96	0.93	0.38	1										
GF	0.98	0.54	0.15	0.78	1									
PN	0.80	0.03*	0.00**	0.18	0.00**	1								
MDA	0.89	0.91	0.62	0.23	0.90	0.62	1							
S	0.02*	0.47	0.80	0.89	0.51	0.56	0.36	1						
TR	0.69	0.03*	0.00**	0.29	0.11	0.00**	0.78	0.56	1					
SOD	0.32	0.39	0.61	0.15	0.17	0.63	0.07	0.07	0.90	1				
Y	0.93	0.86	0.40	0.67	0.44	0.35	0.61	0.33	0.50	0.61	1			
EL	0.60	0.15	0.00**	0.56	0.10	0.00**	0.62	0.32	0.00**	0.73	0.01**	1		
EP	0.68	0.24	0.00**	0.54	0.01**	0.00**	0.86	0.71	0.00**	0.35	0.00**	0.00**	1	
TGW	0.89	0.07	0.03*	0.67	0.85	0.31	0.19	0.44	0.15	0.00**	0.74	0.18	0.56	1

注：$P \leq 0.01$ 表示极显著相关；$P \leq 0.05$ 表示显著相关。ABA：ABA 相对值；CI：气孔导度相对值；CO_2：CO_2浓度相对值；CTK：CTK 相对值；GF：相对结实率；PN：光合速率相对值；MDA：丙二醛相对值；S：可溶性糖相对值；TR：蒸腾速率相对值；SOD：SOD 相对值；Y：产量系数；EL：穗长相对值；EP：有效穗数相对值；TGW：千粒重相对值。

表 3-18　杂交水稻品种间在不同温度下开花的结实率与耐高温指数表现　(%)

杂交组合	2016 年			杂交组合	2015 年		
	常温结实率	高温结实率	耐高温指数		常温结实率	高温结实率	耐高温指数
旌优 127	85. 30±0. 46abcd	73. 05±3. 21a	0. 856 4±0. 113a	旌优 127	83. 90±0. 88abcdef	68. 83±2. 76bc	0. 820 4±0. 077ab
Q 优 1 号	87. 75±1. 82a	73. 17±2. 08a	0. 833 8±0. 098ab	Q 优 1 号	86. 55±2. 06abc	76. 50±1. 89a	0. 883 9±0. 032a
川优 6203	84. 84±2. 33abcd	60. 32±2. 76bc	0. 711 0±0. 106cdfg	川优 6203	87. 60±1. 75ab	63. 12±1. 88cdef	0. 720 6±0. 066bcde
川农优华占	79. 84±0. 82ef	64. 37±3. 63b	0. 806 2±0. 085abc	川农优华占	81. 90±0. 83cdefg	70. 29±0. 79b	0. 858 2±0. 105a
蓉优 918	83. 53±0. 53bcde	58. 82±2. 54cd	0. 704 2±0. 091dfg	蓉优 918	81. 80±0. 41cdefg	55. 92±2. 02ghijk	0. 683 6±0. 084ef
蓉优 22	86. 58±2. 01ab	56. 47±1. 97cde	0. 652 2±0. 04 1fgh	蓉优 22	85. 54±0. 70abcd	60. 01±1. 92defghi	0. 701 5±0. 048def
内 5 优 H25	81. 31±0. 64def	49. 09±0. 86fgh	0. 603 7±0. 076hi	内 5 优 H25	87. 90±1. 48a	55. 68±2. 35gijk	0. 633 4±0. 0±97efg
宜香 2115	82. 16±1. 20cde	52. 11±2. 66efg	0. 634 3±0. 103ghi	宜香 2115	81. 03±1. 27defg	50. 06±0. 96kl	0. 617 80±0. 063fgh
川谷优 918	81. 79±0. 79cde	48. 48±2. 30gh	0. 592 7±0. 082hij	川谷优 918	79. 00±0. 77fgh	45. 81±0. 811	0. 579 9±0. 090ghi
花香 7 号	82. 71±1. 05bcde	45. 45±3. 29hi	0. 549 5±0. 073ijk	花香 7 号	87. 74±2. 79a	46. 19±1. 781	0. 526 4±0. 072hij
川谷优 7329	85. 74±0. 93abc	54. 34±0. 84def	0. 633 8±0. 061ghi	川谷优 7329	83. 38±0. 98abcdef	57. 13±2. 04fghij	0. 685 2±0. 091ef
川谷优 6684	86. 68±0. 48ab	57. 12±2. 47cd	0. 659 0±0. 088fgh	川谷优 6684	83. 74±0. 77abcdef	60. 31±1. 63defgh	0. 720 2±0. 078cde
内 5 优 828	82. 21±1. 84cde	52. 02±0. 78efg	0. 632 7±0. 048ghi	内 5 优 828	80. 12±0. 74efgh	54. 28±0. 41ijk	0. 677 2±0. 087efg
奇优 894	86. 64±1. 5ab	54. 47±0. 91def	0. 628 7±0. 044ghi	奇优 894	82. 30±0. 58cdefg	52. 96±0. 53jk	0. 643 5±0. 040efg
宜香 4245	82. 32±1. 72bcde	41. 41±0. 68ij	0. 503 0±0. 070jk	川香 37	85. 01±1. 93abcde	59. 91±2. 21efghi	0. 704 7±0. 069def

（续表）

杂交组合	2016 年			杂交组合	2015 年		
	常温结实率	高温结实率	耐高温指数		常温结实率	高温结实率	耐高温指数
渝优 7109	83. 09±0. 98bcde	39. 03±2. 96j	0. 469 7±0. 085k	蓉优 9 号	85. 82±1. 60abcd	54. 37±1. 92hijk	0. 633 5±0. 008efg
德香 4727	77. 58±1. 04fg	61. 40±0. 93bc	0. 791 4±0. 101abcd	川谷优 23	82. 68±0. 82bcdef	65. 23±2. 64bce	0. 788 9±0. 031abcd
宜香 2084	82. 49±0. 58bcde	60. 58±1. 42bc	0. 734 4±0. 039bcdf	汕优联合 2 号	81. 72±0. 99cdefg	50. 60±0. 88kl	0. 619 2±0. 026fgh
泸优 727	73. 54±1. 46g	49. 01±1. 18fgh	0. 666 4±0. 063fgh	蓉优 908	75. 62±1. 14h	34. 09±3. 07m	0. 450 8±0. 070j
两优 585	88. 14±2. 26a	57. 74±0. 83cd	0. 655 1±0. 009fgh	键优 388	77. 58±1. 47gh	39. 46±0. 73m	0. 508 6±0. 108ij
F 值	5. 19**	4. 23*	10. 54**	*F* 值	3. 84*	8. 62**	5. 96**
与耐高温指数间 *r*	0. 028 2	0. 960 5**		与耐高温指数间 *r*	0. 413 8	0. 984 1**	

无论高温还是常温下杂交品种间各时段开花比例均达显著或极显著差异（方差分析 *F* 值为 3. 56* ~6. 01**），高温下 11:30 前和 12:00 前、常温下 12:00 前开花比例，分别与耐高温指数呈显著或极显著正相关（*r* 值为 0. 487 6** ~ 0. 732 2**）。表 3-18、表 3-19 数据的回归分析结果表明，高温下 11:30 前开花比例（X_2）和常温下 12:00 前开花比例（X_6）对耐高温指数有极显著影响（表 3-20）。以上两年结果趋势一致。

表 3-19　杂交水稻品种高温和常温下各时段开花比例　（%）

年度	项目	高温下开花比例			常温下开花比例 PBHT		
		11:00 前 X_1	11:30 前 X_2	12:00 前 X_3	11:00 前 X_4	11:30 前 X_5	12:00 前 X_6
2016	最小值	10. 92	57. 21	87. 89	8. 27	35. 34	77. 70
	最大值	51. 57	90. 80	99. 68	36. 10	76. 28	96. 28
	平均值	26. 94	73. 17	95. 86	22. 85	64. 44	85. 32
	CV（%）	40. 63	15. 01	3. 65	31. 65	15. 02	5. 84
	F 值	3. 77*	3. 78*	4. 23*	4. 51*	4. 08*	6. 01**
	与耐高温指数间 *r*	−0. 137 6	0. 770 7**	0. 052 7	−0. 095 2	0. 349 8	0. 851 8**

（续表）

年度	项目	高温下开花比例			常温下开花比例 PBHT		
		11:00 前 X_1	11:30 前 X_2	12:00 前 X_3	11:00 前 X_4	11:30 前 X_5	12:00 前 X_6
2015	最小值	11.23	50.63	86.62	4.95	40.23	60.50
	最大值	39.67	91.64	99.23	24.53	77.51	88.35
	平均值	22.38	69.74	91.55	12.09	56.40	77.99
	CV（%）	35.23	17.43	3.56	37.11	17.60	9.29
	F 值	3.56*	4.32*	4.47*	3.95*	5.45**	4.95**
	与耐高温指数间 r	0.384 5	0.711 9**	0.487 6*	0.405 4	0.290 4	0.732 2**

表 3-20　耐高温指数（y）与高温和常温下杂交水稻品种各时段开花比例（X）的多元回归分析

年度	回归方程	F 值	R^2	偏相关系数	t 检验值	显著水平
2016	$y=-0.6411+0.0041X_2-0.0023X_4+0.0124X_6$	35.08**	0.868 0	$r(y, X_2)=0.7010$	3.932 0**	0.001 1
				$r(y, X_4)=-0.4099$	1.797 5	0.090 0
				$r(y, X_6)=0.8034$	5.396 5**	0.000 1
2015	$y=-0.1237+0.0051X_2-0.0031X_5+0.0079X_6$	11.91**	0.690 8	$r(y, X_2)=0.5733$	2.798 9**	0.012 3
				$r(y, X_5)=-0.3709$	1.597 3	0.128 6
				$r(y, X_6)=-0.5799$	2.846 9**	0.011 2

二、杂交水稻品种间开花动态影响耐高温性的原因

试验结果（表3-21）表明，开花前5h高温对结实没有显著影响，受高温伤害的敏感期在开花当时，对受精影响最大，造成结实率显著下降。开花后不同时间的高温对结实率的影响品种间表现各异。参试4个品种中，开花后1h的高温处理下仅Q优1号结实未受显著影响，开花后1.5h的高温处理下有Q优1号和川谷优7329两个品种结实未受影响，而开花后2h的高温处理下4个品种结实均未受影响。以2013—2016年水稻开花期共16个35℃高温日各时点穗层温度和发生频率如图3-6、图3-7所示。从图3-6可见，从7:30—15:30时，气温呈上升趋势，而且气温分别高于33℃、34℃和35℃的频率达80%以上，最早出现的时间分别在11:30、13:30和15:30（图3-7）。而杂交水稻开花时间主要在9:30—12:30，不同水稻品种间在不同时刻开花的比例各不相同。目前较为一致研究认为，日均温30℃或日最高温度≥35℃是水稻开花期受高温伤害的临界温度。因此，在选择日最

高温度≥34℃或35℃出现前2h开花比例高的品种，能有效地避开高温伤害。

由于高温下开花早的品种在常温下开花也早（图3-8），因此高温下11: 30前和常温下12: 00前开花比例高的品种，其耐高温指数较高。

表 3-21　不同开花时段高温处理对杂交水稻结实率的影响　（%）

年度	杂交组合	高温处理5h结实率					常温下结实率	F值
		开花前5h	开花当时	开花后1h	开花后1.5h	开花后2h		
2014年	Q优1号	94.74±2.07a	62.51±0.82a	94.57±1.97a	95.32±0.84a	96.08±1.18a	97.53±0.47a	10.08**
	川谷优7329	94.20±1.96a	43.62±0.77c	78.61±1.04b	92.33±1.13a	92.93±0.72a	94.11±1.63a	4.38*
	蓉优908	92.44±1.88a	21.95±0.32d	58.76±0.92c	79.54±0.96b	92.23±0.69a	95.50±0.69a	6.62**
	花香7号	91.77±0.94a	26.65±0.28d	64.72±2.33c	83.96±1.42b	92.04±1.35a	95.46±1.44a	4.91*
2013年	Q优1号	96.32±1.79a	59.73±0.54b	97.30±1.02a	96.42±1.01a	97.08±1.49a	98.71±2.12a	7.10**
	川谷优7329	93.89±0.93a	38.56±0.91c	82.05±1.66b	94.29±1.56a	93.94±2.67a	94.80±1.04a	5.23*
	蓉优908	94.27±1.50a	25.35±0.53d	65.33±0.98c	78.91±0.73b	94.08±0.54a	95.13±0.90a	3.85*
	花香7号	93.32±1.22a	19.40±2.67d	59.47±1.86c	84.61±0.99b	94.49±2.01a	94.29±0.53a	4.10*

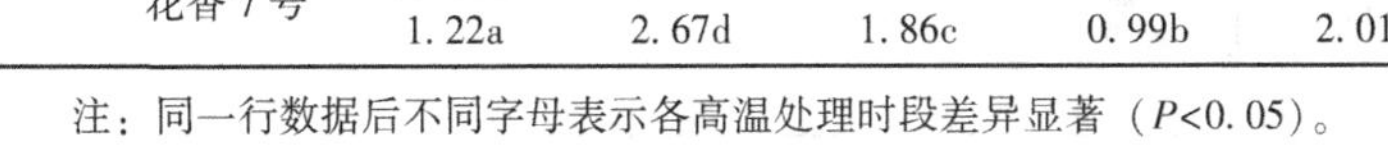

注：同一行数据后不同字母表示各高温处理时段差异显著（$P<0.05$）。

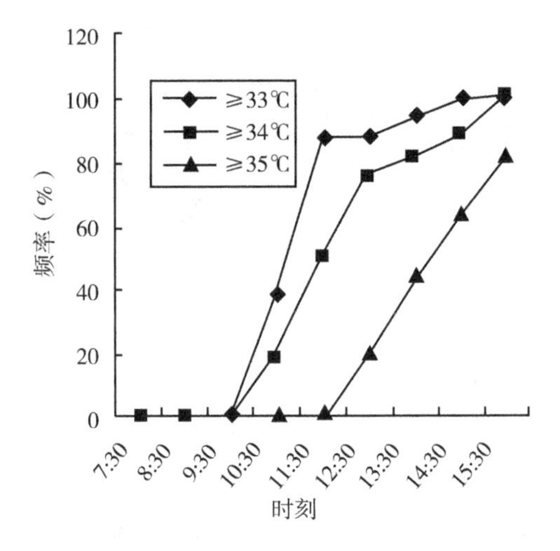

图 3-6　杂交水稻开花期连续4d高温日穗层平均气温动态

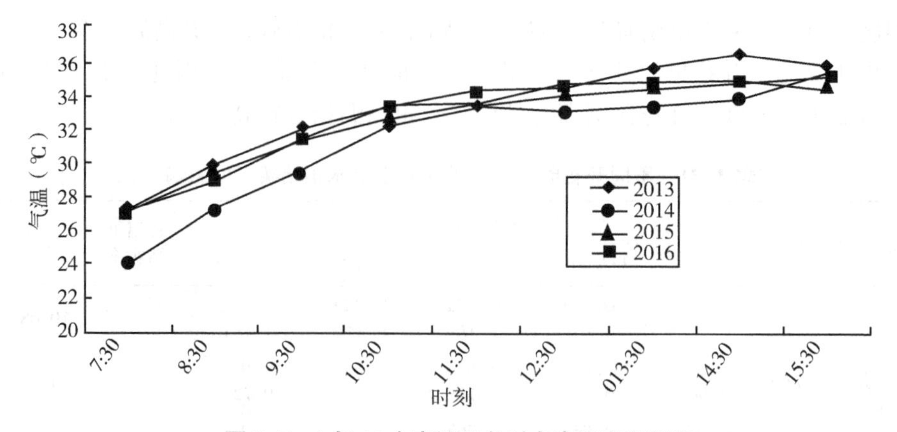

图 3-7　4 年 16 个高温日各时点高温出现频率

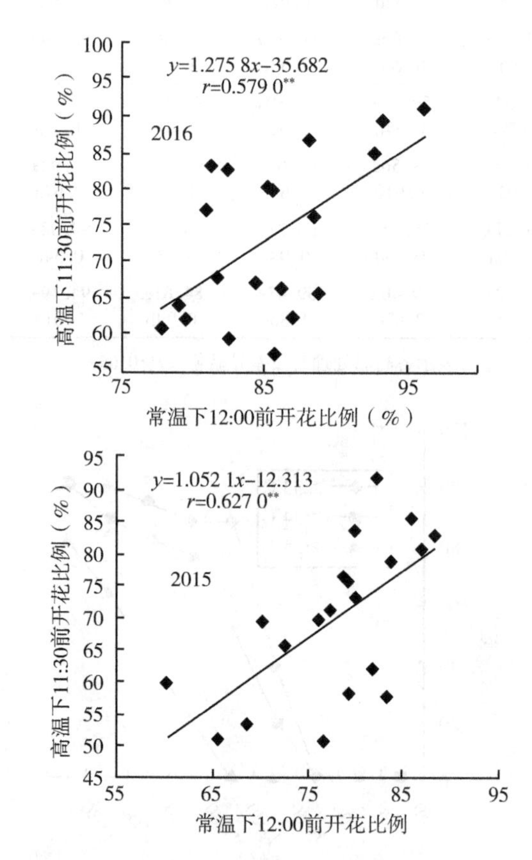

图 3-8　杂交水稻组合品种高温下 11:30 前开花比例与常温下 12:00 前开花比例的关系

三、利用开花比例预测杂交水稻耐高温性的准确率分析

为了建立水稻品种耐高温性的间接鉴定方法，以 2015 年、2016 年两年试验数据平均值，分别对品种间耐高温指数有较大影响的高温下 11:30 前开花比例、常温下 12:00 前开花比例和高温下结实率三因素与耐高温指数进行回归分析，其回归方程决定系数达 71.46%～95.49%，相关系数达极显著水平（r 值为 0.845 3**～0.977 2**），利用试验测定值与预测值之间的均方差根（RMSE）对模型进行检验，RMSE 为 0.41%～1.12%，测定数据与预测值之间表现较好一致性（表 3-22）。因此可用这些回归方程作为评价耐高温指数的间接指标。

为了进一步验证以上回归方程应用的可靠性，特以两年在高温处理下相同的 14 个品种的 2015 年实测的高温下 11:30 前开花比例、常温下 12:00 前开花比例、高温下结实率数据，分别预测其耐高温指数，再分别将其预测值与 2016 年该 16 个品种实测的耐高温指数之间进行均方差根（RMSE）检验，RMSE 为 0.79%～2.10%，准确率（预测值/实测值）高达 92.29%～102.73%（表 3-23）。

表 3-22　耐高温指数（y）与不同温度下开花比例及高温下结实率（x）的回归分析（两年平均）　（%）

X	回归方程	R^2	r	n	RMSE
高温下 11:30 时前开花比例	$y=0.0527+0.0086x$	0.714 6	0.845 3**	20	1.12
常温下 12:00 时前开花比例	$y=-0.9479+0.0198x$	0.795 9	0.892 1**	20	0.41
高温下结实率	$y=0.0607+0.0109x$	0.954 9	0.977 2**	20	0.65

表 3-23　2015 年耐高温指数预测值与 2016 年相同品种实测值的比较

杂交组合	2015 年耐高温指数预测值			2016 年耐高温指数实测值
	用高温下 11:30 前开花比例预测	用常温下 12:00 前开花比例预测	用高温下结实率预测	
旌优 127	0.767 0	0.639 7	0.810 9	0.856 4
Q 优 1 号	0.840 8	0.681 0	0.894 6	0.833 8
川优 6203	0.761 9	0.801 4	0.748 7	0.711 0
川农优华占	0.786 9	0.755 3	0.826 9	0.806 2
蓉优 918	0.732 5	0.710 7	0.670 2	0.704 2
蓉优 22	0.705 5	0.622 2	0.714 8	0.652 2
内 5 优 H25	0.584 2	0.673 7	0.667 6	0.603 7

（续表）

杂交组合	2015 年耐高温指数预测值			2016 年耐高温指数实测值
	用高温下 11:30 前开花比例预测	用常温下 12:00 前开花比例预测	用高温下结实率预测	
宜香 2115	0.549 6	0.707 6	0.606 4	0.634 3
川谷优 918	0.488 1	0.352 2	0.560 0	0.592 7
花香 7 号	0.512 3	0.414 7	0.564 2	0.549 5
川谷优 7329	0.679 0	0.642 6	0.683 4	0.633 8
川谷优 6684	0.709 3	0.616 1	0.718 1	0.659 0
内 5 优 828	0.651 9	0.561 1	0.652 4	0.632 7
奇优 894	0.665 9	0.586 6	0.638 0	0.628 7
平均值	0.652 5	0.626 1	0.696 9	0.678 4
预测值/实测值	0.961 8	0.922 9	1.027 3	
RMSE（%）	1.01	2.10	0.79	

由水稻开花期耐高温指数（y）与高温下 11:30 前开花比例（x_1）、常温下 12:00 前开花比例（x_2）和高温下结实率（x_3）的多元回归分析结果（表 3-24）可见，仅有高温下结实率（x_3）的偏相关系数达极显著水平，而高温下 11:30 前开花比例（x_1）、常温下 12:00 前开花比例（x_2）的偏相关系数则不显著。究其原因，虽然高温下 11:30 前开花比例（x_1）、常温下 12:00 前开花比例（x_2）分别与耐高温指数（y）相关系数极显著，但主要通过高温下结实率（x_3）间接影响耐高温指数（y），其直接作用甚微；而高温下结实率（x_3）对耐高温指数（y）直接作用极大（表 3-25）。

表 3-24　水稻开花期耐高温指数（y）与不同温度下开花比例及高温下结实率（x）的多元回归分析（两年合计）

回归方程	R^2	F 值	偏相关系数	t 值	显著水平
y=0.055 7+0.000 303 3x_1+0.000 069 6x_2+0.010 520 8x_3	0.947 9	218.15**	$r(y, x_1)=0.0965$	0.581 9	0.564 2
			$r(y, x_2)=0.0152$	0.091 4	0.927 7
			$r(y, x_3)=0.9331$	15.574	0.000 0

注：x_1为高温下 11:30 前开花比例（%），x_2为常温下 12:00 前开花比例（%），x_3为高温下结实率（%），下表同。

表 3-25　不同温度下水稻开花比例及高温下结实率（x）对耐高温指数（y）的通径分析

因子	r	直接作用	间接作用			
			总和	$\to x_1$	$\to x_2$	$\to x_3$
x_1	0.724 8**	0.033 09	0.691 7		0.002 77	0.688 93
x_2	0.642 2**	0.004 71	0.637 4	0.019 46		0.617 98
x_3	0.973 3**	0.946 12	0.027 2	0.024 10	0.003 07	

注：$R^2=0.9479$，$n=40$。

结论：杂交水稻花期高温下 11:30 前的开花比例、常温下 12:00 前开花比例分别与耐高温指数呈极显著正相关。开花后 2h 的遇高温对结实率影响不明显，穗层气温 34℃、35℃以上且频率达 80%以上的最早出现时间分别在 13:30 和 15:30，分别建立了利用开花期高温下 11:30 前开花比例、常温下 12:00 前开花比例和高温下结实率 3 个指标预测鉴定耐高温指数回归模型。

第五节　开花期耐高温品种的类型

目前生产上应对开花期极端高温的缓解技术主要有两个方面，一是选用开花期耐高温能力强的品种，二是针对区域性自然灾害发生规律，通过播种期和水稻品种生育期调节以避开高温伤害。其中将品种选择作为抵御高温危害的重要措施。然而徐富贤等[5]在近几年对水稻开花期耐高温品种的鉴定工作中发现，人工气候室模似高温和自然高温条件下鉴定的耐高温品种对高温的反应存在一定差异，其研究结果可为大面积生产耐高温品种特性的研究与应用提供科学依据。

一、人工气候室模拟高温与自然高温鉴定品种耐高温性的差异

表 3-26、表 3-27 分别统计了人工气候室模拟高温与自然高温鉴定相同品种的耐高温性。结果表明，杂交中稻品种间分别在高温和常温下的结实率及其耐高温指数的差异达显著或极显著水平（方差分析 F 值 2013 年、2016 年分别为 4.44**～22.6**和 3.84*～10.54**）。进一步比较两种鉴定方法下品种间耐高温指数表现，2013 年、2016 年自然高温鉴定下平均耐高温指数分别为 0.776 和 0.678，分别比人工气候室模拟高温鉴定结果高 91.6%和 29.89%。究其原因，一是人工气候室模拟最高温度为 38℃，比自然条件下日最高温度 36.3℃高；二是人工气候室从 7:00—9:00 设置温度为高达 34.5℃，不能在开花当时避开高温伤害，而自然条件下日温达 34.5℃一般在 13:30 以后，早期开花的能较好避开高温伤害（图 3-9）。

表 3-26　杂交组合在不同鉴定方法下耐高温性比较（2013）　（%）

杂交组合	人工气候室			自然条件		
	高温结实率	常温结实率	耐高温指数	高温结实率	常温结实率	耐高温指数
绵优 5240	66. 89	82. 82	0. 808	76. 8	84. 7	0. 907
D 优 6511	62. 72	81. 01	0. 774	63. 9	84. 7	0. 755
泰优 99	60. 50	78. 14	0. 774	72. 1	78. 4	0. 919
宜香优 1108	66. 14	86. 45	0. 765	65. 4	82. 0	0. 798
川香优 858	66. 24	86. 96	0. 762	70. 9	79. 4	0. 893
宜香优 4245	51. 38	72. 35	0. 710	66. 4	76. 8	0. 864
香绿优 727	54. 67	79. 63	0. 687	72. 5	81. 1	0. 894
内香优 2128	51. 95	80. 72	0. 644	63. 8	76. 1	0. 838
绵香优 576	52. 13	84. 31	0. 618	72. 9	83. 1	0. 870
宜香优 7633	51. 59	74. 77	0. 556	51. 8	78. 8	0. 657
内香优 18	41. 23	78. 50	0. 525	48. 2	77. 0	0. 625
冈香优 707	41. 93	80. 13	0. 523	48. 0	87. 6	0. 548
宜香优 7808	33. 99	80. 38	0. 423	55. 1	76. 8	0. 718
G 优 802	34. 47	83. 34	0. 414	36. 8	74. 7	0. 493
内香优 8156	36. 32	88. 67	0. 410	76. 0	91. 0	0. 836
川作 6 优 177	31. 79	77. 73	0. 409	67. 7	81. 0	0. 836
蓉 18 优 188	32. 86	84. 96	0. 387	63. 6	78. 7	0. 808
内 5 优 317	34. 67	90. 92	0. 381	65. 5	83. 5	0. 785
川香优 3203	27. 01	76. 06	0. 355	60. 9	79. 8	0. 763
内香优 2550	25. 08	76. 12	0. 329	68. 1	75. 7	0. 900
宜香优 2168	25. 18	79. 13	0. 318	62. 3	81. 5	0. 764
内 5 优 39	26. 94	87. 28	0. 309	77. 0	90. 7	0. 849
宜香优 4106	25. 90	85. 77	0. 302	59. 2	77. 6	0. 763
宜香优 2079	22. 76	76. 41	0. 298	54. 9	81. 4	0. 674
川香优 727	24. 00	84. 81	0. 283	57. 5	86. 8	0. 662
蓉稻优 415	19. 43	79. 06	0. 246	72. 6	82. 5	0. 879
内 5 优 5399	21. 49	87. 40	0. 246	61. 6	82. 0	0. 751
平均值	40. 34	81. 62	0. 405	63. 39	81. 24	0. 776
F 值	10. 2**	5. 46**	7. 42**	20. 6**	4. 4**	22. 6**

表 3-27　杂交组合在不同鉴定方法下耐高温性比较（2016）　（%）

杂交组合	人工气候室			自然条件		
	高温结实率	常温结实率	耐高温指数	高温结实率	常温结实率	耐高温指数
Q 优 1 号	60. 3	82. 5	0. 731	76. 50	86. 55	0. 884
键优 388	60. 3	83. 2	0. 725	69. 46	87. 58	0. 873
宜香 2115	53. 8	79. 4	0. 678	60. 06	81. 03	0. 741
宜香 2084	55. 0	81. 3	0. 677	60. 58	82. 49	0. 734
内 5 优 H25	41. 9	63. 8	0. 657	55. 68	87. 90	0. 733
德香 4727	53. 6	81. 7	0. 656	61. 40	77. 58	0. 791
泸优 727	50. 6	79. 6	0. 636	49. 01	73. 54	0. 706
川谷优 23	49. 7	81. 0	0. 614	65. 23	82. 68	0. 789
宜香 4245	44. 7	80. 7	0. 554	41. 41	82. 32	0. 503
蓉优 22	37. 0	67. 5	0. 548	60. 01	85. 54	0. 702
蓉优 9 号	43. 2	79. 5	0. 544	54. 37	85. 82	0. 634
两优 585	43. 9	82. 2	0. 534	57. 74	88. 14	0. 655
内 5 优 828	43. 7	82. 8	0. 528	54. 28	80. 12	0. 677
汕优联合 2 号	43. 3	83. 3	0. 519	50. 60	81. 72	0. 619
川谷优 7329	44. 0	86. 1	0. 511	57. 13	83. 38	0. 685
川香 37	40. 2	82. 9	0. 485	59. 91	85. 01	0. 705
花香 7 号	38. 1	80. 0	0. 475	46. 19	87. 74	0. 526
蓉优 918	38. 2	81. 0	0. 472	55. 92	81. 80	0. 684
渝优 7109	37. 4	85. 4	0. 433	39. 03	83. 09	0. 470
蓉优 908	30. 1	80. 5	0. 374	34. 09	75. 62	0. 451
川优 6203	31. 6	86. 5	0. 365	63. 12	87. 60	0. 721
川农优华占	28. 6	86. 7	0. 330	70. 29	81. 90	0. 858
川谷优 6684	24. 5	79. 9	0. 307	60. 31	83. 74	0. 720
奇优 894	16. 7	76. 5	0. 218	52. 96	82. 30	0. 644
旌优 127	9. 4	84. 6	0. 111	68. 83	83. 90	0. 820
平均值	41. 99	80. 74	0. 522	56. 96	83. 55	0. 678
F 值	6. 78**	4. 23*	10. 54**	3. 84*	8. 62**	5. 96**

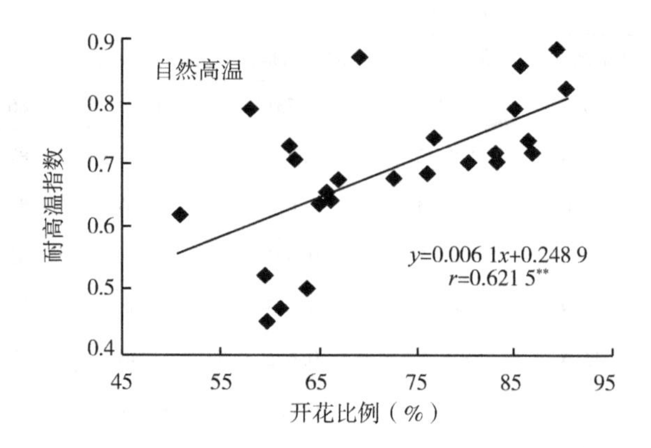

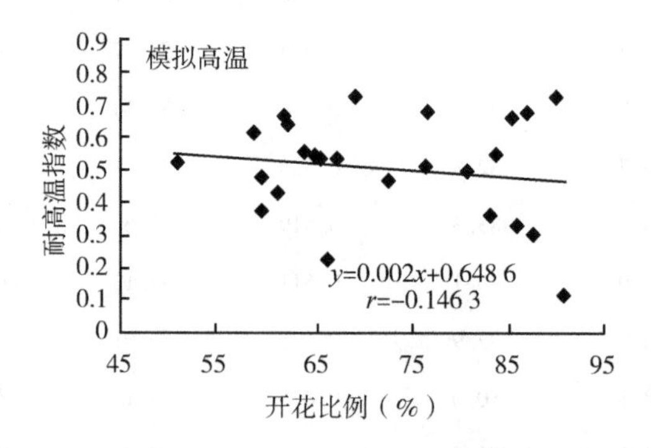

图 3-9　自然高温与人工气候室模拟高温下耐高温指数与开花比例的关系

二、杂交水稻品种耐高温性的类型

从试验结果图 3-10 看出，人工气候室模拟高温下鉴定耐高温指数≥0.5 的品种，与在自然高温下鉴定的耐高温指数呈极显著正相关关系，说明在人工气候室模拟高温下鉴定的耐高温能力强的品种，在自然高温下耐高温能力也强。而人工气候室模拟高温下鉴定耐高温指数≤0.49 的品种，与在自然高温下鉴定的耐高温指数间则没有相关性（图 3-11），其原因在于部分在人工气候室模拟高温下鉴定的不耐高温品种如川香 37、川优 6203、川农优华占、川谷优 6684、旌优 127，在自然条件下因花时早而避开了高温伤害（图 3-9），最终仍表现出较高的耐高温指数。

基于以上原因，以“人工气候室高温处理下开花当时耐高温能力强（耐高温指数≥0.6为耐高温）和自然高温日11:30前开花比例≥80%较好避开高温伤害（耐高温指数≥0.7为避高温）”作为品种开花期耐高温特性的判别标准，可将杂交水稻耐高温性分为4种类型：一类为即开花当时耐高温、又称早开花避高温，简称耐避双重型，如Q优1号等3个品种；二类为开花当时耐高温、不避高温，简称耐高温型，如键优388等5个品种；三类为开花当时不耐高温、可早开花避高温，简称避高温型，如蓉优22等6个品种；四类为开花当时既不耐高温、又不避高温，简称高温敏感型，如宜香4245等11个品种（表3-28）。

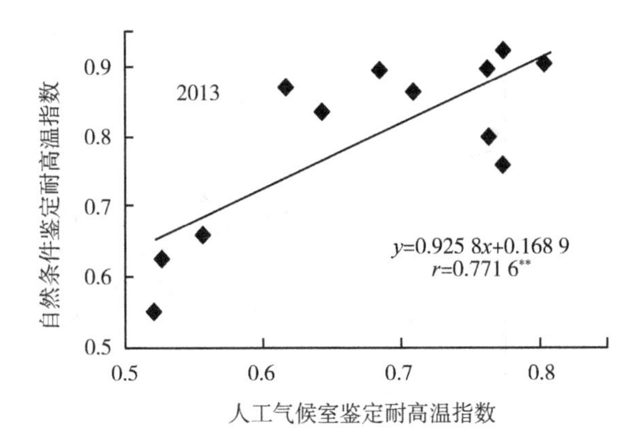

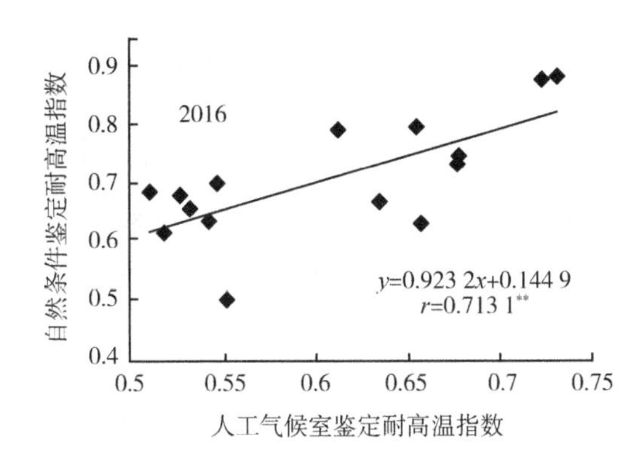

图3-10　耐高温指数较高品种在两种鉴定方法下的耐高温指数间关系

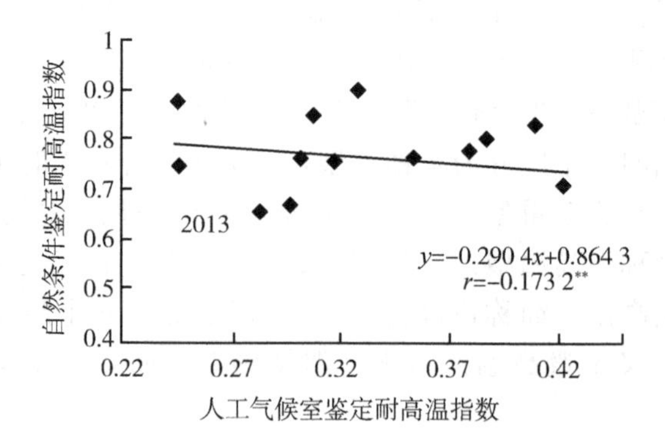

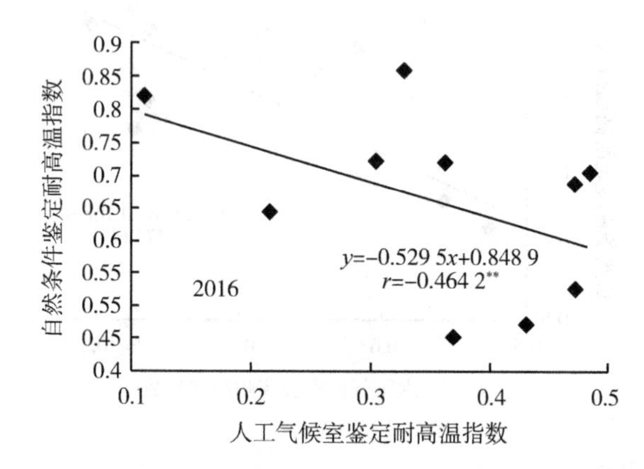

图 3-11 耐高温指数较低品种在两种鉴定方法下的耐高温指数间关系

表 3-28 杂交水稻品种开花期耐高温性的类型（2016）

杂交组合	耐高温指数		11:30 前开花比例	耐高温性类型
	人工气候室	自然条件		
Q 优 1 号	0.731	0.884	89.60	耐避双重型
宜香 2084	0.677	0.734	86.61	耐避双重型
德香 4727	0.656	0.791	85.25	耐避双重型
键优 388	0.725	0.873	69.24	耐高温型
宜香 2115	0.678	0.741	76.71	耐高温型
内 5 优 H25	0.657	0.733	61.94	耐高温型
泸优 727	0.636	0.706	62.37	耐高温型
川谷优 23	0.614	0.789	58.33	耐高温型

（续表）

杂交组合	耐高温指数		11:30 前开花比例	耐高温性类型
	人工气候室	自然条件		
蓉优 22	0.548	0.702	83.55	避高温型
川香 37	0.485	0.705	80.49	避高温型
川优 6203	0.365	0.721	83.20	避高温型
川农优华占	0.330	0.858	85.85	避高温型
川谷优 6684	0.307	0.720	87.21	避高温型
旌优 127	0.111	0.820	90.80	避高温型
宜香 4245	0.554	0.503	63.89	高温敏感型
蓉优 9 号	0.544	0.634	65.08	高温敏感型
两优 585	0.534	0.655	65.76	高温敏感型
内 5 优 828	0.528	0.677	67.16	高温敏感型
汕优联合 2 号	0.519	0.619	50.86	高温敏感型
川谷优 7329	0.511	0.685	76.15	高温敏感型
花香 7 号	0.475	0.526	59.39	高温敏感型
蓉优 918	0.472	0.684	72.65	高温敏感型
渝优 7109	0.433	0.470	61.01	高温敏感型
蓉优 908	0.374	0.451	59.55	高温敏感型
奇优 894	0.218	0.644	66.25	高温敏感型

结论：人工气候室模拟高温下鉴定耐高温指数≥0.5 的品种，与在自然高温下鉴定的耐高温指数呈极显著正相关；而人工气候室模拟高温下鉴定的耐高温指数≤0.49 的品种，与在自然高温下鉴定的耐高温指数间则没有相关性，原因是部分在人工气候室模拟高温下鉴定的不耐高温品种在自然条件下因花时早而避开了高温伤害仍表现出较高的耐高温指数。把杂交水稻开花期耐高温性分为了耐避双重型、耐高温型、避高温型和高温敏感型 4 种类型。

参考文献

[1] 徐富贤，周兴兵，张林，等．杂交中稻结实率与开花期气候条件关系及其耐高温组合的库源特征［J］．中国稻米，2019，25（1）：34-39，43.

[2] 朱兴明，曾庆羲，宁清利．自然高温对杂交稻开花受精的影响［J］. 中国农业科学，1983，16（2）：45-49.

[3] 徐富贤，张林，熊洪，等．杂交中稻开花期高温对结实率影响及其与组合间库源结构和开花习性的关系［J］. 作物学报，2015，41（6）：946-955.

[4] 徐富贤，周兴兵，蒋鹏，等．利用杂交水稻开花比例鉴定耐高温性的方法［J］. 中国生态农业学报，2017，25（9）：1335-1344.

[5] 徐富贤，周兴兵，张林，等．不同杂交中稻品种开花期耐高温性鉴定［J/OL］. 中国稻米，2020（1）：41-45.

第四章　开花期高低温伤害的缓解措施

第一节　开花期耐高低温品种的筛选

一、开花期耐高温品种筛选

耐高温品种筛选工作在泸县基地人工气候室进行。采用钵盆栽培方式，用两个人工气候室进行温度处理，气候室湿度控制在80%左右，一个人工气候箱为高温处理（最高温为38℃），另一个为常温处理（最高温为32℃），设为对照（表4-1）。

表4-1　人工气候室温度与湿度

温度时段	高温处理（℃）	常温处理（℃）	湿度（%）
16:00—7:00	31	24	80
7:00—9:00	34.5	30	80
9:00—14:00	38	32	80
14:00—16:00	34.5	30	80

（一）耐高温干旱型杂交稻组合筛选

在生产实践中，高温伴随着干旱的发生。因此试验在高温干旱处理提前3d排水，高温处理过程中盆钵土壤失水较快，导致植株高温干旱处理5d后，土壤水分下降到了15%~25%，致严重高温干旱胁迫，致使大部份敏感植株枯萎死亡。本试验以对照结实率≥80%，耐高温指数≥0.10植株未致死作为耐高温干旱杂交稻组合的筛选指标，初步筛选出9个耐高温干旱杂交稻组合，依次是：蓉18优1015、绿优4923、蓉18优9号、泸优5号、川绿优188、旌优127、旌优727、天优863和泸优137（表4-2）。其中，以蓉18优1015的高温干旱抗性表现最好，植株叶片绿色，未变黄枯萎。

2019 年设常温水层与高温水层 2 个处理，但未进行高温处理前排水处理，各品种结实率受影响较前试验小（表 4-3），从 59 个主推品种及恢复系，筛选出极耐高温干旱品种 1 个，耐高温干旱品种或恢复系 5 个（表 4-4）。

表 4-2 本试验筛选出的耐高温干旱杂交稻组合（2017）

杂交稻组合	结实率（%）		耐高温指数
	常温水层	高温干旱	
蓉 18 优 1015	83.5	29.3	0.35
绿优 4923	80.8	18.7	0.23
蓉 18 优 9 号	81.0	13.9	0.17
泸优 5 号	86.6	14.6	0.17
川绿优 188	80.8	11.7	0.14
旌优 127	88.2	12.7	0.14
旌优 727	87.5	10.5	0.12
天优 863	83.8	9.3	0.11
泸优 137	93.4	10.0	0.11

表 4-3 杂交水稻品种开花期耐高温干旱性表现（2019）

编号	结实率（%）		差异显著性	耐高温干旱指数
	常温水层	高温干旱		
旌 1 优华珍	89.63	51.04	ABCDEFGH	0.57
旌优 781	89.30	5.76	KLM	0.06
旌优华珍	83.25	19.19	GHIJKLM	0.23
花优 357	83.11	25.77	EFGHIJKLM	0.31
蓉优 33	87.70	79.06	AB	0.90
旌 8 优 727	89.74	23.60	FGHIJKLM	0.26
德优 4923	82.72	48.77	BCDEFGH	0.59
晶两优 534	90.40	39.45	BCDEFGHIJKLM	0.44
川优 1727	52.31	4.79	LM	0.09
泸优 0627	86.16	28.45	DEFGHIJKLM	0.33
千乡优 677	78.85	23.53	FGHIJKLM	0.30
锦花优 908	84.22	50.16	BCDEFGH	0.60
千乡优 418	81.57	50.32	BCDEFGH	0.62

（续表）

编号	结实率（%）		差异显著性	耐高温干旱指数
	常温水层	高温干旱		
泸优 727	80.87	50.51	BCDEFGH	0.62
嘉优 727	80.97	48.65	BCDEFGH	0.60
宜香优 37	82.24	20.20	FGHIJKLM	0.25
蓉 7 优 523	70.71	14.78	HIJKLM	0.21
双优 573	84.63	19.98	FGHIJKLM	0.24
晶两优 1199	89.48	65.87	ABCD	0.74
隆两优 1177	88.52	49.98	BCDEFGH	0.56
宜香优 3159	64.53	35.70	CDEFGHIJKLM	0.55
雅 7 优 2117	90.52	54.96	ABCDEFG	0.61
隆两优 2115	86.38	44.43	BCDEFGHIJKL	0.51
川绿优 907	75.02	52.27	ABCDEFGH	0.70
N 两优 091	88.25	36.99	CDEFGHIJKLM	0.42
宜香优 4245	90.24	28.12	DEFGHIJKLM	0.31
创两优华占	82.37	74.35	ABC	0.90
N22	46.18	36.55	CDEFGHIJKLM	0.79
F 优 498	73.82	4.25	M	0.06
宜香优 2115	88.42	55.18	ABCDEFG	0.62
蓉优 184	76.86	45.62	BCDEFGHIJ	0.59
简两优 534	59.20	47.41	BCDEFGHI	0.80
金卓优 1 号	91.47	90.55	A	0.99
绵优 5323	83.62	36.16	CDEFGHIJKLM	0.43
818A/R6150	81.70	30.04	DEFGHIJKLM	0.37
609A/R6150	88.65	26.98	DEFGHIJKLM	0.30
608A/R107	71.10	50.97	ABCDEFGH	0.72
旌 3A/R6150	93.06	33.53	DEFGHIJKLM	0.36
8066A/R6150	87.28	50.02	BCDEFGH	0.57
川康 606A/R6150	83.26	17.78	GHIJKLM	0.21
恒丰 A/泸恢 6043	76.71	6.61	JKLM	0.09
恒丰 A/泸恢 6150	86.42	59.70	ABCDEF	0.69
长泰 A/泸恢 6150	84.03	64.54	ABCDE	0.77

（续表）

编号	结实率（%）		差异显著性	耐高温干旱指数
	常温水层	高温干旱		
H362	89.76	35.57	CDEFGHIJKLM	0.40
H364	79.72	30.33	DEFGHIJKLM	0.38
H454	83.24	20.21	FGHIJKLM	0.24
H554	90.27	13.56	HIJKLM	0.15
H556	78.13	14.90	HIJKLM	0.19
H558	88.62	45.16	BCDEFGHIJK	0.51
H561	76.12	65.29	ABCDE	0.86
H564	87.45	7.64	IJKLM	0.09
H649	78.01	14.30	HIJKLM	0.18
H690	90.22	14.77	HIJKLM	0.16
H7955	91.31	26.39	DEFGHIJKLM	0.29
H451	89.11	13.43	HIJKLM	0.15
H7877	92.77	52.40	ABCDEFGH	0.56
H7897	79.12	4.59	LM	0.06
H7924	94.69	34.66	CDEFGHIJKLM	0.37
旱优 73	88.56	56.81	ABCDEFG	0.64
方差分析 F 值		3.6720**		

表 4-4 杂交水稻品种（组合）在开花期的耐高温干旱性分类（2019）

耐热性	品种名称
极耐高温干旱型	金卓香 1 号
耐高温干旱型	蓉优 33、创两优华占、简两优 534、长泰 A/泸恢 6150、H561、N22
耐高温干旱中间型	千乡优 418、泸优 727、嘉优 727、锦花优 908、德优 4923、旌 1 优华珍、晶两优 119、隆两优 1177、宜香优 3159、雅 7 优 2117、川绿优 907、宜香优 2115、蓉优 184、608A/R107、8066A/R6150、恒丰 A/泸恢 6150、H7877、旱优 73
不耐高温干旱型	晶两优 534、818A/R6150、旌 3A/R6150、N 两优 091、隆两优 2115、H362、H364、H558、H7924、绵优 5323
极不耐高温干旱型	旌优 781、旌优华珍、花优 357、川优 1727、泸优 0627、宜香优 37、千乡优 677、蓉 7 优 523、双优 573、F 优 498、宜香优 4245、609A/R6150、川康 606A/R6150、恒丰 A/泸恢 6043、H454、H554、H556、H564、H649、H690、H7955、H451、H7897

（二）高温与干旱复合胁迫对结实率的影响

在抽穗期提前 3d 开始水分管理，设 A（高温水层）、B（高温无水层含水量 80%）、C（高温无水层含水量 65%）、D（常温水层）、E（常温无水层含水量 80%）、F（常温无水层含水量 65%）6 个处理，每个处理 2 盆，抽穗期人工气候室处理 5d。抽穗期将生长于室外整齐一致的稻株于早上 8: 00 移入人工气候室内，移入前剪去已经开的颖花，干旱处理材料每天补充水分至土壤大致保持含水量在 65%和 80%，处理结束后将全部盆栽植株放回网室，取样测定结实率。

结果（表 4-5）表明，由 30 个主推品种筛选出极耐热型品种 8 个（如金卓香 1 号、泸优 137、旌优 727、川优 6203、旌 3 优 177、内 6 优 107、川优 1727、宜香优 1108），耐热型品种 10 个（旌优 127、渝香 203、德优 4727、宜香优 2115、宜香 4245、德香 4103、天优华占、德优 4923、内 5 优 39、蓉优 3324）、耐旱型品种 13 个（天优 863、内 6 优 103、蓉 18 优 1015、德优 4727、宜香优 2115、F 优 498、旌 8 优 727、金卓香 1 号、天优华占、宜香优 1108、内 5 优 39、蓉优 3324、川香优 727），耐高温干旱品种 6 个（泸优 137、旌优 727、旌 3 优 177、宜香 4245、金卓香 1 号、川优 1727）。并且只有绝大部分极耐热品种才耐高温干旱复合胁迫。这与耐旱性并不相关，如泸优 137。耐热性和耐旱性同时或单独较好的品种也不耐高温干旱复合胁迫。

表 4-5　杂交水稻品种开花期的耐热性、耐旱性和耐高温干旱性比较（2018）

杂交稻品种	结实率（%）				耐高温指数	耐干旱指数	耐高温与干旱指数
	常温水层	高温水层	常温干旱	高温干旱			
泸优 137	81.13	85.34	40.11	80.12	1.05	0.40	0.80
泸优 5 号	78.75	56.48	55.37	30.01	0.72	0.55	0.30
旌优 727	81.53	89.97	60.51	88.26	1.10	0.61	0.88
川优 6203	72.18	75.07	65.90	65.75	1.04	0.66	0.66
天优 863	95.65	40.86	84.38	13.52	0.43	0.84	0.14
绵优 5323	75.29	38.33	62.35	27.84	0.51	0.62	0.28
旌优 127	89.13	74.20	73.01	70.91	0.83	0.73	0.71
旌 3 优 177	74.03	85.68	74.51	79.48	1.16	0.75	0.79
广优 66	84.60	44.10	61.29	21.26	0.52	0.61	0.21
渝香 203	75.84	64.68	55.05	63.18	0.85	0.55	0.63
内 6 优 103	90.40	58.27	81.66	36.28	0.64	0.82	0.36
内 6 优 107	78.73	79.47	58.17	74.10	1.01	0.58	0.74

（续表）

杂交稻品种	结实率（%）				耐高温指数	耐干旱指数	耐高温与干旱指数
	常温水层	高温水层	常温干旱	高温干旱			
蓉 18 优 9 号	78.47	55.64	68.79	7.68	0.71	0.69	0.08
蓉 18 优 1015	84.76	54.73	83.29	12.82	0.65	0.83	0.13
德优 4727	89.51	84.28	77.54	59.73	0.94	0.78	0.60
宜香优 2115	79.91	62.50	76.24	64.74	0.78	0.76	0.65
宜香 4245	80.80	70.73	73.30	78.90	0.88	0.73	0.79
德香 4103	74.49	64.84	70.38	64.36	0.87	0.70	0.64
F 优 498	86.66	58.13	79.09	48.79	0.67	0.79	0.49
花香 7 号	74.55	52.28	73.48	47.64	0.70	0.73	0.48
旌 8 优 727	92.40	20.45	86.64	30.54	0.22	0.87	0.31
金卓香 1 号	88.17	89.60	83.76	91.14	1.02	0.84	0.91
川优 1727	74.61	72.47	67.43	82.60	0.97	0.67	0.83
天优华占	79.40	74.56	82.38	59.64	0.94	0.82	0.60
德优 4923	85.76	71.00	66.99	65.03	0.83	0.67	0.65
宜香优 1108	77.65	82.83	78.06	73.82	1.07	0.78	0.74
内 5 优 39	82.49	65.91	75.11	55.56	0.80	0.75	0.56
蓉优 3324	76.86	60.39	83.03	72.61	0.79	0.83	0.73
川香优 727	76.39	18.29	78.91	36.76	0.24	0.79	0.37
川作优 8727	80.94	50.92	71.31	38.78	0.63	0.71	0.39

二、抽穗期耐低温品种筛选

（一）人工气候室筛选

试验在本研究所泸县基地进行，2017 年以 30 个品种为材料，将 6 月 1 日播期各品种的抽穗期在人工气候室 21℃ 处理 5d（表 4-6）。以抽穗期对照结实率≥80%，耐低温指数≥0.6 作为耐低温杂交稻组合的指标，筛选出 5 个耐低温杂交稻组合（耐低温指数由高到低排列）：蓉 18 优 1015、德优 4727、旌优 127、旌 3 优 177、绿优 4923（表 4-7）。

2019 年试验从 42 个品种（表 4-8）中，筛选出极耐冷品种/组合 13 个，耐冷品种/组合 13 个（表 4-9）。

表 4-6　人工气候室温度与湿度

温度时段	低温处理（℃）	对照处理（℃）	湿度（%）
16:00—7:00	11	24	80
7:00—9:00	18	30	80
9:00—14:00	21	32	80
14:00—16:00	18	30	80

表 4-7　本试验筛选的耐低温水稻杂交组合

组合	结实率（%）		耐低温指数
	对照	低温	
蓉 18 优 1015	81.79	68.46	83.70
德优 4727	86.30	72.00	83.43
旌优 127	87.54	62.54	71.44
旌 3 优 177	83.92	59.60	71.02
绿优 4923	80.59	56.63	70.26

表 4-8　杂交水稻品种（组合）在开花期的耐冷性表现

品种	结实率（%）		显著性	耐冷指数
	低温	对照		
旌 1 优华珍	42.49	75.85	BCDEFGH	0.56
旌优 781	53.66	55.65	ABCDEFG	0.96
旌优华珍	41.81	67.05	CDEFGHI	0.62
花优 357	42.97	63.34	BCDEFGH	0.68
蓉优 33	54.69	79.84	ABCDEFG	0.69
旌 8 优 727	57.62	87.09	ABCDEF	0.66
德优 4923	67.46	52.76	A	1.28
晶两优 534	61.91	58.32	ABCD	1.06
川优 1727	36.10	83.04	FGHI	0.43
泸优 0627	50.84	78.63	ABCDEFGH	0.65
千乡优 677	42.50	80.26	BCDEFGH	0.53
锦花优 908	57.46	70.23	ABCDEF	0.82
千乡优 418	50.35	77.22	ABCDEFGH	0.65
泸优 727	27.52	70.89	HI	0.39

（续表）

品种	结实率（%）		显著性	耐冷指数
	低温	对照		
嘉优 727	41.42	68.80	DEFGHI	0.60
宜香优 37	61.89	78.48	ABCD	0.79
蓉 7 优 523	62.96	64.57	ABCD	0.98
双优 573	54.66	67.58	ABCDEFG	0.81
晶两优 1199	55.49	75.25	ABCDEFG	0.74
隆两优 1177	50.75	57.88	ABCDEFGH	0.88
宜香优 3159	50.08	58.77	ABCDEFGH	0.85
雅 7 优 2117	64.10	64.24	ABCD	1.00
隆两优 2115	69.73	71.59	A	0.97
川绿优 907	57.52	69.63	ABCDEF	0.83
N 两优 091	49.39	68.82	ABCDEFGH	0.72
宜香优 4245	32.92	49.10	GHI	0.67
创两优华占	58.42	53.36	ABCDEF	1.09
N22	19.01	87.28	I	0.22
F 优 498	57.45	71.25	ABCDEF	0.81
宜香优 2115	61.74	77.35	ABCD	0.80
蓉优 184	58.70	60.78	ABCDEF	0.97
简两优 534	57.28	62.43	ABCDEF	0.92
金卓优 1 号	47.64	75.67	ABCDEFGH	0.63
绵优 5323	46.98	50.25	ABCDEFGH	0.93
818A/R6150	59.45	52.33	ABCDEF	1.14
609A/R6150	65.44	62.67	AB	1.04
608A/R107	54.57	65.79	ABCDEFG	0.83
旌 3A/R6150	37.53	59.34	EFGHI	0.63
8066A/R6150	60.40	71.31	ABCDE	0.85
川康 606A/R6150	59.28	68.06	ABCDEF	0.87
恒丰 A/泸恢 6043	64.90	55.17	ABC	1.18
恒丰 A/泸恢 6150	60.68	54.44	ABCDE	1.11
长泰 A/泸恢 6150	32.42	55.87	GHI	0.58
H362	61.04	61.34	ABCD	1.00
方差分析 F 值		3.384 0**		

表 4-9　杂交水稻品种（组合）在开花期的耐冷性分类

耐冷性	品种名称
极耐冷型	德优 4923、恒丰 A/泸恢 6043、818A/R6150、恒丰 A/泸恢 6150、创两优华占、晶两优 534、609A/R6150、雅 7 优 2117、旱优 73、蓉 7 优 523、隆两优 2115、蓉优 184、旌优 781
耐冷型	绵优 5323、简两优 534、隆两优 1177、川康 606A/R6150、宜香 3159、8066A/R6150、608A/R107、川绿优 907、锦花优 908、双优 573、F 优 498、宜香优 2115、宜香优 37
耐冷中间型	晶两优 1199、N 两优 091、蓉优 33、花优 357、宜香优 4245、旌 8 优 727、千乡优 418、泸优 0627、旌 3A/R6150、金卓优 1 号、旌优华珍、嘉优 727、长泰 A/泸恢 6150
不耐冷型	千乡优 677、川优 1727、泸优 727
极不耐冷型	N22

（二）田间试验筛选

贵州省水稻研究所李敏选用贵州水稻生产上广泛使用或有生产潜力的水稻品种 10 个，通过分期播种形成抽穗期低温，在大田条件下研究了抽穗期低温对水稻品种生育特性和产量形成的影响。结果表明，正常温度条件下 10 个水稻品种的产量介于 648. 8～815. 5kg/亩（表 4-10），产量最高的 3 个品种分别是渝优 7109、川农优 894、Y 两优 1 号。抽穗期低温条件下 10 个水稻品种的产量介于 648. 8～815. 5kg/亩（表 4-11），产量最高的 3 个品种分别是宜香 2115、花香 1618、F 优 498，所有品种的产量较正常温度条件下均有所降低，说明抽穗期低温对水稻产量形成具有显著影响。

表 4-10　正常播种条件下 10 个水稻品种的产量及其构成因素

品种	有效穗数（×10^4/亩）	穗粒数（粒）	结实率（%）	千粒重（g）	产量（kg/亩）
F 优 498	22. 3	246. 6	93. 0	28. 6	718. 7
渝优 7109	32. 6	251. 2	82. 5	24. 6	811. 2
花香 1618	29. 3	200. 2	88. 6	31. 5	802. 4
中优 169	31. 9	171. 0	91. 1	27. 8	648. 9
中 9 优 2 号	26. 6	226. 6	84. 3	29. 0	728. 8
蜀优 217	30. 6	172. 6	93. 1	29. 1	711. 8
Y 两优 1 号	31. 9	217. 0	89. 9	26. 2	812. 2
川农优 894	32. 9	209. 5	88. 0	27. 1	815. 5

（续表）

品种	有效穗数（$\times 10^4$/亩）	穗粒数（粒）	结实率（%）	千粒重（g）	产量（kg/亩）
宜香 2115	30.6	171.7	90.6	32.8	763.3
川优 6203	27.9	177.0	91.7	28.8	653.2

表 4-11　抽穗期低温条件下 10 个水稻品种的产量及其构成因素

品种	有效穗数（$\times 10^4$/亩）	穗粒数（粒）	结实率（%）	千粒重（g）	产量（kg/亩）
F 优 498	24.9	240.1	81.3	27.5	662.4
渝优 7109	29.3	244.0	62.4	23.8	517.7
花香 1618	30.6	197.5	76.3	29.9	666.8
中优 169	32.6	169.1	86.0	24.8	584.9
中 9 优 2 号	27.0	221.5	70.4	28.7	589.1
蜀优 217	32.0	172.6	74.7	27.2	555.1
Y 两优 1 号	33.0	213.1	69.7	25.4	610.2
川农优 894	33.6	201.8	72.4	26.0	629.2
宜香 2115	31.1	167.8	86.5	32.4	713.6
川优 6203	29.6	170.8	74.0	28.6	529.7

研究同时表明，不同水稻品种对抽穗期低温的影响具有显著的基因型差异，10 个水稻品种产量降低幅度介于 6.5%～36.2%，其中宜香 2115、F 优 498、中优 169 的耐低温指数分别为 6.5、7.8、9.9，这 3 个品种具有较好的抽穗期耐低温特性，综合低温条件下各品种的实际产量和耐低温指数，初步推荐宜香 2115、F 优 498、花香 1618 为耐低温品种（表 4-12）。

与正常温度条件比较，抽穗期低温条件下水稻品种有效穗数除个别品种外均呈增加的趋势，穗粒数有所降低，但变化幅度较小，结实率呈下降趋势，变化幅度介于 4.5%～24.4%，千粒重也呈下降趋势，变化幅度介于 0.8%～10.8%。

表 4-12　10 个水稻品种产量构成因素变化幅度及耐低温指数　（%）

品种	穗数	每穗粒数	结实率	千粒重	产量
F 优 498	11.9	-2.6	-12.6	-3.6	-7.8
渝优 7109	-10.2	-2.9	-24.4	-3.4	-36.2
花香 1618	4.5	-1.4	-13.9	-5.3	-16.9

（续表）

品种	穗数	每穗粒数	结实率	千粒重	产量
中优 169	2.2	-1.1	-5.6	-10.8	-9.9
中 9 优 2 号	1.3	-2.2	-16.5	-1.1	-19.2
蜀优 217	4.4	0.0	-19.8	-6.5	-22.0
Y 两优 1 号	3.2	-1.8	-22.5	-3.1	-24.9
川农优 894	2.1	-3.7	-17.7	-4.2	-22.8
宜香 2115	1.5	-2.3	-4.5	-1.2	-6.5
川优 6203	6.0	-3.5	-19.3	-0.8	-18.9

注：各指标变化幅度=（正常温度时指标-抽穗期低温时指标）/正常温度时指标；耐低温指数=产量变化幅度×100。

第二节　开花期高温热害的缓解制剂筛选

于水稻开花前喷施植物生长调节剂对降低高温对籽粒灌浆结实有一定缓解作用，前人有较多研究，但其结论不完全一致。为此徐富贤等连续多年开展了一系列开花期高温热害的缓解制剂筛选工作，并获得了部分有益结果。

一、硅肥施用量对高温胁迫的缓解效果

2014 年以杂交水稻品种川谷优 7329 为材料，在人工气候室条件下的结果表明，硅肥对不同时期高温下结实率的影响，不同时期高温处理下以抽穗期高温结实率最低，与其他高温处理时期达显著差异；在同一时期高温处理下不同施硅量间结实率差异不显著，但孕穗期高温施硅量为 10g/钵、15g/钵及齐穗后 10d 高温施硅量为 0g/钵、5g/钵时，结实率较高（表 4-13、表 4-14、图 4-1）。

表 4-13　川谷优 7329 在三个高温处理时期不同硅肥施用量下的产量及其穗粒结构

高温处理时期	硅肥施用量（g/钵）	有效穗数（穗）	穗粒数（粒/穗）	结实率（%）	千粒重（g）	产量（g/钵）
孕穗期	0	26.33b	136.86ab	0.86ab	29.87cde	92.95bc
	5	26.33ab	146.07ab	0.85bc	29.59de	100.36bc
	10	27.67ab	142.81ab	0.91ab	28.63e	102.06b
	15	27.33ab	126.47ab	0.91ab	29.36de	92.02bc
	20	29.00ab	134.31ab	0.88ab	28.86e	99.16bc

（续表）

高温处理时期	硅肥施用量（g/钵）	有效穗数（穗）	穗粒数（粒/穗）	结实率（%）	千粒重（g）	产量（g/钵）
抽穗期	0	27.33ab	151.33a	0.75d	30.52bcd	94.49bc
	5	26.67b	138.23ab	0.77d	31.89ab	89.99bc
	10	26.67b	130.44ab	0.79cd	32.09a	87.80bc
	15	26.00b	132.97ab	0.75d	30.10cde	76.94c
	20	28.00ab	135.54ab	0.75d	30.84abcd	88.71bc
齐穗后 10d	0	32.67a	148.62a	0.92a	30.02cde	131.69a
	5	27.67ab	139.98ab	0.91a	30.38cd	107.42b
	10	27.67ab	130.72ab	0.89ab	30.75abcd	98.49bc
	15	26.33b	130.34ab	0.89ab	30.56bcd	93.25bc
	20	26.00b	122.42b	0.88ab	31.23abc	87.73bc

表 4-14　川谷优 7329 在三个高温处理时期不同硅肥施用量下结实率比较（%）

不同硅肥施用量（g/钵）	孕穗期	抽穗期	齐穗后 10d
0	0.86ab	0.75d	0.92a
5	0.85bc	0.77d	0.91a
10	0.91ab	0.79cd	0.89ab
15	0.91ab	0.75d	0.89ab
20	0.88ab	0.75d	0.88ab
平均	0.86	0.75	0.92

二、微量元素对高温胁迫的缓解效果

在人工气候室下的试验结果（表 4-15）表明，磷酸二氢钾 0.2%、S 诱抗素 500 倍液及1 000倍液对缓解抽穗期高温结实率效果较好，而硫酸锌 0.08%效果最差，差异达显著水平。不同微量元素中以 S 诱抗素1 000倍液对缓解抽穗期高温千粒重效果最好，其次为硫酸锌 0.08%、S 诱抗素 500 倍液和硒 $Na_2SeO_3$1 000 倍液，但差异不显著。

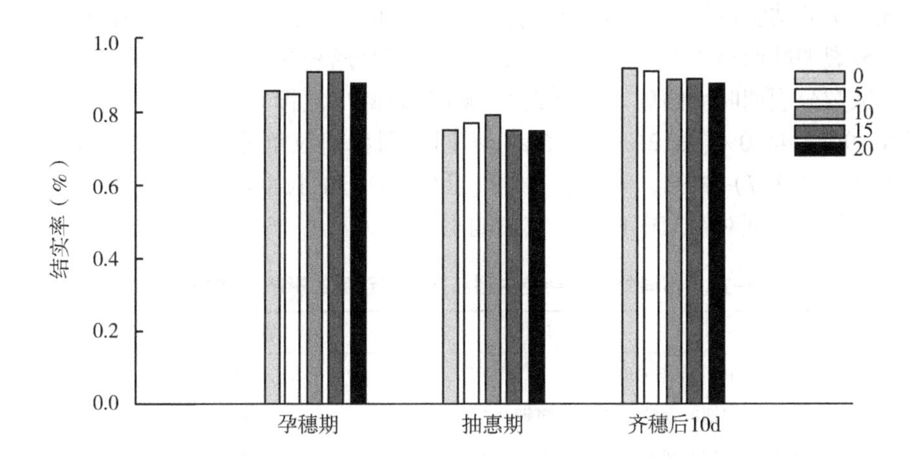

图 4-1　川谷优 7329 在三个高温处理时期不同硅肥施用量下结实率比较

表 4-15　川谷优 7329 在抽穗期高温处理时不同微量元素下的产量及其穗粒结构（2014）

高温处理时期	微量元素	有效穗数（穗）	穗粒数（粒/穗）	结实率（%）	千粒重（g）	产量（g/钵）
抽穗期	磷酸二氢钾 0.2%	31.67ab	132.37a	0.89a	31.06bcde	114.87ab
	磷酸二氢钾 0.4%	27.33ab	130.23a	0.80abc	30.52e	87.19ab
	磷酸二氢钾 0.6%	35.67a	124.88a	0.84abc	31.55abcde	119.00a
	硫酸锌 0.03%	25.00b	124.82a	0.75bc	31.67abcd	73.21b
	硫酸锌 0.05%	27.67ab	130.41a	0.85abc	30.87de	95.08ab
	硫酸锌 0.08%	32.67ab	134.68a	0.74c	32.13ab	107.09ab
	磷酸二氢钾 0.4%+硫酸锌 0.05%	26.67ab	123.13a	0.86ab	31.51abcde	89.94ab
	S 诱抗素 500 倍液	25.00b	131.29a	0.88a	32.03abc	90.83ab
	S 诱抗素 1000 倍液	26.33ab	131.19a	0.87a	32.22a	97.73ab
	硒 $Na_2SeO_3$500 倍液	29.67ab	114.94a	0.81abc	30.94cde	84.71ab
	硒 $Na_2SeO_3$1 000 倍液	28.33ab	117.32a	0.83abc	32.03abc	87.78ab
	硒 $Na_2SeO_3$2 000 倍液	29.33ab	126.07a	0.77abc	31.47abcde	90.07ab

不同基因型间结实率差异显著，与高温敏感品种（旌优 127）相比，耐高温品种（Ⅱ优 602）的结实率平均增加了 171.8%。不同高温缓解技术对Ⅱ优 602 的结实率影响不显著，其中以减数分裂期叶面喷施磷酸二氢钾 0.2%的结实率最高，与对照（CK）相比，增加了 3.3%；以施硅肥 10g/桶作为底肥处理的结实率最低，较对照（CK）降低了 3.8%，差异均不显著。不同高温缓解技术处理

对旌优 127 的结实率影响显著，与对照（CK）相比，施硅肥 10g/桶作为底肥、于减数分裂期叶面喷施磷酸二氢钾 0.2%、于减数分裂期叶面喷施 S 诱抗素 1000 倍、于减数分裂期叶面喷施 S 诱抗素 1 000倍+磷酸二氢钾 0.2%的结实率分别增加了 82.9%、44.0%、3.2%、42.6%。不同基因型间粒重差异显著，与高温敏感品种（旌优 127）相比，耐高温品种（Ⅱ优 602）的粒重增加了 11.7%。不同高温缓解技术处理对杂交中稻的粒重影响不显著（表 4-16）。

表 4-16　不同处理对杂交中稻结实率和粒重的影响（2015）

品种	处理	结实率（%）	粒重（mg）
Ⅱ优 602	施硅肥 10g/桶作为底肥	76.3a	30.5a
	减数分裂期叶面喷施磷酸二氢钾 0.2%	81.8a	30.1a
	减数分裂期叶面喷施 S 诱抗素 1 000 倍液	79.8a	30.4a
	减数分裂期叶面喷施 S 诱抗素 1 000 倍液+磷酸二氢钾 0.2%	78.5a	30.6a
	减数分裂期叶面喷清水（CK）	79.2a	31.1a
	平均	79.1	30.5
旌优 127	施硅肥 10g/桶作为底肥	39.5a	27.6a
	减数分裂期叶面喷施磷酸二氢钾 0.2%	31.1ab	26.9a
	减数分裂期叶面喷施 S 诱抗素 1 000 倍液	22.3b	26.5a
	减数分裂期叶面喷施 S 诱抗素 1 000 倍液+磷酸二氢钾 0.2%	30.8ab	26.9a
	减数分裂期叶面喷清水（CK）	21.6b	28.6a
	平均	29.1	27.3
方差分析			
品种		*	*
处理		ns	ns
品种×处理		ns	ns

注：同品种不同字母表示 0.05 水平差异显著；* 表示方差分析达 0.05 的显著水平；ns 表示方差分析差异不显著。

2015 年以杂交中稻品种旌优 127（不耐高温）和Ⅱ优 602（耐高温）为材料，分期播种试验结果表 4-17 可见，各处理间结实率差异极显著。其中有 3 对调节剂与清水处理间的差异达显著水平，分别是 4 月 20 日播种的旌优 127（齐穗期 7 月 27 日，遇 35℃以上高温）、5 月 4 日播种的Ⅱ优 602（齐穗期 8 月 10 日，未遇 35℃以上高温）和旌优 127（齐穗期 8 月 3 日，遇 35℃以上高温），均表现为调节剂比清水的结实率显著提高。其他成对的调节剂与清水处理间的结实

表 4-17　各处理结实率与千粒重比较

播种期 A（月/日）	品种 B	处理 C	结实率（%）				千粒重（g）			
			Ⅰ	Ⅱ	Ⅲ	平均	Ⅰ	Ⅱ	Ⅲ	平均
3/6	Ⅱ优 602	清水	83. 50	86. 84	84. 13	84. 82bc	36. 31	36. 59	36. 48	36. 46a
		调节剂	83. 00	83. 50	82. 92	83. 13bcd	36. 77	36. 97	36. 54	36. 76a
	旌优 127	清水	72. 63	76. 81	76. 76	75. 40def	33. 59	33. 48	34. 29	33. 79bcde
		调节剂	76. 56	81. 03	77. 32	78. 30bcdef	34. 12	34. 23	33. 80	34. 05bcd
3/25	Ⅱ优 602	清水	94. 23	93. 49	93. 29	93. 67a	36. 39	36. 31	36. 63	36. 44a
		调节剂	93. 45	93. 88	93. 40	93. 58a	36. 94	36. 34	36. 68	36. 65a
	旌优 127	清水	80. 25	79. 36	74. 08	77. 90cdef	33. 31	33. 34	32. 18	32. 94efg
		调节剂	78. 31	81. 03	79. 84	79. 73bcde	32. 82	33. 13	32. 82	32. 92efg
4/20	Ⅱ优 602	清水	83. 50	82. 92	81. 13	82. 52bcd	36. 94	35. 76	35. 96	36. 22a
		调节剂	82. 48	82. 34	80. 22	81. 68bcde	37. 36	37. 37	37. 11	37. 28a
	旌优 127	清水	85. 18	84. 83	73. 23	81. 08cde	33. 62	31. 23	31. 54	32. 13gh
		调节剂	89. 22	86. 73	85. 27	87. 07ab	34. 32	32. 57	32. 29	33. 06defg
5/4	Ⅱ优 602	清水	50. 63	69. 96	70. 45	63. 68h	34. 44	34. 37	34. 34	34. 38bc
		调节剂	79. 19	70. 25	75. 10	74. 85def	35. 09	34. 17	34. 66	34. 64b
	旌优 127	清水	63. 43	38. 07	58. 55	53. 35jk	32. 87	33. 65	33. 48	33. 33cdef
		调节剂	63. 66	68. 53	61. 66	64. 62gh	33. 13	33. 57	33. 11	33. 27def
5/24	Ⅱ优 602	清水	76. 11	76. 09	79. 13	77. 11cdef	34. 52	34. 17	33. 51	34. 07bcd

（续表）

播种期 A（月/日）	品种 B	处理 C	结实率（%）				千粒重（g）			
			Ⅰ	Ⅱ	Ⅲ	平均	Ⅰ	Ⅱ	Ⅲ	平均
		调节剂	79. 37	71. 83	76. 66	75. 95cdef	34. 11	34. 06	34. 20	34. 12bcd
	旌优 127	清水	73. 10	71. 57	73. 71	72. 79efg	32. 06	31. 72	31. 52	31. 77h
		调节剂	68. 42	72. 79	66. 62	69. 28fgh	31. 26	31. 40	31. 20	31. 29h
6/13	Ⅱ优 602	清水	44. 73	43. 64	46. 62	45. 00km	33. 48	32. 84	30. 83	32. 38fgh
		调节剂	53. 99	45. 81	40. 50	46. 77klm	33. 36	32. 41	32. 36	32. 71fgh
	旌优 127	清水	56. 71	54. 03	63. 69	58. 14ij	28. 83	28. 06	29. 24	28. 71j
		调节剂	50. 82	50. 57	58. 65	53. 34jkl	29. 21	30. 05	29. 15	29. 47j
F 值						24. 60**				45. 25**

率差异不显著。表明不耐高温品种旌优 127 在抽穗期高温下，喷施调节剂有明显提高结实率的作用，而耐高温品种Ⅱ优 602 则在高温下喷施调节剂有没有明显提高结实率的作用。

再从裂区方差分析结果看，播种期间、品种间的结实率差异显著，调节剂与清水间差异不显著；播种期分别与品种和调节剂间的互作效应显著（表 4-18）。具体而言，随着播种期推迟，结实率显著下降，播种期与结实率的相关系数 $r=-0.7967^{*}$，其中 6 月 13 日播种的抽穗期遇到了低温，其平均结实率最低仅 50.81%，调节剂处理并没有表现比清水处理结实率高，说明此调节剂在低温条件下没有提高结实率的作用；整体表现Ⅱ优 602 比旌优 127 高，喷施调节剂与清水处理间差异不显著（表 4-19）。

表 4-18　结实率的裂区试验方差分析

变异来源	平方和	自由度	均方	F 值	显著水平
区组	5.763 85	2	2.881 93		
处理 A	10 837.096 74	5	2 167.419 35	133.57**	0.000 0
误差 a	162.270 06	10	16.227 0		
主区	11 005.130 7	17			
处理 B	334.800 9	1	334.800 9	14.90**	0.002 3
A×B	1 187.138 8	5	237.427 8	10.57**	0.000 5
误差 b	269.544 72	12	22.462 1		
裂区	12 796.615 2	35			
处理 C	65.246 27	1	65.246 27	2.39	0.135 05
A×C	358.766 84	5	71.753 37	2.63*	0.049 35
B×C	2.546 27	1	2.546 27	0.09	0.762 60
A×B×C	87.518 48	5	17.503 70	0.64	0.670 21
误差 c	654.654 83	24	27.277 28		
再裂区	13 965.347 86	71			

表 4-19　各处理结实率的多重比较

播期（月/日）	均值	处理	均值	处理	均值
3/25	86.22a	Ⅱ优 602	75.23a	清水	74.03a
4/20	83.09ab	旌优 127	70.92b	调节剂	72.12a
3/6	80.42b				

（续表）

播期（月/日）	均值	处理	均值	处理	均值
5/24	73.78c				
5/4	64.12d				
6/13	50.81e				

单因素方差分析结果表明，各试验处理间的千粒重差异极显著（表4-17）。进一步裂区试验方差分析（表4-20）可见，播种期（A）间、品种（B）间、喷施处理（C）间千粒重的差异均达显著或极显著水平，播种期分别与品种和喷施处理间的互作效应显著（表4-21）。具体表现为随着播种期延迟，千粒重显著下降，二者间呈极显著负相关，$r=-0.9210^{**}$；Ⅱ优602千粒重比旌优127显著提高，喷调节剂的千粒重比清水处理显著提高（表4-21）。表明喷施调节剂提高千粒重是在各播种期和品种下普遍存在，并非在高温或低温条件下才有效果。但在12个成对的调节剂与清水处理中，均没有1个表现为喷调节剂比清水千粒重显著提高的（表4-17），可能与重复次数过少、误差偏大有关。

表4-20　千粒重的裂区试验方差分析

变异来源	平方和	自由度	均方	F值	显著水平
区组	2.559 52	2	1.279 76		
处理A	163.356 11	5	32.671 22	80.97**	0.000 0
误差a	4.035 16	10	0.403 5		
主区	169.950 8	17			
处理B	156.586 0	1	156.586 0	396.16**	0.000 0
A×B	16.172 9	5	3.234 6	8.18**	0.001 4
误差b	4.743 15	12	0.395 3		
裂区	347.452 8	35			
处理C	1.620 00	1	1.620 00	8.87**	0.006 55
A×C	2.663 23	5	0.532 65	2.91*	0.034 02
B×C	0.084 05	1	0.084 05	0.46	0.504 13
A×B×C	0.402 95	5	0.080 59	0.44	0.815 40
误差c	4.385 57	24	0.182 73		
再裂区	356.608 64	71			

表 4-21　各处理千粒重的多重比较

播期（月/日）	均值	处理	均值	处理	均值
3/6	35. 26a	Ⅱ优 602	35. 18a	清水	33. 55b
3/25	34. 74a	旌优 127	32. 23b	调节剂	33. 85a
4/20	34. 67a				
5/4	33. 91b				
5/24	32. 81c				
6/13	30. 82d				

三、化学制剂对高温胁迫的缓解效果

2018 年以杂交中稻品种蓉 18 优 1015（R）、绵优 5323（S）为材料，抽穗期提前 3d 控水，抽穗期高温干旱双重胁迫处理 5d 后常温浅水管理。于孕穗期叶面喷施共 7 个耐高温干旱处理：1-硅钾喷剂、2-旱地龙黄腐酸、3-磷酸氢二钾、4-清水、5-硅肥、6-油菜素内酯+水杨酸、7-甜菜碱+6BA。由结果（图 4-2）可以看出，不同品种喷施药剂的反应有所不同，R 品种以 R1 和 R2 两种药剂效果较好，而 S 品种以 S2 和 S7 效果较好。两个品种以 2 处理（旱地龙黄腐酸）效果较好。

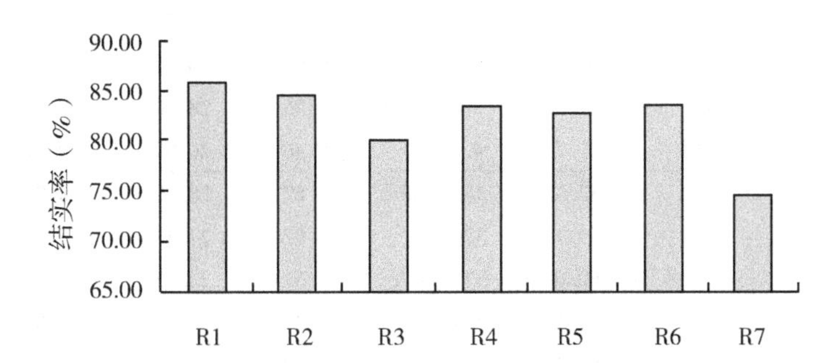

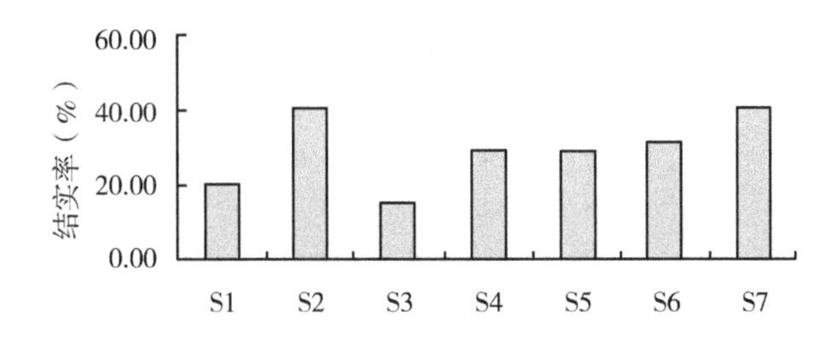

图 4-2　高温胁迫下不同化学制剂处理的结实率表现

2019年进一步以3个杂交中稻品种为材料（品种A：玉针香；品种B：泸优6150；品种C：川康优6272）为材料，于水稻孕穗期进行6个化学复配制剂叶面喷雾［1-清水对照、2-黄腐酸（旱地龙黄腐酸10g加5L水稀释500倍）、3-甜菜碱、4-黄腐酸+甜菜碱（1∶1）、5-优马、6-优马+S诱抗素］。开花期在人工气候室高温干旱胁迫下处理5d。试验结果（表4-22、表4-23）表明，品种、不同化学试剂处理及两者互作均对耐高温干旱的产量达极显著影响，品种A的产量极显著高于另外两个品种。不同化学试剂组合处理间，以处理4对缓解水稻高温干旱效果最好，处理5最差。产量与有效穗数呈极显著正相关，与每穗粒数呈极显著负相关。可知，喷施处理4对提高成穗率有帮助，可增加有效穗数，但降低了每穗粒数。因此，孕穗期进行叶面喷施黄腐酸和甜菜碱复合配方，可有效缓解水稻高温干旱逆境胁迫，与2018年试验结果相符。

表4-22　不同化学制品对水稻耐高温干旱穗粒结构及产量的影响

水稻品种	化学制品	结实率（%）	产量（kg/亩）	有效穗数（万/亩）	穗长（cm）	千粒重（g）	穗粒数
玉针香	1	61.02	377.21C	15.00	27.40	30.83	183.67
	2	58.35	548.06AB	18.75	27.80	30.78	168.40
	3	62.64	510.97B	23.25	24.50	31.93	144.84
	4	67.64	635.16A	22.00	27.70	31.41	142.38
	5	62.55	271.60D	20.00	26.00	29.91	132.91
	6	57.98	284.22CD	23.75	28.00	29.97	131.60
	平均	61.70	437.87	20.46	26.90	30.81	150.63
泸优6150	1	62.34	370.50ab	11.67	28.30	28.81	185.96
	2	69.77	328.60b	13.92	27.53	25.98	143.30
	3	60.05	372.31ab	11.33	28.47	27.31	225.56
	4	71.29	408.03a	11.42	27.53	28.52	208.83
	5	59.27	363.78ab	15.17	28.13	26.39	195.15
	6	69.05	330.02b	13.83	27.37	28.58	207.95
	平均	65.30	362.21	12.89	27.89	27.60	194.46
川康优6272	1	58.46	386.21AB	13.92	23.20	29.04	152.03
	2	56.54	305.74B	14.00	24.97	31.00	176.06
	3	64.25	314.73B	15.83	26.03	30.66	188.77
	4	64.08	444.47A	15.42	25.77	32.28	202.12
	5	62.82	367.38AB	12.17	23.97	31.64	196.10
	6	51.01	424.38A	13.33	24.93	32.10	195.91
	平均	59.53	373.82	14.11	24.81	31.12	185.17

表 4-23　不同化学制品对水稻耐高温干旱产量方差分析和多重比较结果

因子		产量（kg/亩）	显著水平
玉针香（A）		437.87	A
泸优 6150（B）		362.21	B
川康优 6272（C）		373.82	B
处理 1（对照）		377.974 5	BC
处理 2		394.134 4	B
处理 3		399.334 4	B
处理 4		495.884 4	A
处理 5		334.255 6	C
处理 6		346.21	BC
方差分析 F 值	品种	16.69	0.000 1**
	处理	16.56	0.000 1**
	品种×处理	13.78	0.000 1**

结论：孕穗期叶面喷施硅、磷酸二氢钾 0.2%、S 诱抗素 500 倍液、黄腐酸和甜菜碱复合配方，均对高温胁迫有一定的缓解效果。

第三节　播种期对避开花期高低温的效应

通过播种期和农艺措施调节水稻开花期，使其与高温热害或低温冷害发生期错开，是缓解开花期受极端温度伤害的重要途径之一。虽然前人在这方面开展了针对性的相关研究，但因各地生态条件不同，其调节效果差异很大，不可盲目引进推广。因此徐富贤等开展了杂交中稻播种期与移栽叶龄对头季稻与再生稻开花期及产量的影响研究，以期为川南高温伏旱区杂交中稻开花期避高温、再生稻开花期避低温伤害提供栽培依据。

一、移栽叶龄对杂交中稻开花期的影响

试验于 2012 年在本所泸县基地进行，本年度为正常气候年景，水稻移栽后未遇到持续低温天气。

1. 移栽叶龄对生育期的影响

由试验结果（表 4-24）可见，移栽越早，抽穗期和成熟期越早。其中，Ⅱ优 838 3 叶移栽的抽穗期分别比 5 叶和 7 叶移栽提早 2d、5d，成熟期分别提早 2d、4d；冈优 725 3 叶移栽的抽穗期分别比 5 叶和 7 叶移栽提早 3d、6d，成熟期

分别提早 3d、5d。

2. 移栽叶龄对产量的影响

从单因素试验的产量分析结果（表 4-25）表明，6 个处理间产量差异均不显著。但两因素分析则表现为品种间产量差异显著，Ⅱ优 838 比冈优 725 产量显著提高；而移栽叶龄间产量差异不显著（表 4-26）。

表 4-24　移栽叶龄对生育期的影响　（月-日）

品种	移栽叶龄（叶）	播种期	移栽期	抽穗期	成熟期
Ⅱ优 838	3	3-10	3-27	7-4	8-7
	5	3-10	4-12	7-6	8-9
	7	3-10	4-22	7-9	8-11
冈优 725	3	3-10	3-27	6-30	8-2
	5	3-10	4-12	7-3	8-5
	7	3-10	4-22	7-6	8-8

表 4-25　移栽叶龄对产量的影响

品种	移栽叶龄（叶）	有效穗数（万/亩）	着粒数（粒/穗）	结实率（%）	千粒重（kg）	产量（kg/亩）
Ⅱ优 838	3	14. 59	152. 19	92. 62	28. 61	577. 28a
	5	15. 13	160. 31	90. 93	27. 20	557. 16a
	7	15. 81	146. 67	87. 61	27. 51	571. 51a
冈优 725	3	13. 09	180. 17	84. 38	27. 96	545. 89a
	5	12. 47	181. 26	89. 26	27. 47	531. 87a
	7	13. 06	175. 89	85. 56	26. 57	539. 58a

表 4-26　多因素产量的多重比较

品种	产量（kg/亩）	移栽叶龄（叶）	产量（kg/亩）
Ⅱ优 838	593. 67a	3	586. 29a
冈优 725	562. 84b	5	579. 99a
		7	568. 48a

二、播种期与移栽叶龄互作对杂交中稻—再生稻抽穗期的影响

该试验于 2018 年在本所泸县基地进行，本年度为异常气候年景，水稻移栽

后遇到异常持续低温天气。

1. 播种期和移栽叶龄对不同杂交中稻品种生育期的影响

由于2014年3月1日至3月15日播种期内出现日平均温度为10℃左右的极端低温天气7d，导致3月1日和3月8日播种水稻出苗和生长速度慢，和3月15日播种水稻秧苗叶龄差异不大。4月5—15日移栽期间日平均温度均高于18℃，导致秧田水稻生长快，不同叶龄移栽间隔时间短。最终导致不同播种期和叶龄水稻生育期进程差异不大（表4-27）。

表4-27　播种期、移栽叶龄对生育期的影响　　（月-日）

处理			移栽期	最高苗期	拔节期	始穗期	齐穗期	成熟期	再生稻齐穗期	再生稻成熟期
播期	叶龄（叶）	品种								
3-1	3.5	天优华占	4-7	5-25	6-2	7-1	7-5	8-10	9-8	10-9
		蓉18优1015	4-7	5-28	6-2	6-28	7-2	8-10	9-7	10-9
	5.0	天优华占	4-12	5-28	6-2	7-1	7-5	8-10	9-6	10-9
		蓉18优1015	4-12	5-28	6-2	6-28	7-2	8-10	9-8	10-9
	6.5	天优华占	4-16	5-28	6-2	7-2	7-6	8-10	9-6	10-9
		蓉18优1015	4-16	5-25	6-2	6-28	7-2	8-10	9-7	10-9
3-8	3.5	天优华占	4-7	5-25	6-2	7-2	7-2	8-10	9-7	10-9
		蓉18优1015	4-7	5-25	6-2	6-28	7-2	8-10	9-6	10-9
	5.0	天优华占	4-12	5-28	6-2	7-2	7-6	8-10	9-8	10-9
		蓉18优1015	4-12	5-25	6-2	6-30	7-4	8-10	9-7	10-9
	6.5	天优华占	4-16	5-28	6-2	7-1	7-5	8-10	9-8	10-9
		蓉18优1015	4-16	5-28	6-2	6-30	7-5	8-10	9-7	10-9
3-15	3.5	天优华占	4-12	5-28	6-2	6-30	7-4	8-10	9-6	10-9
		蓉18优1015	4-12	5-25	6-2	6-27	7-1	8-10	9-7	10-9
	5.0	天优华占	4-16	5-25	6-2	7-2	7-6	8-10	9-8	10-9
		蓉18优1015	4-16	5-28	6-2	6-28	7-2	8-10	9-7	10-9
	6.5	天优华占	4-18	5-25	6-2	7-1	7-5	8-10	9-8	10-9
		蓉18优1015	4-18	5-28	6-2	6-29	7-3	8-10	9-8	10-9

2. 播种期和移栽叶龄对不同杂交中稻头季稻产量的影响

不同处理间杂交中稻头季稻产量和产量构成见表4-28，方差分析表明（表4-30），叶龄、品种、叶龄与品种互作对杂交中稻头季稻的影响达极显著水平；播种期、播种期与叶龄互作及三者互作对杂交中稻头季稻的影响未达显著水平；

随移栽叶龄的增大产量逐渐降低，3.5 叶>5 叶>6.5 叶，5 叶移栽头季稻产量显著高于 6 叶移栽，但与 3.5 叶移栽产量不显著；天优华占头季稻产量极显著高于蓉 18 优 1015。蓉 18 优 1015 头季稻产量较天优华占对移栽叶龄的反应更明显（表 4-28）。

表 4-28　播种期、移栽叶龄下头季稻产量及穗粒结构

处理			最高苗（万/hm²）	有效穗数（万/hm²）	穗长（cm）	着粒数（粒）	结实率（%）	千粒重（g）	实产（kg/亩）
播期	叶龄（叶）	品种							
3-1	3.5	天优华占	256.88	171.04	25.76	165.99	91.63	30.45	523.07bc
		蓉 18 优 1015	314.38	183.75	22.48	192.47	90.17	28.44	555.06ab
	5.0	天优华占	265.63	178.13	25.28	157.38	87.54	30.62	503.60cd
		蓉 18 优 1015	274.38	185.00	22.06	208.57	90.31	28.40	552.62ab
	6.5	天优华占	244.38	180.00	25.03	156.09	88.38	29.61	474.11de
		蓉 18 优 1015	265.00	205.00	22.06	181.98	86.16	28.09	560.42a
3-8	3.5	天优华占	249.38	177.50	25.38	161.83	85.45	30.27	508.02cd
		蓉 18 优 1015	276.88	194.79	22.71	210.48	88.26	28.36	578.14a
	5.0	天优华占	254.38	192.08	25.75	153.46	86.97	29.93	475.17de
		蓉 18 优 1015	273.75	204.38	23.26	217.92	90.80	28.19	559.09a
	6.5	天优华占	232.50	180.00	25.98	166.22	87.69	29.94	452.41e
		蓉 18 优 1015	245.63	202.50	23.20	210.90	89.23	28.27	549.20ab
3-15	3.5	天优华占	275.00	187.50	25.94	157.43	88.72	30.09	505.30cd
		蓉 18 优 1015	273.13	199.58	22.50	190.09	90.16	28.23	563.78a
	5.0	天优华占	257.50	180.94	25.33	153.08	85.43	29.82	504.42cd
		蓉 18 优 1015	268.13	203.13	22.22	194.49	89.48	28.19	569.58a
	6.5	天优华占	280.00	185.63	25.72	163.29	89.09	30.13	455.60e
		蓉 18 优 1015	254.38	210.63	22.77	201.11	89.72	28.13	580.44a

3. 不同播种期和移栽叶龄对不同杂交中稻再生稻产量的影响

不同处理间杂交中稻再生产量和产量构成见表 4-29，方差分析表明（表 4-30），品种、播种期与品种互作对杂交中稻再生稻的影响达极显著水平；播种期、叶龄、播种期与叶龄互作及三者互作对杂交中稻再生的影响未达显著水平；蓉 18 优 1015 再生稻产量极显著高于天优华占。

表 4-29　不同播种期、移栽叶龄下再生稻产量及穗粒结构

处理			有效穗数（万/hm²）	穗长（cm）	着粒数（粒）	结实率（%）	千粒重（g）	实产（kg/亩）
播期	叶龄（叶）	品种						
3-1	3.5	天优华占	103.13	17.23	94.55	61.66	28.21	92.75a
		蓉 18 优 1015	140.00	16.17	76.67	66.25	28.21	53.94ef
	5.0	天优华占	131.25	18.00	81.29	64.21	28.21	92.76a
		蓉 18 优 1015	148.13	15.63	65.00	64.95	28.21	49.59f
	6.5	天优华占	147.19	18.73	84.47	67.33	28.21	93.59a
		蓉 18 优 1015	147.50	16.70	98.98	60.95	28.21	48.19f
3-8	3.5	天优华占	129.38	18.43	79.22	62.09	28.21	86.59ab
		蓉 18 优 1015	143.75	17.93	89.39	60.37	28.21	70.82bcde
	5.0	天优华占	122.92	18.73	79.82	66.20	28.21	89.42a
		蓉 18 优 1015	148.13	15.70	85.65	63.57	28.21	70.98bcd
	6.5	天优华占	134.06	18.20	91.91	60.66	28.21	84.62abc
		蓉 18 优 1015	143.13	17.53	87.45	66.36	28.21	60.61def
3-15	3.5	天优华占	131.25	18.40	78.76	64.02	28.21	93.57a
		蓉 18 优 1015	140.63	17.37	94.65	67.85	28.21	58.05def
	5.0	天优华占	143.75	17.90	72.69	62.86	28.21	92.91a
		蓉 18 优 1015	133.75	17.43	84.62	66.42	28.21	67.99cde
	6.5	天优华占	165.63	19.20	89.26	60.18	28.21	94.08a
		蓉 18 优 1015	146.25	15.93	95.75	68.90	28.21	63.59def

表 4-30　不同处理头季稻和再生稻产量方差分析和多重比较

因子	头季稻产量（kg/亩）	显著水平	再生稻产量（kg/亩）	显著水平
D1（3-1）	528.147 8	a	71.803 3	a
D2（3-8）	520.338 9	a	77.173 3	a
D3（3-15）	529.852 8	a	78.365 6	a
A1（3.5）	538.895	a	75.953 3	a
A2（5.0）	527.413 3	a	77.273 9	a
A3（6.5）	512.031 1	b	74.115	a
V1（天优华占）	489.078 9	b	91.143 7	a
V2（蓉 18 优 1015）	563.147 4	a	60.417 8	b

（续表）

因子		头季稻产量（kg/亩）	显著水平	再生稻产量（kg/亩）	显著水平
F 值	D	1.994 5	0.250 7	1.41	0.344
	A	8.084 1	0.006	0.578 9	0.575 4
	D×A	0.999 2	0.445 3	0.611 3	0.662 5
	V	166.834 1	0.000 1	238.115 1	0.000 1
	D×V	2.547 5	0.106 1	11.179 1	0.000 7
	A×V	6.605	0.007 1	0.447 5	0.646 1
	D×A×V	0.557 5	0.696 3	0.575 3	0.684 1

结论：移栽期气候正常年景，早栽可显著提早头季稻齐穗期 5~7d，对产量影响不显著。而移栽期气候遇持续低温年景随移栽叶龄的增大头季稻产量逐渐降低，3.5 叶>5 叶>6.5 叶，蓉 18 优 1015 头季稻产量较天优华占对移栽叶龄的反应更明显。播种期和叶龄对再生稻产量影响不大。因此，早栽有利于杂交中稻/再生稻系统中头季稻产量的形成。本试验由于极端气候影响导致不同播种期水稻生育期进程差异不大。

第四节 缓解开花期高低温伤害的肥水管理

在全球气候变暖的大环境下，极端天气频繁发生，高温已经成为制约水稻产量和品质的主要因素，特别是抽穗开花期的极端高温造成水稻结实率显著下降而大幅度减产。如以种植杂交中籼迟熟品种（组合）为主的四川盆地东南部高温伏旱区，抽穗期极端高温伤害影响开花受精，空秕粒增加，造成大幅度减产甚至绝收。因此，作者近期开展了水稻耐高温缓解技术研究，以期为该区水稻抗逆高产稳产提供技术支撑。

一、肥水调控对开花期高温胁迫的缓解作用

试验在四川省农业科学院水稻高粱研究所泸县基地的智能人工气候室 38℃高温下进行。采用钵栽试验，钵栽土壤取自稻田干土，先将取回干土在晒场整细混匀后等量装入钵内。

（一）不同温度条件对结实率的影响

由试验结果（表 4-31）看出，与 28℃下正常结实率相比，33℃下孕穗期结实率降低 8.32 个百分点，抽穗期降低 66.21 个百分点；38℃下孕穗期和抽穗期

结实率分别降低 77.49 个和 91.7 个百分点。在产量构成因素中，高温处理期的有效穗已确定，千粒重影响较小。因此高温对产量的损失程度，基本为结实率的损失度。从大致情况看，33℃下孕穗期平均产量损失在 10%以内，抽穗期在 65%左右；在 38℃下孕穗期和抽穗期分别在 80%和 90%左右。但不同杂交组合间差异较大。

表 4-31　不同温度条件下的结实率表现　（%）

品种	28℃		33℃		38℃	
	孕穗期	抽穗期	孕穗期	抽穗期	孕穗期	抽穗期
G 优 802	89.5a	83.1b	74.1c	23.5c	3.50c	3.1b
2998A/R727	85.3bc	78.1c	71.8c	20.8c	22.1a	8.5a
Ⅱ优 602	82.2c	81.7bc	87.7a	56.7a	26.8a	8.7a
Q 优 6 号	86.0ab	89.4a	79.3b	46.5b	17.9b	7.2a
平均	85.3	83.1	78.2	36.39	17.6	6.9
以 28℃为 100%比较	100	100	91.68	43.79	22.51	8.30

（二）肥水调控对单一高温热害的缓解作用

1. 施氮量与耐高温关系

试验结果（表 4-32）表明，高温处理前叶片 SPAD 值与施氮量呈极显著正相关，而高温处理下结实率和耐高温指数又分别与高温处理前叶片 SPAD 值呈显著正相关，如施氮 20kg/亩处理比 4~12kg/亩处理的结实率高 10 个百分点以上。因此，适当提高施氮水平有利于减少高温对产量的损失程度。

2. 土壤含水量与耐高温关系

试验结果（表 4-33）表明，处理前排水越早土壤含水量越低，而土壤含水量又与高温处理下的结实率呈正相关，如高温处理下保持浅水层的结实率比干旱 8d 处理高 24 个百分点。因此，在高温条件下，稻田保持一层水层，有显著的缓解高温损失的作用。

表 4-32　施氮量与耐高温关系

SPAD 值	施氮量（kg/亩）	结实率（%）		耐高温指数
		高温	CK	
31.95c	0	36.23d	78.80b	0.459 8
31.97c	4	37.00cd	83.31a	0.444 1
33.51b	8	37.59cd	80.61a	0.466 3

（续表）

SPAD 值	施氮量（kg/亩）	结实率（%）		耐高温指数
		高温	CK	
33.48b	12	38.94c	83.32a	0.467 4
34.08a	16	45.32b	80.91a	0.560 1
34.80a	20	49.78a	76.12b	0.654 0
与 SPAD 值的 r	0.961 5**	0.869 2*	-0.454 2	0.837 9*

表 4-33　土壤含水量与高温下结实率关系

土壤相对持水量（%）	干旱（d）	结实率（%）
94.76a	CK（浅水）	34.48a
69.79b	0	31.06ab
57.07c	2	26.13b
58.55c	4	21.29c
33.49d	6	18.56d
30.77d	8	10.47e
与土壤相对持水量的 *r*	-0.944 7**	0.926 6**

二、密氮耦合对高温干旱复合胁迫的缓解作用

为了探明高温干旱复合胁迫下的农艺调控效果，在本所泸县基地遮雨大棚下开展了不同移栽密度与施氮水平对高温干旱复合胁迫的缓解作用试验。不同密肥处理对水稻耐高温干旱穗粒结构及产量的影响见表 4-34，密肥耦合对水稻耐高温干旱产量方差分析和多重比较结果见表 4-35。由结果分析可知，施氮量对水稻高温干旱影响达极显著水平。密度和两者互作未达显著水平。肥力为低、中、高时产量差异均不明显，因此，综合成本、环境友好及降低安全风险考虑，在高温干旱复合胁迫条件下，以 7~10kg 纯氮，密度 1.25 万穴/亩为宜。

表 4-34　不同密肥处理对水稻耐高温干旱穗粒结构及产量的影响

施氮量（kg/亩）	密度（万穴/亩）	有效穗数（万/亩）	穗粒数（粒）	结实率（%）	千粒重（g）	产量（kg）
0	1.25	9.00bc	147.81	78.85	28.14	349.61AB
	0.80	7.68c	164.98	82.64	27.58	315.79B
7	1.25	11.00ab	162.21	74.16	27.81	450.21A

（续表）

施氮量（kg/亩）	密度（万穴/亩）	有效穗数（万/亩）	穗粒数（粒）	结实率（%）	千粒重（g）	产量（kg）
	0.80	8.00c	183.28	83.82	28.18	394.88AB
10	1.25	13.00a	159.13	73.49	27.54	450.00A
	0.80	10.19bc	153.42	75.75	28.08	434.98AB
13	M1	13.42a	149.78	67.27	27.47	441.38A
	M2	9.92bc	151.15	66.17	27.88	441.42A

表 4-35　密肥耦合对耐高温干旱产量构成的方差分析和多重比较

因子		产量（kg/亩）	显著水平	有效穗数（万/亩）	显著水平	结实率（%）	显著水平
N1（CK）		332.701 7	B	8.340 0	B	80.746 7	a
N2		422.548 3	A	9.500 0	AB	78.988 3	ab
N3		442.486 7	A	11.593 3	A	74.621 7	b
N4		441.401 7	A	11.668 3	A	66.721 7	c
M1		422.801 7	A	11.604 2	A	77.096 7	a
M2		396.767 5	A	8.946 7	B	73.442 5	a
	N	6.688 7	0.005 0**	6.753 9	0.004 8**	11.353 6	0.000 5**
F 值	M	1.663 9	0.218 0	17.832 7	0.000 9**	3.876 9	0.069 1
	N×M	0.352 0	0.788 4	0.554 4	0.653 6	1.468 6	0.265 8

注：N1，N2，N3，N4 为纯 N 0kg/亩，7kg/亩，10kg/亩，13kg/亩；M1，M2 分别为密度 12 500穴/亩，8 000穴/亩。

进一步开展的氮（K1-0kg/亩、K2-7kg/亩、K3-10kg/亩、K4-13kg/亩）、密（M1-0.8 万穴/亩、M2-1.25 万穴/亩）、水（N1-高温有水和 N2-高温无水）互作试验结果（图 4-3 至图 4-6）表明，在高温或高温干旱条件下，各处理均以 7kg/亩氮肥施用量时结实率和千粒重最高，并随氮肥施用量增加，结实率和千粒重下降。而在高温条件下，有效穗数随密度和肥力的增加逐渐上升，以 13kg/亩氮肥施用量及密植时有效穗数最高；高温干旱时以 10kg/亩氮肥施用量及密植时有效穗数最高。因此，综合经济环保考虑，以 10kg/亩氮肥施用量及密植时均可达到较好产量。而高氮低密时均不能达到高产效果。

结论：日均温 33℃以上对结实率的影响显著，其中 38℃的影响更大；高温对孕穗期明显比抽穗期小；33℃下孕穗期产量损失在 10%以内，抽穗期在 65%左右；在 38℃下孕穗期和抽穗期分别在 80%、90%左右。在高温条件下，植株

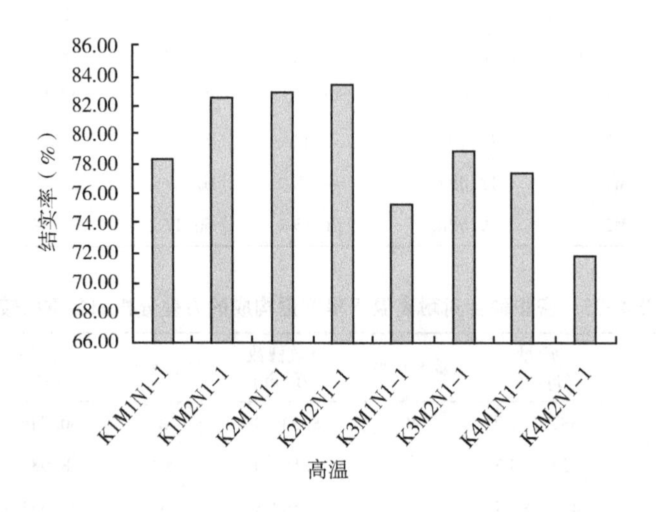

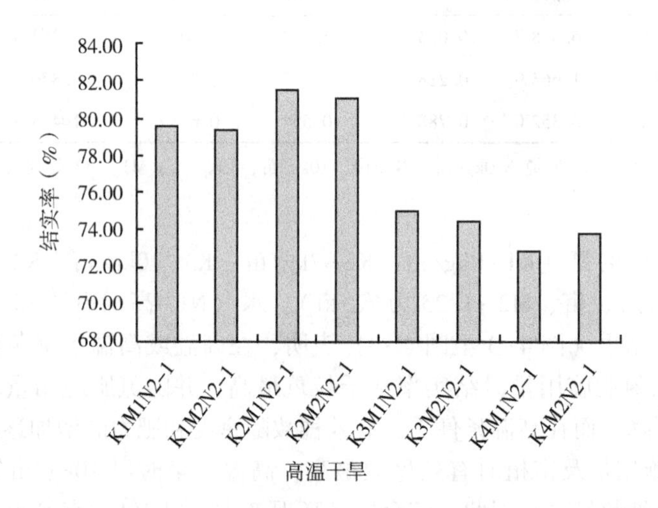

图 4-3　高温或高温干旱条件下不同密肥处理结实率影响

叶绿素含量和土壤相对持水量分别与高温下结实率呈显著或极显著正相关，提高植株的营养水平和稻田保持一层水层，有显著地缓解高温损失的作用。在高温与干旱复合胁迫下，以 7~10kg 纯氮、密度 1.25 万穴/亩缓解效果为宜。

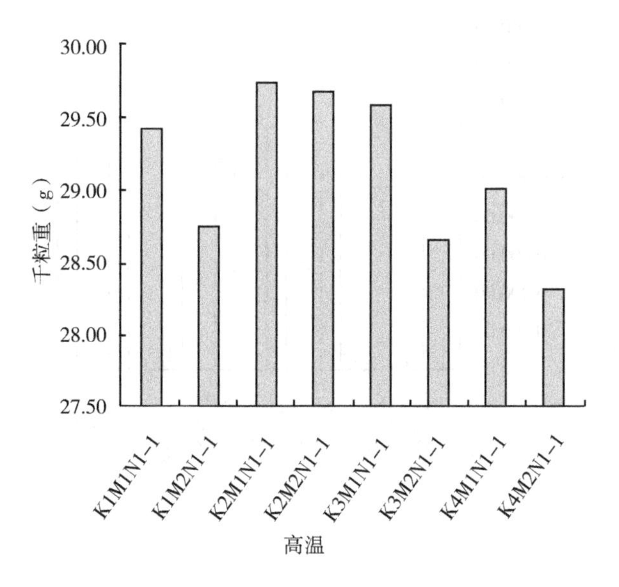

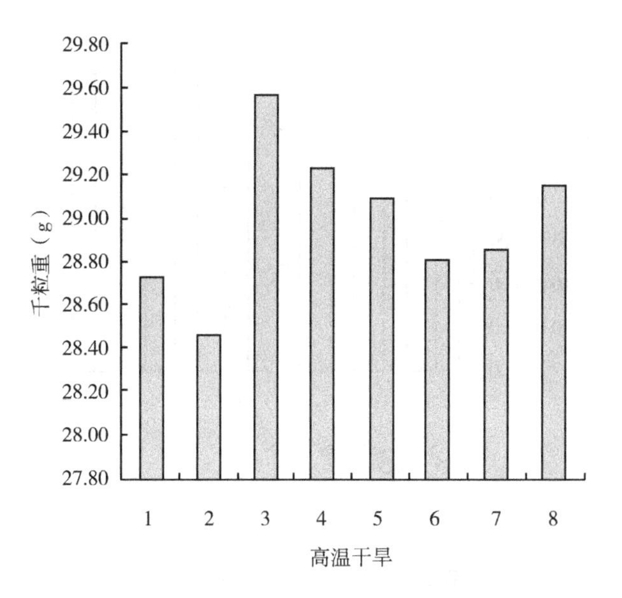

图 4-4　高温或高温干旱条件下不同密肥处理千粒重影响

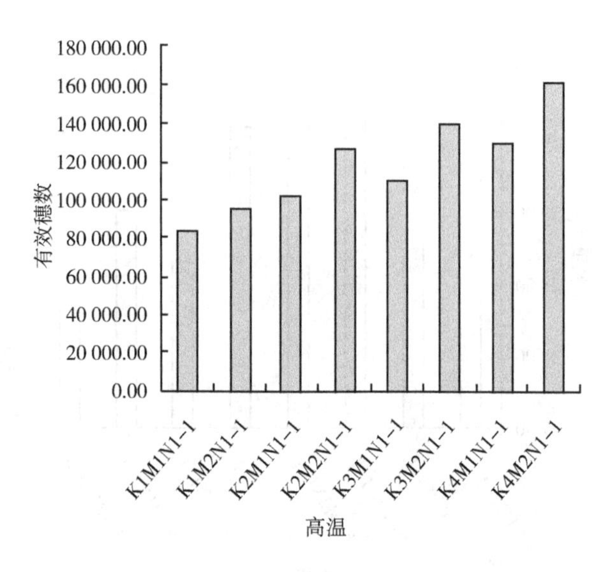

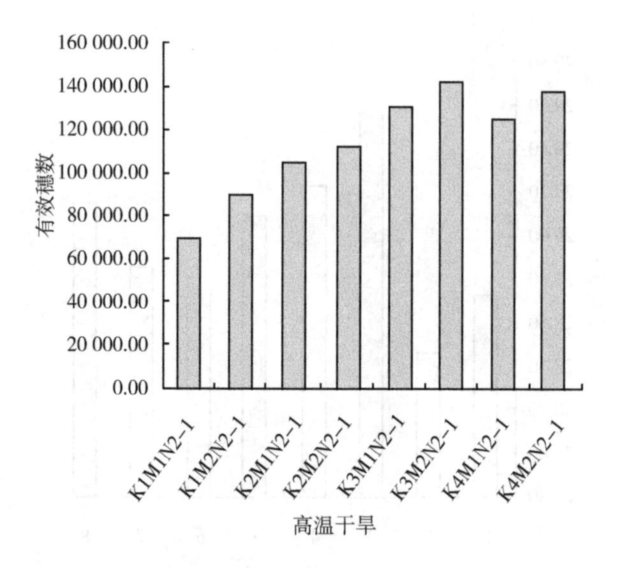

图 4-5　高温或高温干旱条件下不同密肥处理有效穗数影响

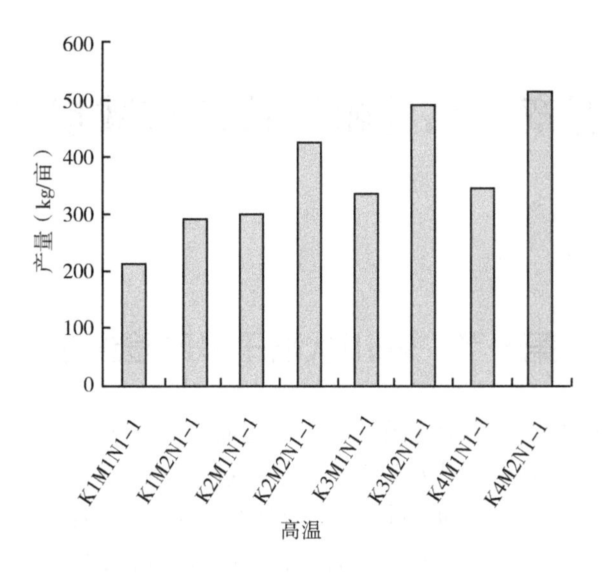

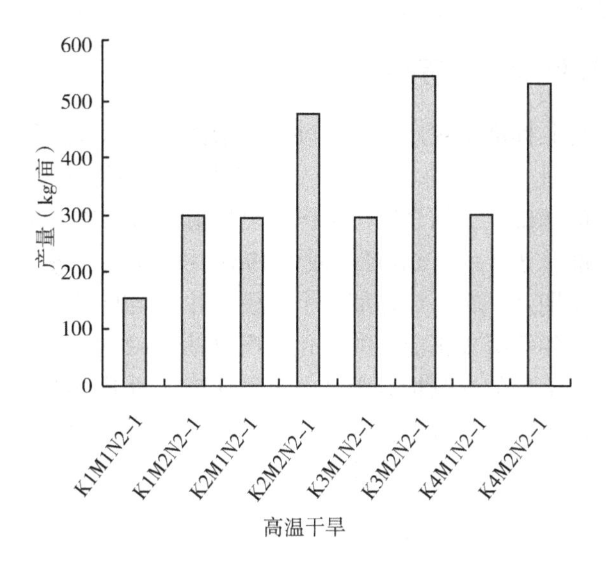

图 4-6　高温或高温干旱条件下不同密肥处理产量的影响

第五章　品种耐旱特性与减损技术

第一节　四川水稻干旱风险评估

四川水稻种植区地形复杂多样、丘陵山地面积大，气候类型的区域分布错综复杂，自然灾害多，其中干旱灾害尤为严重。气候变化背景下，四川干旱发生频率高，分布范围广，既有明显的区域性又有叠加交错性。为了探索干旱对四川省水稻生产的影响风险，陈超与徐富贤等[1]合作，采用湿润指数距平率作为水稻干旱指标，以历史实际灾情数据为检验样本，识别该指数在四川稻区的适用性，对干旱等级进行校正和验证；利用修正后的干旱指标解析四川水稻不同生育期旱灾发生频率的时空格局，构建水稻干旱风险指数模型，完成了四川水稻干旱灾害风险评估。

一、干旱评价指标的等级验证

中国气象局行业标准中规定了相对湿润度指数的计算方法和干旱等级，然而该指标的计算是针对全国平均状况而言。为使湿润指数距平率更适用于研究区域，在前人研究的基础上，结合四川稻区历史旱情资料，进一步校正了该农业干旱指标的分级标准（表 5-1）。验证年限为 1961—2015 年，每一年又分移栽—孕穗期、孕穗—开花期及开花—成熟期 3 个时段，并按照四川 6 个水稻种植区来分别验证。通过比较各等级校正前后的变化情况（表 5-2），可以看到，在各个水稻种植区，利用校正后的湿润指数距平率等级计算出的干旱结果与实际旱情的符合程度均明显提高，说明经过校正的干旱等级更适用于本研究区域，可以作为研究四川地区水稻干旱状况的湿润指数距平率指标等级。

表 5-1　水稻干旱等级评价指标

干旱等级	前人的湿润指数距平率（M_a）	本文订正的湿润指数距平率（M_a）	干旱强度
无旱	$M_a \leq 2.5$	$M_a \leq 1.3$	0

（续表）

干旱等级	前人的湿润指数距平率（M_a）	本文订正的湿润指数距平率（M_a）	干旱强度
轻旱	$2.5<M_a\leq4.5$	$1.3<M_a\leq3.3$	1
中旱	$4.5<M_a\leq6.5$	$3.3<M_a\leq5.3$	2
重旱	$M_a>6.5$	$M_a>5.3$	3

表 5-2　水稻干旱评价指标的等级验证

区域	时间段	历史记录经常发生灾害的地点	符合程度	
			校正前	校正后
盆西平原丘陵区	移栽—孕穗期	成都、绵阳地区	58.1	67.1
	孕穗—开花期	成都和绵阳地区、仁寿	60.2	70.2
	开花—成熟期	成都和绵阳地区、仁寿	51.2	60.3
盆中浅丘陵区	移栽—孕穗期	威远、射洪、南充和巴中	53.2	68.2
	孕穗—开花期	威远、安岳、射洪、南充和巴中	61.6	73.6
	开花—成熟期	威远、安岳、射洪和巴中	53.2	63.3
盆南丘陵区	移栽—孕穗期	宜宾、自贡、泸州	60.3	75.4
	孕穗—开花期	宜宾、自贡、泸州	59.4	72.7
	开花—成熟期	宜宾、自贡、泸州	52.2	68.3
盆东平行岭谷区	移栽—孕穗期	万源、达县、岳池	48.2	61.2
	孕穗—开花期	达县、大竹、岳池	53.5	66.3
	开花—成熟期	达县、大竹、岳池	56.3	69.4
盆周边缘山地区	移栽—孕穗期	广元和雅安地区、北川	49.2	61.6
	孕穗—开花期	广元和雅安地区、北川	60.3	69.8
	开花—成熟期	广元和雅安地区、北川	58.3	70.5
川西南地区	移栽—孕穗期	西昌、盐边	55.2	60.2
	孕穗—开花期	西昌、汉源	53.9	66.8
	开花—成熟期	西昌、汉源	61.3	72.6

二、研究区域水稻干旱的变化趋势

1961—2015 年，水稻移栽—孕穗期（图 5-1a），各研究区域发生轻旱的站均次数总体呈“U”形的变化趋势，20 世纪 80 年代以前偏多，为 0.1~0.3 次/站，

1981—2000 年期间偏少（0.1~0.2 次/站），2000 年以后明显增加；盆西平原丘陵区相对较多，其次是盆中、盆南地区。各研究区域发生中旱及以上的站均次数在 1971 年以前偏多（0.1~0.4 次/站），1971—1990 年期间偏少（0.1~0.2 次/站），1990 年以后偏多（0.1~0.3 次/站）；盆南、盆西相对较多，其次是盆东平行岭谷区（图 5-1b）。1961—2015 年，水稻孕穗—开花期（图 5-1c），各研究区域发生轻旱的站均次数总体呈不显著的下降趋势；盆中、盆南地区相对较多，其次是川西南地区。各研究区域发生中旱及以上的站均次数在盆中浅丘陵区最多，多年平均为 0.39 次/站，其次是盆东平行岭谷区（图 5-1d）。

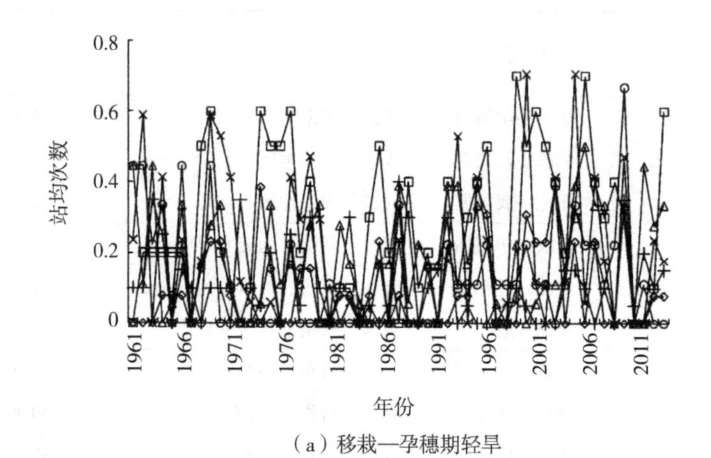

（a）移栽—孕穗期轻旱

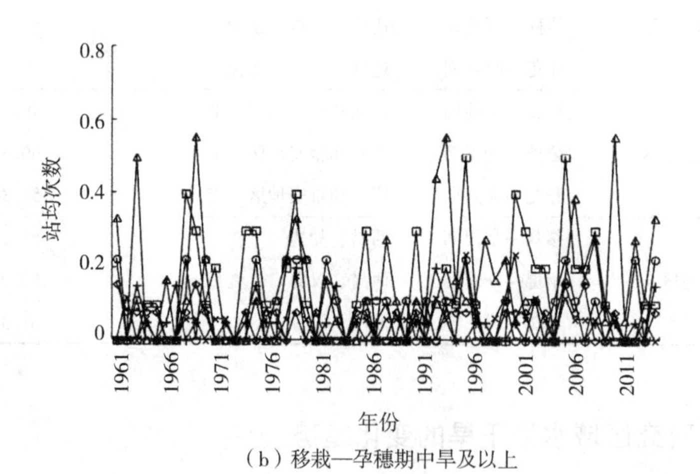

（b）移栽—孕穗期中旱及以上

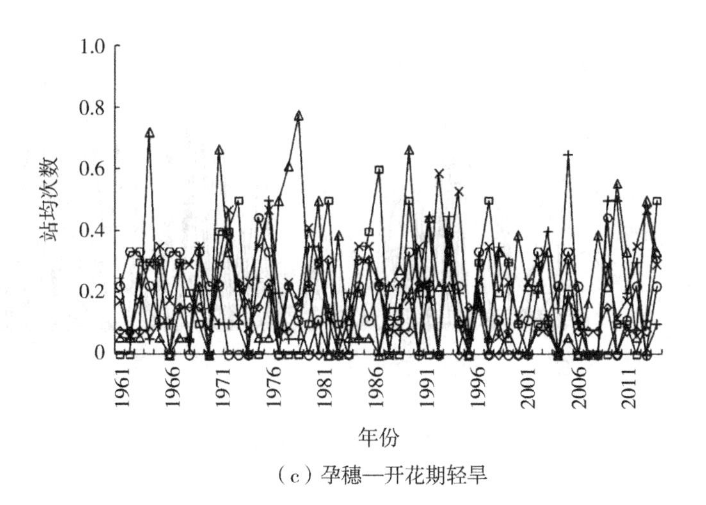

（c）孕穗—开花期轻旱

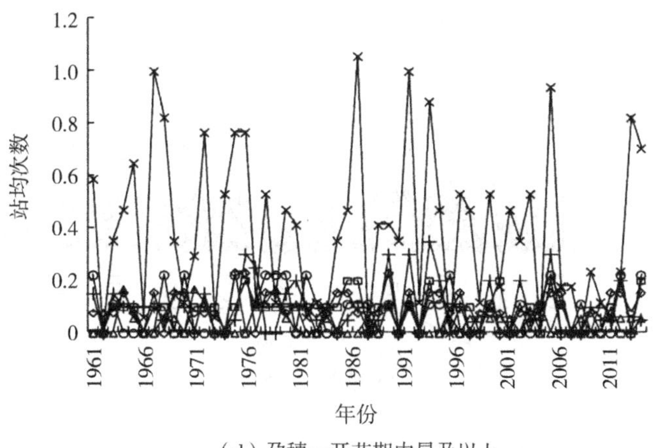

（d）孕穗—开花期中旱及以上

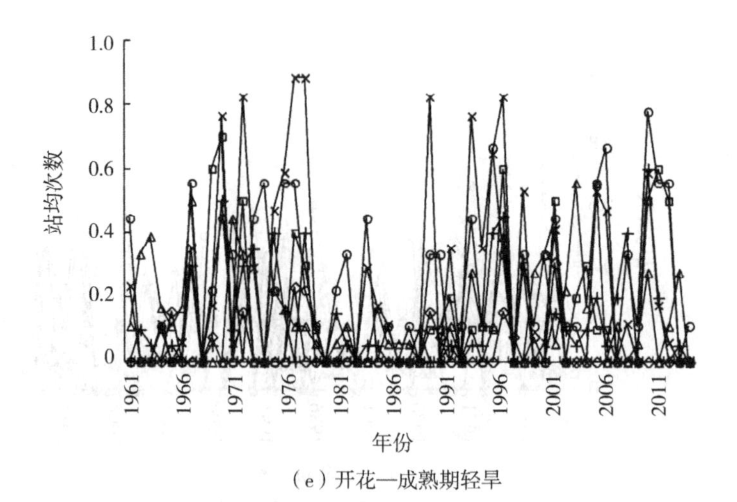

（e）开花—成熟期轻旱

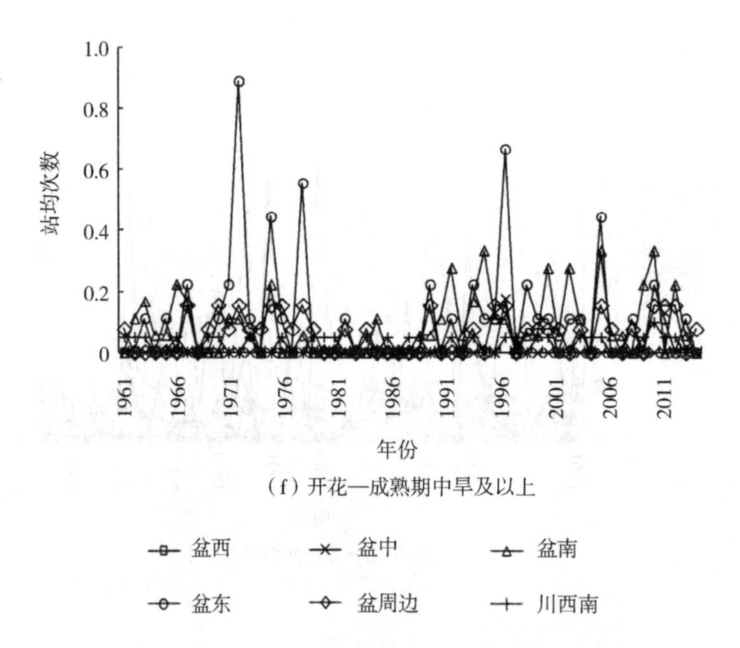

（f）开花—成熟期中旱及以上

图 5-1　1961—2015 年四川水稻各种植区不同生育阶段干旱灾害发生站均次数的年际变化

1961—2015 年，水稻开花至成熟期（图 5-1e），各研究区域发生轻旱的站均次数总体呈“U”形的变化趋势，1961—1980 年偏多（0.1～0.6 次/站），1980 年偏少（0.1 次/站），1990 年以后增加。盆中、盆东地区相对较多，其次是盆南丘陵区。各研究区域发生中旱及以上的站均次数在 1990 年以后呈增多趋势；盆东平行岭谷区最多，多年平均为 0.11 次/站，其他区域均较少（图 5-1f）。

1961—2015 年，四川水稻移栽—孕穗期干旱总发生站数整体呈现弱的增多趋势（图 5-2a），变化率为 0.56 个站/10a，其中发生最多的年份为 1969 年（47 个站点），其次是 1979 年和 2006 年（45 个站点），发生最少的年份为 1984 年；年代际呈“U”形的变化趋势，20 世纪 60—80 年代干旱发生站数呈下降趋势，20 世纪 90 年代则开始呈现增加趋势，特别是 21 世纪的前 10 年达最高值（共 251 个站次发生旱灾）。近 50 多年来，轻旱和重旱发生站数呈弱的增多趋势，变化率分别为 0.20 个站/10a 和 0.41 个站/10a，而中旱基本不变。

1961—2015 年，四川水稻孕穗—开花期干旱总发生站数整体呈现弱的减少趋势（图 5-2b），变化率为-0.49 个站/10a，其中发生最多的年份为 1994 年（60 个站点），其次是 1992 年（59 个站点），发生最少的年份为 1996 年、2008 年和 2009 年（9 个站点）；1970—1979 年干旱发生站数最多（共 356 个站次发生旱灾），21 世纪的前 10 年最少。近 50 多年来，中旱和重旱发生站数呈弱的减少趋势，变化率均为-0.22 个站/10a，而轻旱基本不变。1961—2015 年，四川水稻开花—成熟期干旱总发生站数整体呈现弱的增加趋势（图 5-2c），变化率为 0.54 个站/10a，其中发生最多的年份为 1997 年（55 个站点），其次是 2001 年（51 个站点），发生最少的年份为 1968 年和 1983 年；年代际呈“M”形的变化趋势，20 世纪 70 年代干旱发生站数最多（共 223 个站次发生旱灾），20 世纪 80 年代最少。近 50 多年来，轻旱和重旱发生站数均呈弱的增多趋势，变化率均分别为 0.23 个站/10a 和 0.55 个站/10a，而中旱基本不变。

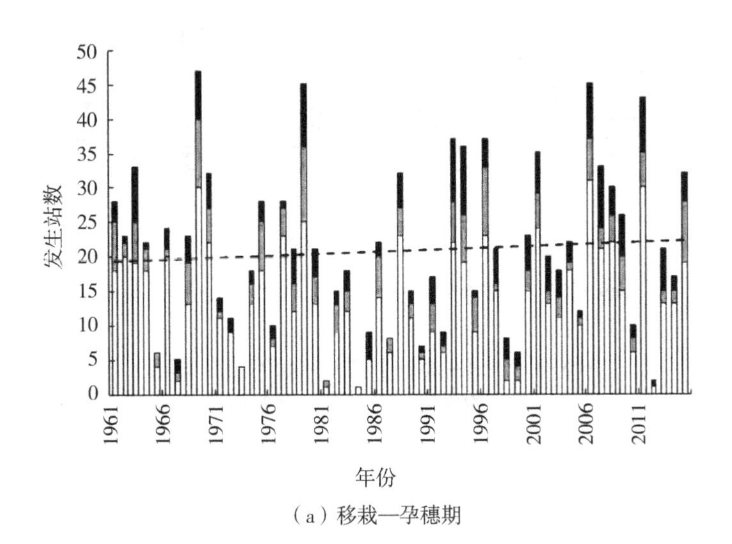

（a）移栽—孕穗期

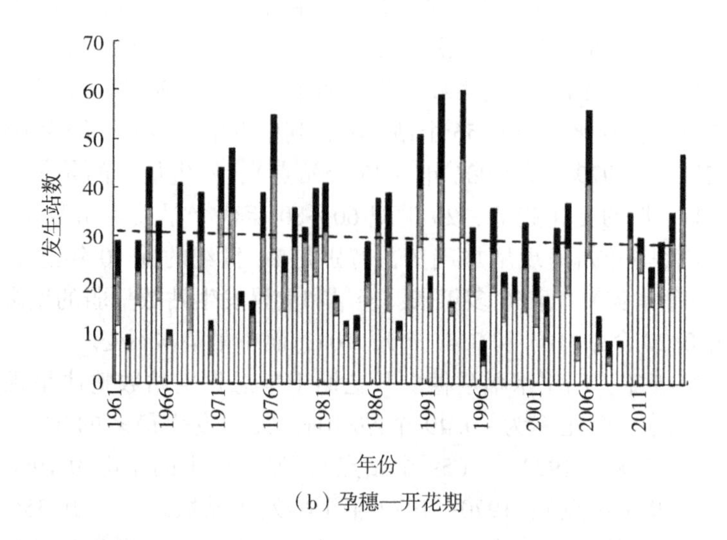

（b）孕穗—开花期

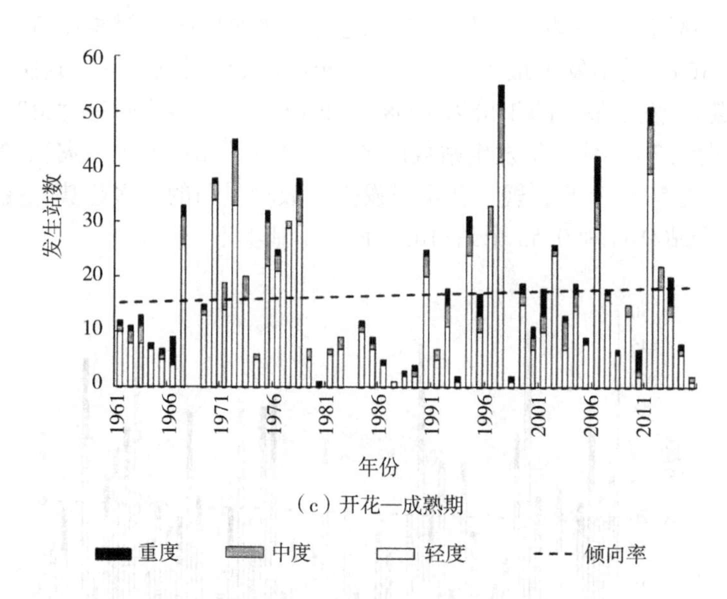

（c）开花—成熟期

图 5-2 1961—2015 年四川水稻不同生育阶段干旱灾害发生总站数的年际变化

三、水稻不同生育期干旱频率的空间分布

移栽—孕穗期，水稻轻旱发生频率的分布特征为：四川盆地东北部、盆地西南部和川西南的部分地区低于16%，其他区域在16%~40%，其中成都、绵阳、眉山、遂宁的部分地区达32%~40%（图5-3a）。中旱发生频率的分布特征为：盆地中北部、盆地南部在4%~21.8%，其中绵阳北部最高，其他区域大部均在4%以下（图5-3b）。重旱发生频率的分布特征为：大部区域在0~12%，仅在德阳、资阳和宜宾的部分地区达24%~57.9%（图5-3c）。孕穗—开花期，水稻轻旱发生频率的分布特征为：盆地西部、盆地中部和东北部的部分地区在0~18%，其他大部区域在18%~45.5%，其中资阳和巴中的个别地区达36%~45.5%（图5-3d）。中旱发生频率的分布特征为：大部区域在0~18%，仅在内江、遂宁和南充的个别地区达24%~32.8%（图5-3e）。重旱发生频率的分布特征为：大部区域在0~12%，仅在盆地中部和东北部的部分地区达36%~60%（图5-3f）。开花—成熟期，水稻轻旱发生频率的分布特征为：从西南向东北递增的趋势，川西南地区和盆地西部在0~16%，盆地中部和南部大多在16%~24%，盆地东北部最高，在24%~38.2%（图5-3g）。中旱发生频率的分布特征为：大部区域在3%以下，仅在宜宾、泸州、达州和广安的部分地区达6%~18.2%（图5-3h）。重旱发生频率的分布特征为：大部区域在4%以下，仅宜宾和泸州的部分地区达14%~20%（图5-3i）。将图5-3中四川水稻各生育期3个干旱等级的发生频率相加，得到四川水稻各生育期内发生干旱的频率。图5-4为四川水稻3个生育阶段发生干旱频率的空间分布图，由图5-4可知，四川水稻在移栽—孕穗期发生干旱的频率呈现研究区域中部高、西南部和东北部低的分布特征，干旱高发区主要分布在北部的绵阳至南部的宜宾一线，发生频率在36%~58.2%，干旱少发区分布在川西南地区和盆地东北部的部分地区，发生频率在24%以下（图5-4a）。孕穗—开花期，水稻发生干旱的频率呈由西向东递增的变化趋势，干旱高发区主要分布在盆地北部和东北部，发生频率在36%~61.9%，干旱少发区分布在盆地西部和川西南的西南部，发生频率在24%以下（图5-4b）。开花—成熟期，水稻发生干旱的频率呈由西向东递增的变化趋势，干旱高发区主要分布在盆地东北部和盆南的部分地区，发生频率在30%~47.3%，干旱少发区分布在盆地西部和北部、川西南的大部地区，发生频率在20%以下（图5-4c）。

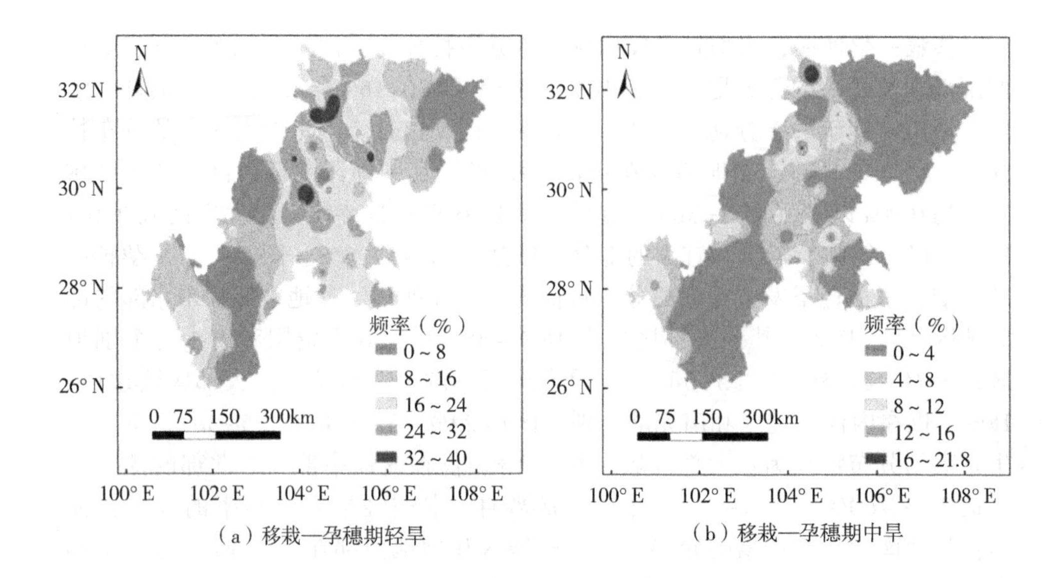

（a）移栽—孕穗期轻旱

（b）移栽—孕穗期中旱

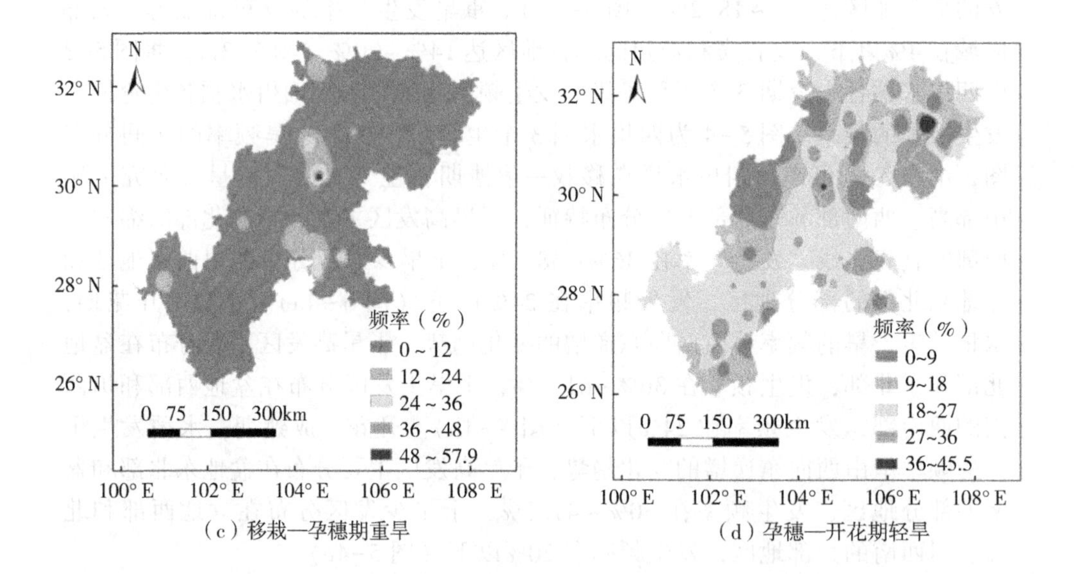

（c）移栽—孕穗期重旱

（d）孕穗—开花期轻旱

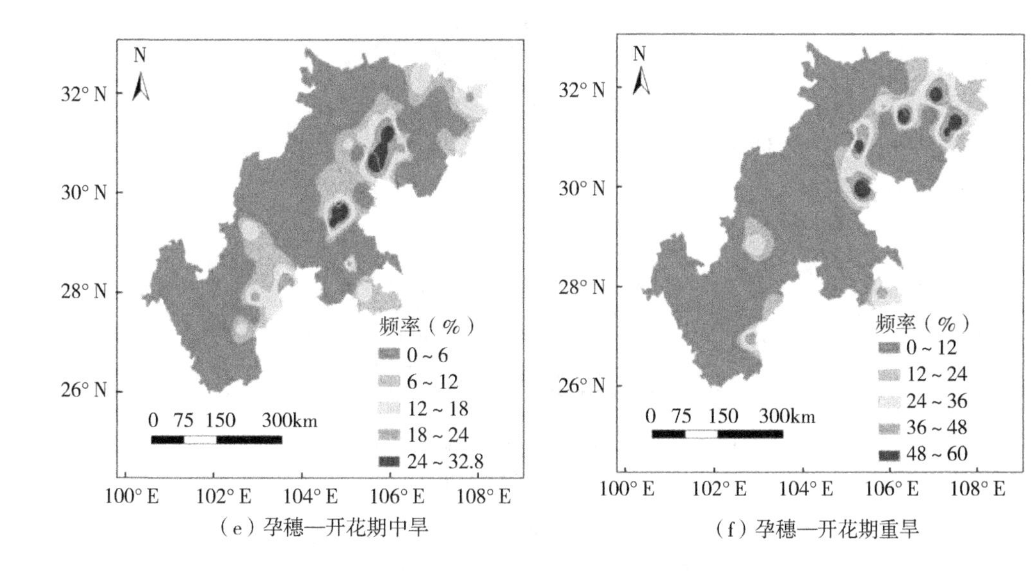

（e）孕穗—开花期中旱

（f）孕穗—开花期重旱

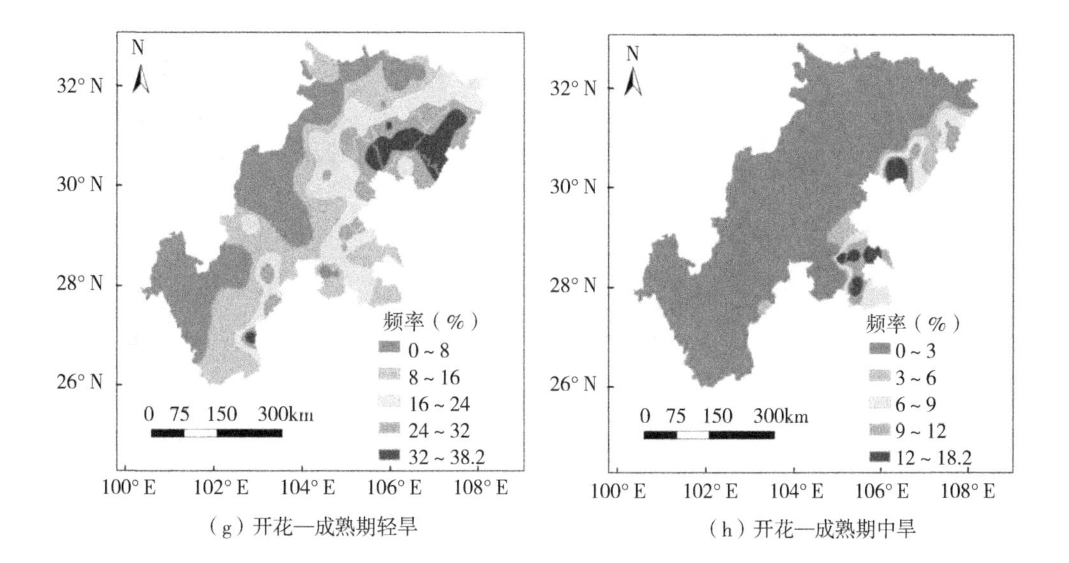

（g）开花—成熟期轻旱

（h）开花—成熟期中旱

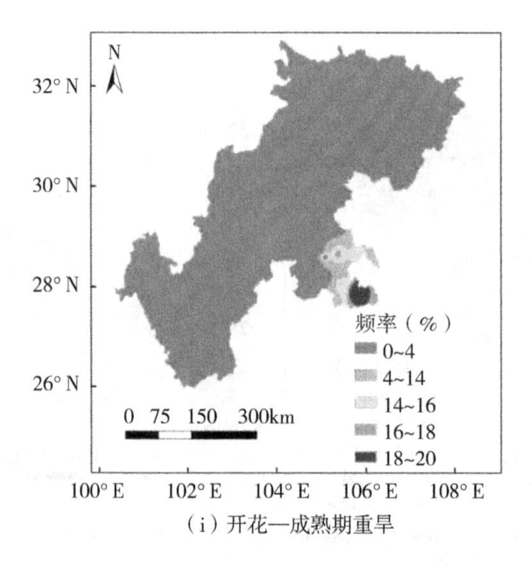

（i）开花—成熟期重旱

图 5-3　1961—2015 年四川水稻不同生育阶段各级干旱发生频率的空间分布

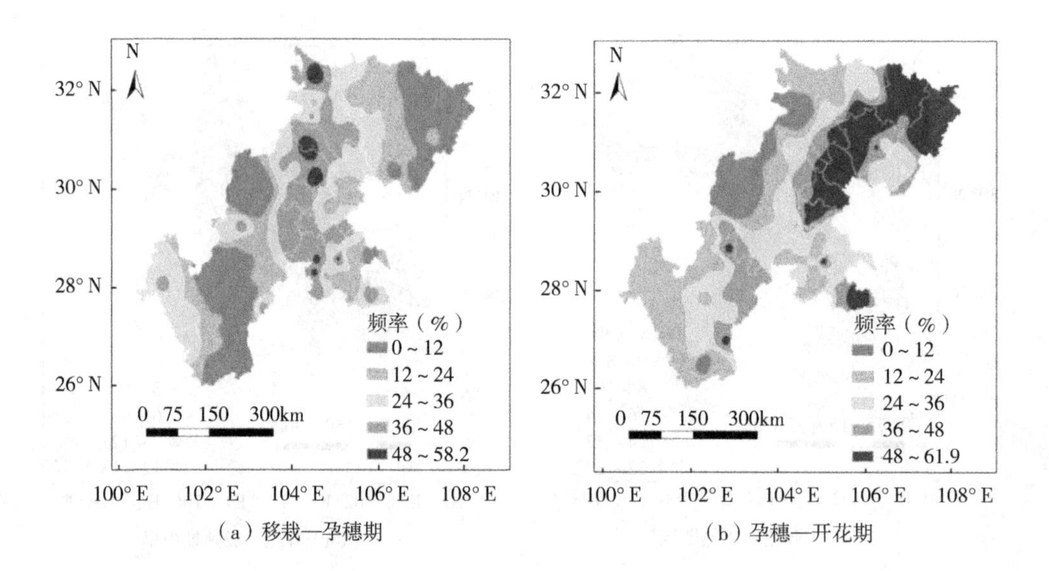

（a）移栽—孕穗期　　　　（b）孕穗—开花期

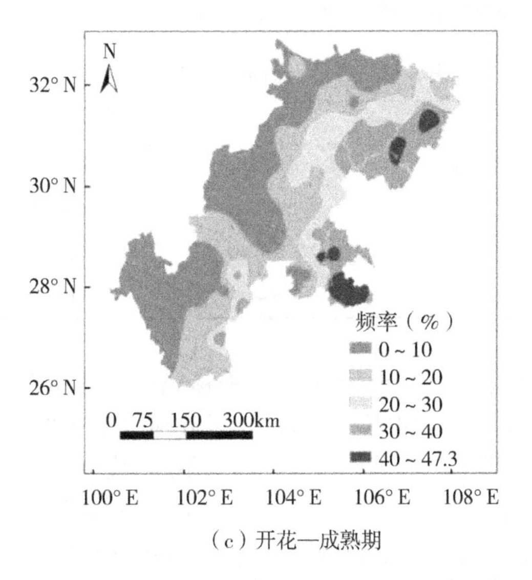

（c）开花—成熟期

图 5-4　1961—2015 年四川水稻不同生育阶段干旱频率的空间分布

四、水稻干旱发生风险的空间分布

利用不同等级干旱灾害的发生频率和发生强度，计算了水稻干旱风险度指数。在此基础上，参考 GIS 默认的 Natural Breaks 分类方法，并综合分析《中国气象灾害大典》（四川卷）和中国气象数据网四川稻区的旱情资料，尤其将典型区域、典型旱灾发生年的实际旱情与计算出的风险度指数进行对比，最终确定了四川水稻干旱风险区划等级。按照表 5-3 给出的干旱风险区划等级，绘制了 1961—2015 年四川水稻移栽—孕穗期、孕穗—开花期及开花—成熟期的干旱风险度分布图（图 5-5）。移栽—孕穗期，较高风险区和高风险区主要集中在德阳、资阳和宜宾等地，其中广汉、简阳、高县和江安等地为高风险区。中风险区主要分布在盆西的成都、盆南大部和川西南的西部。而低风险区主要分布在盆地的北部、东北部和西南部，以及川西南地区的大部（图 5-5a）。孕穗—开花期，较高风险区和高风险区主要集中在盆地中部和东北部，其中绵阳的盐亭、资阳的安岳、遂宁的射洪、南充的仪陇、巴中的通江等地为高风险区。中风险区主要分布在盆地的西南部、盆地中北部的个别地区。而低风险区主要分布在盆地的西部和南部，以及川西南地区的大部（图 5-5b）。开花—成熟期，高风险区主要集中在泸州、宜宾、达州和广安等地。较高风险区主要集中在盆地东北部和南部。

中风险区主要分布在盆地东北部和中部的部分地区。而低风险区主要分布在盆地西部和北部，以及川西南地区的大部（图 5-5c）。

表 5-3　四川水稻干旱风险度指数

生育期	风险等级			
	低风险区	中风险区	较高风险区	高风险区
移栽—孕穗期	≤20	20～40	40～60	≥60
孕穗—开花期	≤20	20～40	40～80	≥80
开花—成熟期	≤5	5～10	10～20	≥20

结论：从时间变化看，近 55 年来，水稻移栽—孕穗期干旱总站数平均每 10 年增多 0.56 个，其中轻旱和重旱平均每 10 年分别增多 0.20 个和 0.41 个，而中旱基本不变；孕穗—开花期干旱总站数平均每 10 年减少 0.49 个，其中中旱和重旱平均每 10 年减少 0.22 个，而轻旱基本不变；开花—成熟期干旱总站数平均每 10 年增多 0.54 个，其中轻旱和重旱平均每 10 年分别增多 0.23 个和 0.55 个，而中旱基本不变。干旱频率的分布特征为：移栽—孕穗期的干旱频率呈现中部高、西南部和东北部低的特征，高发区主要分布在北部的绵阳—南部的宜宾一线（36%～58.2%）；孕穗—开花期的干旱频率由西向东递增，高发区主要分布在盆地北部和东北部（36%～61.9%）；开花—成熟期的干旱频率呈由西向东递增的趋势，高发区主要分布在盆地东北部和盆南的局部地区（30%～47.3%）。水稻干旱风险分布为：移栽—孕穗期较高风险区和高风险区主要集中在德阳、资阳和

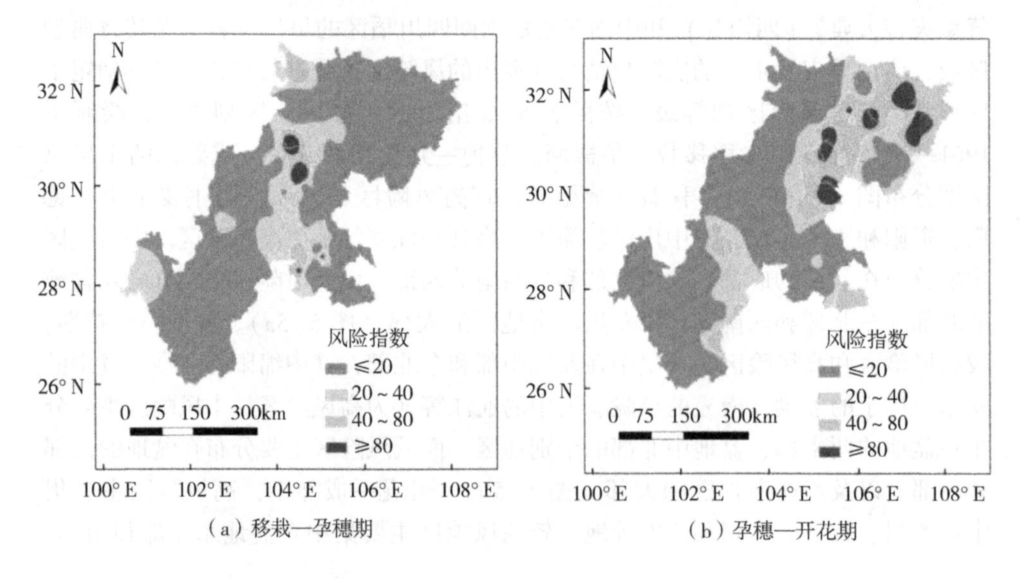

（a）移栽—孕穗期　　（b）孕穗—开花期

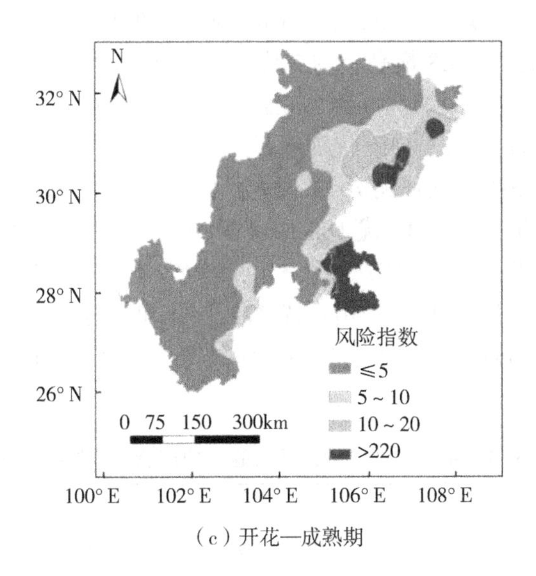

（c）开花—成熟期

图 5-5　四川水稻干旱风险度空间分布

宜宾等地；孕穗—开花期较高风险区和高风险区主要在盆地中部和东北部；开花—成熟期较高风险区和高风险区主要在盆地东北部和盆南的局部地区。

第二节　杂交水稻耐旱品种地上部植株性状

选择抗旱性强的品种是抗旱栽培的基础，但在水稻抗旱品种选育上的可操作性较差。至今尚缺乏选育强抗旱性水稻品种的遗传理论和方法，现在生产上的高产抗旱品种，只能从已育成的高产品种或组合中通过抗旱试验进行筛选鉴定，而且受制于遮雨设施。因此，徐富贤等[2]以多个杂交水稻组合为材料，试验探明杂交中稻组合的耐旱性与植株地上部性状的关系，以期为抗旱水稻品种的选育提供理论和实践依据。

一、田间自然干旱胁迫对产量的影响

田间试验在干旱处理期内有自然降雨。其中分蘖期干旱处理，5 月 20 日至 6 月 2 日，土壤含水量维持在 65.55%~54.31%（平均 59.93%）时复水；穗分化期干旱处理，6 月 1—22 日，土壤水分基本达饱和状态，此后 1 周即 6 月 29 日降至 78.1%，7 月 1 日复水。表明分蘖期土壤干旱胁迫强度明显比穗分化期大，以致分蘖期干旱处理对产量的影响比穗分化期大（表 5-4）。方差分析结果表明，水分处理间和杂交组合间产量差异均达极显著水平（F 值分别为 28.79** 和

4.43^{**}），其中水分处理间产量比较，CK>穗分化期干旱>分蘖期干旱（表5-4）。30个组合中，以宜香1108最高，内2优6号最低（表5-4）。

从抗旱指数看，分蘖期抗旱能力较强（抗旱指数在0.95以上）的有9个组合：绵香576、D优6511、内5优39、泰优99、内5优317、内香优18号、内香2128、内5优5399、宜香优7633；穗分化期抗旱能力较强（抗旱系数在0.95以上）的有14个组合：蓉18优188、D优6511、川香优3203、蓉稻415、泰优99、内5优317、川作6优177、内香优18号、香绿优727、内香8156、冈香707、宜香优7633、宜香1108、川香优727。两个时期抗旱能力均较强（抗旱指数在0.95以上）的有5个：D优6511、泰优99、内5优317、内香优18号、宜香优7633。

表5-4　杂交中稻品种田间试验下的产量与抗旱指数比较

杂交组合	产量（kg/亩）			抗旱指数	
	CK	分蘖期干旱	穗分化期干旱	分蘖期干旱 Y_1	穗分化期干旱 Y_2
G优802	614.18	531.57	566.78	0.8655	0.9228
绵香576	585.74	565.43	522.77	0.9653	0.8925
蓉18优188	662.26	619.60	641.27	0.9356	0.9683
宜香7808	625.02	590.48	570.84	0.9447	0.9133
宜香2079	627.72	547.14	592.51	0.8716	0.9439
D优6511	588.45	565.43	581.00	0.9609	0.9873
内2优6号	552.56	486.20	497.03	0.8799	0.8995
川香858	652.78	600.64	585.06	0.9201	0.8963
川香优3203	598.29	522.09	586.42	0.8726	0.9802
内5优39	656.01	650.07	568.81	0.9909	0.8671
蓉稻415	679.19	507.19	654.81	0.7468	0.9641
宜香优2168	616.89	566.78	568.81	0.9188	0.9221
泰优99	634.25	608.76	576.94	0.9598	0.9097
内5优317	589.13	581.00	562.04	0.9862	0.9540
川作6优177	564.07	493.65	540.37	0.8752	0.9580
内香优18号	593.03	557.98	587.10	0.9746	0.9900
香绿优727	658.20	516.67	633.14	0.7850	0.9619

（续表）

杂交组合	产量（kg/亩）			抗旱指数	
	CK	分蘖期干旱	穗分化期干旱	分蘖期干旱 Y_1	穗分化期干旱 Y_2
宜香 4245	612.15	578.97	560.01	0.945 8	0.914 8
内香 8156	608.76	529.54	596.58	0.869 9	0.980 0
冈香 707	573.55	536.99	560.01	0.936 3	0.976 4
Ⅱ优航 2 号	615.54	504.48	572.20	0.819 6	0.929 6
内香 2128	645.33	615.54	597.25	0.953 8	0.925 5
内香 2550	557.98	482.81	525.47	0.865 3	0.941 7
内 5 优 5399	663.61	633.82	595.22	0.955 1	0.896 9
宜香优 7633	582.36	553.91	573.55	0.951 1	0.984 9
宜香 4106	641.27	556.62	597.93	0.868 0	0.932 4
川谷优 202	636.53	578.29	601.32	0.908 5	0.944 7
乐丰优 329	571.52	492.29	514.64	0.861 4	0.900 5
宜香 1108	648.04	592.51	705.60	0.914 3	1.088 8
川香优 727	639.91	599.96	608.76	0.937 6	0.951 3
平均	616.48	558.88	581.47	0.908 0	0.943 3

二、植株性状与抗旱系数的关系

分别利用 CK（表 5-5）、分蘖期受旱（表 5-6）和穗分化期受旱（表 5-7）3 个处理的植株性状与分蘖期和穗分化期的抗旱指数（表 5-4）进行多元回归分析。从分析结果（表 5-8）可见如下。

（1）CK 处理的植株性状与分蘖期抗旱指数没有相关性；仅粒叶比（X_7）与穗分期抗旱指数呈正相关，因穗分期干旱处理的穗粒数反比 CK 增加，可能与穗分化前期 6 月 1—22 日受旱程度较轻，土壤水分基本饱和，利于穗分化有关，而穗粒数与粒叶比呈正相关（$r=0.3945^*$）。因此大穗型品种穗分化期抗旱能力强。

（2）分蘖期受旱处理植株性状中，只有产量（X_{10}）与分蘖期抗旱指数呈极显著正相关，说明受旱组合中，产量高产组合抗旱能力较强；而分蘖期 LAI（X_6）和发根力（X_8）分别与穗分化期的抗旱指数呈正相关，表明发根力强的品种穗分化期的抗旱能力强。

（3）穗分化期受旱处理植株性状与分蘖期抗旱指数没有相关性，仅产量（X_{10}）与穗分化期抗旱指数呈极显著正相关。

表 5-5　保持水层（CK）处理下杂交中稻品种植株性状

杂交组合	最高苗（万穴/亩）X_1	有效穗数（万/亩）X_2	着粒数（粒/穗）X_3	结实率（%）X_4	千粒重（g）X_5	齐穗 LAI X_6	粒叶比 X_7	最高期 SPAD 值 X_8	齐穗期 SPAD 值 X_9	成熟期 SPAD 值 X_{10}	产量（kg/亩）X_{11}
G 优 802	23. 05	12. 04	222. 41	74. 24	28. 71	6. 28	0. 64	40. 83	38. 53	16. 81	614. 18
绵香 576	26. 84	14. 32	157. 69	78. 94	30. 82	6. 24	0. 54	41. 98	41. 58	23. 43	585. 74
蓉 18 优 188	21. 24	13. 08	224. 03	72. 33	28. 83	5. 00	0. 88	40. 92	38. 94	19. 53	662. 26
宜香 7808	23. 35	13. 89	186. 62	79. 06	30. 38	5. 52	0. 70	42. 88	38. 41	22. 22	625. 02
宜香 2079	26. 44	15. 67	146. 72	81. 06	30. 96	5. 56	0. 62	41. 29	38. 12	21. 13	627. 72
D 优 6511	25. 77	15. 56	171. 73	76. 02	30. 14	4. 49	0. 89	42. 00	40. 67	21. 81	588. 45
内 2 优 6 号	22. 37	14. 45	163. 98	73. 59	34. 50	5. 67	0. 63	42. 39	38. 36	19. 18	552. 56
川香 858	28. 12	15. 28	170. 99	75. 82	29. 96	5. 92	0. 66	42. 99	38. 78	19. 31	652. 78
川香优 3203	26. 38	15. 17	179. 20	69. 77	28. 69	6. 75	0. 60	42. 88	39. 81	21. 13	598. 29
内 5 优 39	25. 27	15. 41	155. 74	86. 96	30. 21	6. 21	0. 58	41. 57	39. 07	21. 84	656. 01
蓉稻 415	24. 29	15. 13	180. 49	77. 43	29. 23	5. 37	0. 76	43. 33	40. 48	23. 41	679. 19
宜香优 2168	27. 14	16. 56	137. 72	79. 55	32. 06	4. 19	0. 82	43. 99	39. 50	23. 33	616. 89
泰优 99	26. 86	15. 21	166. 37	74. 27	29. 92	7. 35	0. 52	42. 71	42. 56	22. 91	634. 25
内 5 优 317	28. 47	15. 15	163. 96	81. 64	29. 32	5. 94	0. 63	41. 89	37. 78	19. 24	589. 13
川作 6 优 177	27. 68	17. 74	144. 17	81. 40	27. 83	6. 89	0. 56	43. 70	39. 77	22. 72	564. 07
内香优 18 号	27. 23	14. 32	197. 52	74. 90	27. 40	5. 08	0. 83	76. 59	42. 78	25. 69	593. 03
香绿优 727	26. 97	14. 80	149. 85	85. 93	32. 09	5. 36	0. 62	43. 74	40. 80	23. 00	658. 20
宜香 4245	25. 86	13. 89	179. 38	76. 19	28. 49	5. 49	0. 68	43. 13	38. 81	18. 87	612. 15
内香 8156	25. 44	15. 11	167. 76	87. 91	30. 40	5. 32	0. 71	41. 83	39. 28	19. 01	608. 76

（续表）

杂交组合	最高苗（万穴/亩）X_1	有效穗数（万/亩）X_2	着粒数（粒/穗）X_3	结实率（%）X_4	千粒重（g）X_5	齐穗 LAI X_6	粒叶比 X_7	最高期 SPAD 值 X_8	齐穗期 SPAD 值 X_9	成熟期 SPAD 值 X_{10}	产量（kg/亩）X_{11}
冈香 707	21.70	11.69	204.43	84.47	29.70	5.57	0.64	42.30	37.10	22.24	573.55
Ⅱ优航 2 号	25.60	14.30	177.82	83.13	27.05	5.30	0.72	41.93	39.31	17.10	615.54
内香 2128	23.51	13.60	193.92	79.90	27.87	5.88	0.67	43.47	40.52	17.59	645.33
内香 2550	22.66	13.80	166.63	79.88	33.05	5.56	0.62	43.21	39.70	19.89	557.98
内 5 优 5399	25.27	13.89	166.24	84.81	28.46	5.57	0.62	43.26	40.24	20.21	663.61
宜香优 7633	27.18	16.04	167.67	75.75	28.48	5.95	0.68	42.66	36.62	19.13	582.36
宜香 4106	25.90	15.24	167.34	80.06	29.24	5.79	0.66	43.11	38.49	22.74	641.27
川谷优 202	26.09	13.47	197.32	80.68	30.15	5.73	0.70	43.92	41.16	20.90	636.53
乐丰优 329	24.18	15.15	199.60	82.44	28.20	5.45	0.83	44.10	40.83	22.61	571.52
宜香 1108	23.31	14.86	183.70	83.40	29.41	5.55	0.74	42.40	37.62	19.81	648.04
川香优 727	23.88	13.56	187.80	81.88	30.21	6.11	0.62	43.07	41.08	18.19	639.91
平均	25.27	14.61	176.0	79.45	29.73	5.70	0.68	43.80	39.56	20.83	616.48

表 5-6　分蘖期干旱处理下杂交中稻品种植株性状

杂交组合	最高苗（万穴/亩）X_1	有效穗数（万/亩）X_2	着粒数（粒/穗）X_3	结实率（%）X_4	千粒重（g）X_5	分蘖期 LAI X_6	齐穗期粒叶比 X_7	复水前发根力（g/穴）X_8	复水前伤流量［g/（d·茎）］X_9	产量（kg/亩）X_{10}
G 优 802	21.50	12.06	218.97	72.30	29.35	4.08	0.97	0.35	1.486 1	531.57
绵香 576	23.98	14.76	148.22	80.79	31.03	4.23	0.78	0.35	1.468 6	565.43

（续表）

杂交组合	最高苗（万穴/亩）X_1	有效穗数（万/亩）X_2	着粒数（粒/穗）X_3	结实率（%）X_4	千粒重（g）X_5	分蘖期 LAI X_6	齐穗期粒叶比 X_7	复水前发根力（g/穴）X_8	复水前伤流量［g/（d·茎）］X_9	产量（kg/亩）X_{10}
蓉 18 优 188	21.68	14.10	196.87	71.50	29.08	3.40	1.22	0.4	1.643 6	619.60
宜香 7808	23.90	14.39	170.86	79.29	30.18	3.91	0.94	0.4	1.573 3	590.48
宜香 2079	25.27	15.80	152.36	76.84	30.72	3.36	1.07	0.3	1.457 6	547.14
D 优 6511	24.75	16.50	157.99	78.13	29.86	2.81	1.39	0.65	1.577 8	565.43
内 2 优 6 号	23.98	16.35	142.72	71.43	32.77	3.50	1.00	0.35	1.383 3	486.20
川香 858	26.64	15.65	161.57	76.76	29.97	3.38	1.12	0.35	1.025 0	600.64
川香优 3203	28.56	15.43	159.00	75.69	28.78	3.50	1.05	0.25	1.531 8	522.09
内 5 优 39	26.60	16.39	152.72	84.46	30.44	3.32	1.13	0.3	1.489 4	650.07
蓉稻 415	24.68	15.10	186.44	78.75	29.52	3.70	1.14	0.4	1.547 6	507.19
宜香优 2168	26.86	15.73	134.81	77.74	32.14	3.35	0.95	0.65	1.503 1	566.78
泰优 99	25.79	15.10	157.76	79.85	30.47	4.49	0.80	0.55	1.706 3	608.76
内 5 优 317	27.38	16.58	158.92	83.20	29.43	2.72	1.45	0.25	1.355 8	581.00
川作 6 优 177	26.09	16.54	121.52	83.16	27.95	3.77	0.80	0.4	1.511 7	493.65
内香优 18 号	26.12	15.54	191.98	72.58	27.02	3.16	1.42	0.45	1.602 2	557.98
香绿优 727	26.01	15.32	151.54	81.50	30.78	3.01	1.16	0.4	1.595 8	516.67
宜香 4245	28.38	16.50	172.04	74.00	28.36	3.28	1.30	0.3	1.729 8	578.97
内香 8156	26.46	15.36	147.29	87.76	31.00	3.02	1.12	0.25	1.275 5	529.54
冈香 707	23.01	12.91	187.77	81.58	29.03	3.17	1.15	0.45	1.845 3	536.99
Ⅱ优航 2 号	26.86	14.50	181.84	81.59	25.30	3.50	1.13	0.65	1.124 0	504.48

（续表）

杂交组合	最高苗（万穴/亩）X_1	有效穗数（万/亩）X_2	着粒数（粒/穗）X_3	结实率（%）X_4	千粒重（g）X_5	分蘖期 LAI X_6	齐穗期粒叶比 X_7	复水前发根力（g/穴）X_8	复水前伤流量［g/（d·茎）］X_9	产量（kg/亩）X_{10}
内香 2128	25. 35	15. 84	191. 21	78. 83	28. 27	4. 42	1. 03	0. 45	1. 773 8	615. 54
内香 2550	24. 57	17. 17	158. 34	71. 93	32. 49	2. 41	1. 69	0. 25	1. 770 2	482. 81
内 5 优 5399	28. 42	15. 73	170. 27	83. 40	28. 20	2. 66	1. 51	0. 4	1. 761 6	633. 82
宜香优 7633	27. 68	17. 21	156. 56	76. 66	28. 36	3. 10	1. 30	0. 4	1. 091 0	553. 91
宜香 4106	26. 46	17. 06	167. 00	73. 01	29. 26	3. 20	1. 33	0. 3	0. 251 0	556. 62
川谷优 202	24. 38	14. 73	172. 74	74. 81	30. 20	3. 72	1. 03	0. 5	1. 503 4	578. 29
乐丰优 329	24. 38	14. 54	195. 00	84. 31	28. 26	4. 21	1. 01	0. 5	1. 787 8	492. 29
宜香 1108	22. 35	14. 87	163. 46	83. 43	29. 72	3. 70	0. 98	0. 8	1. 640 0	592. 51
川香优 727	23. 75	13. 06	179. 46	80. 99	30. 02	4. 22	0. 83	0. 3	1. 519 8	599. 96
平均	25. 39	15. 36	166. 91	78. 54	29. 60	3. 48	1. 13	0. 41	1. 48	558. 88

表 5-7　穗分化期干旱处理下杂交中稻品种植株性状

杂交组合	最高苗（万穴/亩）X_1	有效穗数（万/亩）X_2	着粒数（粒/穗）X_3	结实率（%）X_4	千粒重（g）X_5	穗分化期 LAI X_6	齐穗期粒叶比 X_7	复水前根力（g/穴）X_8	复水前伤流量［g/（d·茎）］X_9	产量（kg/亩）X_{10}
G 优 802	22. 76	11. 73	225. 36	73. 74	28. 72	3. 96	1. 00	0. 05	1. 610 9	566. 78
绵香 576	25. 97	14. 50	155. 15	84. 06	31. 58	4. 46	0. 76	0. 05	1. 259 3	522. 77
蓉 18 优 188	20. 05	12. 77	211. 91	74. 54	28. 87	4. 13	0. 98	0. 2	0. 960 4	641. 27
宜香 7808	21. 61	14. 65	177. 90	78. 50	29. 42	3. 86	1. 01	0. 11	2. 172 0	570. 84

(续表)

杂交组合	最高苗（万穴/亩）X_1	有效穗数（万/亩）X_2	着粒数（粒/穗）X_3	结实率（%）X_4	千粒重（g）X_5	穗分化期 LAI X_6	齐穗期粒叶比 X_7	复水前根力（g/穴）X_8	复水前伤流量［g/（d·茎）］X_9	产量（kg/亩）X_{10}
宜香 2079	24. 38	15. 24	149. 71	80. 06	30. 10	3. 19	1. 07	0. 14	1. 275 9	592. 51
D 优 6511	26. 09	15. 47	169. 75	81. 02	30. 09	3. 10	1. 27	0. 26	2. 253 8	581. 00
内 2 优 6 号	21. 83	14. 36	166. 73	70. 83	32. 67	4. 42	0. 81	0. 18	1. 422 9	497. 03
川香 858	27. 23	15. 54	183. 59	77. 28	29. 70	5. 53	0. 77	0. 6	1. 970 4	585. 06
川香优 3203	25. 38	16. 17	193. 35	69. 18	28. 26	4. 78	0. 98	0. 2	2. 236 5	586. 42
内 5 优 39	24. 68	14. 84	165. 68	83. 54	30. 16	3. 77	0. 98	0. 11	2. 437 5	568. 81
蓉稻 415	22. 98	14. 06	203. 06	74. 32	29. 27	4. 63	0. 92	0. 27	2. 113 0	654. 81
宜香优 2168	26. 60	17. 02	141. 42	78. 29	32. 02	2. 84	1. 27	0. 02	1. 216 7	568. 81
泰优 99	27. 97	15. 69	188. 36	78. 07	29. 59	6. 73	0. 66	0. 25	1. 807 1	576. 94
内 5 优 317	25. 12	15. 54	157. 83	82. 42	29. 54	3. 47	1. 06	0. 06	2. 485 7	562. 04
川作 6 优 177	27. 08	16. 24	153. 24	83. 36	27. 88	3. 45	1. 08	0. 02	1. 325 8	540. 37
内香优 18 号	24. 46	13. 62	206. 06	72. 54	27. 06	3. 14	1. 34	0. 06	2. 376 0	587. 10
香绿优 727	23. 57	14. 50	166. 41	80. 46	31. 17	3. 37	1. 07	0. 16	2. 004 0	633. 14
宜香 4245	24. 20	13. 95	182. 75	74. 55	28. 64	3. 97	0. 96	0. 14	1. 526 9	560. 01
内香 8156	25. 53	14. 58	151. 59	87. 12	30. 60	3. 58	0. 93	0	1. 579 6	596. 58
冈香 707	19. 65	12. 25	222. 25	85. 06	28. 96	4. 23	0. 96	0. 2	1. 459 1	560. 01
Ⅱ优航 2 号	25. 42	14. 25	204. 27	65. 41	25. 68	3. 33	1. 99	0. 25	2. 618 2	572. 20
内香 2128	22. 94	14. 32	206. 90	78. 08	27. 53	4. 25	1. 05	0. 15	1. 676 9	597. 25
内香 2550	23. 20	14. 21	173. 55	71. 81	32. 62	3. 49	1. 06	0. 15	1. 960 4	525. 47

（续表）

杂交组合	最高苗（万穴/亩）X_1	有效穗数（万/亩）X_2	着粒数（粒/穗）X_3	结实率（%）X_4	千粒重（g）X_5	穗分化期 LAI X_6	齐穗期粒叶比 X_7	复水前根力（g/穴）X_8	复水前伤流量［g/（d·茎）］X_9	产量（kg/亩）X_{10}
内 5 优 5399	24.20	14.02	189.11	84.35	28.44	3.56	1.12	0.14	1.270 0	595.22
宜香优 7633	26.53	15.61	176.30	78.15	28.38	5.30	0.78	0.25	1.221 4	573.55
宜香 4106	25.27	15.39	170.08	80.18	29.95	2.94	1.33	0.1	1.554 0	597.93
川谷优 202	24.09	13.73	185.85	77.11	29.49	2.40	1.59	0	2.097 9	601.32
乐丰优 329	24.09	13.06	204.63	83.99	27.85	3.11	1.29	0.03	1.932 1	514.64
宜香 1108	22.94	13.95	163.46	83.43	29.72	3.45	0.00	0.03	1.239 6	705.60
川香优 727	21.94	13.69	191.54	84.35	29.96	2.84	1.38	0.1	1.616 7	608.76
平均	24.26	14.50	181.26	78.53	29.46	3.84	1.05	0.14	1.76	581.47

表 5-8　30 个品种的抗旱指数（y_1：分蘖期，y_2：穗分化期）与各处理植株性状的回归分析

处理	回归方程	F 值	R	偏相关	t 检验值	显著水平 P
CK	$y_1=0.8331+0.0017x_8$	0.96	0.182 0	$r(y, x_8)=0.1820$	0.979 6	0.335 4
	$y_2=0.8373+0.1560x_7$	3.84*	0.387 4*	$r(y, x_7)=0.3474$	1.990 6	0.049 6
分蘖期受旱	$y_1=0.3918+0.0009x_{10}$	30.40**	0.721 5**	$r(y, x_{10})=0.7215$	5.513 6	0.000 0
	$y_2=1.1614-0.0062x_1-0.0317x_6+0.1174x_8$	3.23*	0.520 9**	$r(y, x_1)=0.2787$	1.479 5	0.150 6
				$r(y, x_6)=0.3860$	2.133 3	0.042 1
				$r(y, x_8)=0.3895$	2.156 5	0.040 1
穗分化期受旱	$y_1=0.6536+0.0032x_4$	2.07	0.293 0	$r(y, x_4)=0.2930$	1.437 4	0.164 1
	$y_2=0.5745+0.0006x_{10}$	17.60	0.621 3**	$r(y, x_{10})=0.6213$	4.195 4	0.000 2

表 5-9　各处理的产量及穗粒结构

组合	CK					干旱				
	有效穗数（穗/钵）X_1	穗粒数（粒）X_2	结实率（%）X_3	千粒重（g）X_4	产量（g/钵）X_5	有效穗数（穗/钵）X_1	穗粒数（粒）X_2	结实率（%）X_3	千粒重（g）X_4	产量（g/钵）X_5
川香优 198	17. 25	198. 51	77. 63	29. 55	78. 89	8. 25	137. 80	70. 91	29. 62	23. 53
川谷优 399	19. 50	139. 05	83. 83	26. 25	59. 53	15. 75	99. 33	69. 92	26. 66	29. 06
川谷优 918	21. 25	163. 06	78. 78	31. 12	84. 96	16. 75	106. 83	71. 25	28. 39	36. 34
宜香 305	24. 00	103. 74	82. 22	30. 94	63. 84	15. 75	77. 51	51. 01	23. 51	14. 56
冈优 169	21. 50	136. 10	82. 88	26. 47	63. 64	14. 00	134. 82	60. 80	26. 20	29. 84
冈优 900	23. 63	169. 58	86. 30	29. 31	101. 36	17. 25	97. 47	44. 98	28. 14	21. 09
花香 7 号	19. 75	158. 50	84. 16	28. 65	75. 98	17. 00	111. 84	67. 65	28. 98	37. 21
蓉优 918	21. 50	163. 22	82. 95	29. 73	86. 36	18. 25	109. 25	50. 53	29. 45	29. 68
川谷优 204	22. 25	140. 30	83. 96	25. 76	67. 58	20. 50	110. 01	57. 98	26. 49	34. 17
天优华占	24. 75	122. 91	73. 73	22. 78	50. 39	23. 50	118. 47	66. 36	22. 49	41. 44
川香优 506	20. 00	159. 79	85. 62	30. 63	83. 81	15. 50	153. 66	77. 50	30. 88	57. 04
Ⅱ优 615	20. 00	132. 15	85. 77	27. 23	61. 18	17. 75	106. 58	82. 51	28. 49	44. 79
内香 5306	21. 75	156. 53	90. 64	27. 20	83. 94	25. 25	112. 69	80. 76	28. 63	65. 23
内香 7539	21. 75	134. 81	88. 89	23. 41	61. 01	20. 25	131. 40	72. 13	25. 52	48. 57
国杂 1 号	25. 25	124. 63	67. 40	29. 02	61. 3	21. 00	80. 39	61. 56	28. 47	29. 27
川谷优 7329	23. 75	125. 37	83. 73	28. 95	72. 05	22. 25	112. 13	76. 07	31. 06	58. 91
F 值	8. 27**	18. 37**	9. 63**	25. 39**	20. 46**	9. 21**	32. 58**	11. 92**	62. 25**	17. 24**

三、盆栽下抗旱性与穗粒结构的关系

从试验结果（表 5-9）看出，16 个参试组合间的产量及穗粒结构差异极显著。因此，可利用其相关数据进行抗旱指数测算。抗旱指数结果表明，组合间产量的抗旱指数变幅 0.21～0.82（表 5-10），说明组合间抗旱能力有较大差异。产量抗旱系数在 0.70 以上的有天优华占、Ⅱ优 615、内香 5306、川谷优 7329、内香 7539，可作为高产抗旱品种示范推广。

进一步进行的产量抗旱系数（y）与组合间穗粒结构（x）的回归分析可见，产量抗旱系数只与 CK（全生育期保持浅水）的千粒重呈显著负相关，与干旱处理的千粒重和产量分别呈极显著负相关和正相关（表 5-11）。因此，在水种条件下，千粒重较低的组合抗旱能力较强，在受旱条件下，千粒重低和产量高的组合抗旱能力强，可作为选择抗旱水稻品种的参考依据。

表 5-10　品种间产量及穗粒结构表现

组合	有效穗数（穗/钵）X_1	穗粒数（粒）X_2	结实率（%）X_3	千粒重（g）X_4	产量（g/钵）y
川香优 198	0.48	0.69	0.91	1.00	0.30
川谷优 399	0.81	0.71	0.83	1.02	0.49
川谷优 918	0.79	0.66	0.90	0.91	0.43
宜香 305	0.66	0.75	0.62	0.76	0.23
冈优 169	0.65	0.99	0.73	0.99	0.47
冈优 900	0.73	0.57	0.52	0.96	0.21
花香 7 号	0.86	0.71	0.80	1.01	0.49
蓉优 918	0.85	0.67	0.61	0.99	0.34
川谷优 204	0.92	0.78	0.69	1.03	0.51
天优华占	0.95	0.96	0.90	0.99	0.82
川香优 506	0.78	0.96	0.91	1.01	0.68
Ⅱ优 615	0.89	0.81	0.96	1.05	0.73
内香 5306	1.16	0.72	0.89	1.05	0.78
内香 7539	0.93	0.97	0.81	1.09	0.80
国杂 1 号	0.83	0.65	0.91	0.98	0.48
川谷优 7329	0.94	0.89	0.91	1.07	0.82

表 5-11　产量抗旱系数（y）与组合间穗粒结构（x）的回归分析

处理	回归方程	R^2	F 值	偏相关	t 检验值	显著水平 P
CK	$y=1.8935-0.0486x_4$	0.335 2	7.06*	$r(y, x_4)=-0.57899$	2.66	0.017 9
干旱	$y=0.8355-0.0310x_4+0.0149x_5$	0.888 7	51.87**	$r(y, x_4)=-0.7034$	3.57	0.003 1
				$r(y, x_5)=0.9427$	10.18	0.000 0

结论：分蘖期干旱土壤含水量达近 60%，穗分化期干旱土壤含水量达近 80%时，均会对产量造成极显著减产。大穗和发根力强的组合，穗分化期抗旱能力强；干旱处理下产量越高的组合抗旱能力越强。分蘖期抗旱指数与穗分化期的抗旱指数无相关性。在水种条件下，千粒重较低的组合抗旱能力较强；在受旱条件下，千粒重低和产量高的组合抗旱能力强。筛选出了较强抗旱能力组合有：D 优 6511、泰优 99、内 5 优 317、内香优 18 号、宜香优 7633、天优华占、Ⅱ优 615、内香 5306、川谷优 7329、内香 7539，可供生产上作为抗旱栽培的优选品种。

第三节　杂交水稻发根力与开花期抗旱性关系

水稻品种的抗旱性及其生理基础，国内外已有较多研究，但在水稻抗旱品种选育上的可操作性较差。至今尚缺乏选育强抗旱性水稻品种的遗传理论和方法，现在生产上的高产抗旱品种，只能从已育成的高产品种或组合中通过抗旱试验进行筛选鉴定。徐富贤等在 1999 年研究超级稻的根系形态时，发现发根力强的杂交组合抽穗开花期的抗旱力较强，有鉴于此，2001 年在 2000 年预试的基础上，对杂交中稻抽穗开花期的抗旱性与发根力关系及其原因进行了系统研究，以期为抗旱水稻品种的选育和抗旱栽培技术研究提供理论和实践依据。

一、杂交中稻品种间的发根力及抗旱性表现

由表 5-12 看出，品种间的发根力和抗旱性差异较大，经方差分析，品种间差异均达极显著水平（F 值在 2.39~26.30）。从变异系数看，4 叶期、分蘖盛期和拔节期发根力的变异系数分别为 32.39%、25.03%、16.11%，表明品种间发根力的差异随着植株的生育进程而有缩小的趋势；在浅水灌溉（对照）条件下品种间结实率的变异系数较小，但在受旱（干旱处理）情况下很大，后者比前者高 6.58 倍，说明品种间的抗旱能力确有较大差异。抗旱指数能较好地反映杂种间抗旱性的大小，本试验 23 个杂种间结实率旱胁迫指数变幅为 0.0542 ~ 1.5939，抗旱能力较强（结实率旱胁迫指数为 1.4 以上）的品种有 K 优 5 号、

菲优 99-14、川 7A/绵恢 89 共 3 个，仅占参试品种数的 13.04%；抗旱能力中等（结实率旱胁迫指数为 0.75～1.3）的品种有Ⅱ优 7 号、菲优 1 号、绵 2A/江恢 15、K18A/888、福优 99-14、汕优 63 共 6 个，占参试品种数的 26.09%；其余绝大多数品种的抗旱能力较弱。表明尚需加强杂交中稻抗旱品种的选育工作。

从相关分析结果看出，4 叶期和分蘖盛期的发根力分别与抽穗开花期的抗旱性呈极显著正相关，拔节期的发根力则与抽穗开花期的抗旱性间无显著相关（表 5-13）。表明通过对水稻生长前期发根力的测定，可能筛选出抽穗开花期抗旱性强的品种或材料。

表 5-12　不同水稻杂种的发根力及其抗旱性

品种	发根力［mg/（p·d）］			旱胁迫结实率（%）	对照结实率（%）	结实率胁迫系数*	结实率胁迫指数
	4 叶期	分蘖盛期	拔节期				
K22/江恢 15	0.050 0	11.86	6.93	14.35	72.49	0.198 0	0.062 6
K 优 790	0.101 1	18.63	6.39	32.65	80.41	0.406 0	0.292 2
II-优 602	0.120 9	20.54	5.28	28.55	76.6	0.372 7	0.234 6
K 优 5 号	0.193 0	27.42	6.15	76.43	85.40	0.895 0	1.507 7
D 优 363	0.046 3	9.72	4.87	19.33	80.28	0.240 8	0.102 6
Ⅱ优 7 号	0.156 2	26.37	5.24	64.31	88.40	0.727 5	1.031 2
Ⅱ优 1577	0.124 6	18.63	5.11	39.15	77.73	0.503 7	0.434 6
D 优 527	0.135 8	22.19	4.65	46.84	82.69	0.566 5	0.584 8
II-32A/D069	0.082 7	17.60	6.01	31.48	78.32	0.401 9	0.278 9
菲优 1 号	0.138 6	24.02	6.25	56.40	85.34	0.660 9	0.821 6
绵 2A/江恢 15	0.149 1	23.82	4.90	50.95	75.03	0.679 1	0.762 6
泸光 2S/130	0.120 5	17.45	6.13	40.62	80.75	0.503 0	0.450 4
中优 2 号	0.077 4	16.43	4.98	36.41	87.40	0.416 6	0.334 3
冈优 527	0.080 0	17.00	6.85	32.46	83.30	0.389 7	0.278 8
菲优 99-14	0.176 1	26.24	7.18	78.23	84.63	0.924 4	1.593 9
K18A/615	0.132 5	20.78	7.12	48.41	84.07	0.575 8	0.614 4
川 7A/绵恢 89	0.143 0	27.15	8.65	72.44	81.07	0.893 5	1.426 7
II-32A/H103	0.112 9	16.88	5.46	37.50	73.41	0.510 8	0.422 2
K18A/888	0.171 2	24.20	5.94	55.64	87.82	0.633 6	0.777 0
N7A/92-4	0.083 8	13.09	5.90	13.33	72.22	0.184 6	0.054 2
福优 99-4	0.170 2	21.18	5.26	59.21	89.14	0.664 2	0.866 9
福优 151	0.161 3	27.53	6.88	53.04	83.53	0.635 0	0.742 3
汕优 63	0.154 2	25.44	6.25	55.72	87.03	0.640 2	0.786 3

（续表）

品种	发根力［mg/（p·d）］			旱胁迫结实率（%）	对照结实率（%）	结实率胁迫系数*	结实率胁迫指数
	4叶期	分蘖盛期	拔节期				
CV（%）	32.39	25.03	16.11	41.82	6.36	37.87	70.98
方差分析 F 值**	18.57	5.43	2.39	26.30	6.29	9.52	12.48

注：*结实率胁迫系数=胁迫（干旱处理）结实率/对照（保持浅水层）结实率，结实率胁迫指数=胁迫结实率×结实率胁迫系数/所有供试品种胁迫处理的平均结实率；** $F_{0.01(22,46)}=2.26$。

表5-13　发根力与抗旱性的相关系数*

项目	旱胁迫结实率	对照结实率	结实率胁迫系数	结实率胁迫指数
4叶期发根力	0.893 6**	0.541 9**	0.887 5**	0.842 2**
分蘖盛期发根力	0.907 1**	0.554 0**	0.906 8**	0.858 0**
拔节期发根力	0.296 1	0.040 7	0.307 3	0.374 4

注：* $r_{21,0.05}=0.4137$，$r_{21,0.01}=0.5268$。

二、水稻前期发根力影响其抽穗开花期抗旱性的原因

由表5-14可见，4叶期和分蘖盛期发根力均分别与土表面10cm以下的根系分布量呈极显著正相关，与土表面10cm以内根系分布量无显著相关，却与0~20cm以内根量呈极显著正相关，则是通过与10~20cm内根量呈极显著正相关的累加作用所致；而拔节期发根力则与土表面10cm以内根系分布量呈极显著正相关，与土表面10cm以下的根系分布量无显著相关性。究其原因，水稻整个根系可分为上层根（最上3个发根节上的根）和下层根（自上而下第4发根节以下所有节位的根）两部分，4叶期和分蘖盛期及以前发生的根为下层根，拔节期及以后发生的根为上层根。因此，不同时期发根力的强弱直接影响根系在不同土层深度的分布量。

在稻田干旱期间，随着受旱时间的增加，各层深度的土壤含水量都逐渐下降，但下降程度有差异，总体趋势是土层越深，含水量下降速度越慢，如整个干旱期间，0~10cm、10~20cm、20~30cm土壤含水量分别下降了23.72个、19.85个和18.54个百分点，最终表现为下层土壤含水量相对比上层的高（表5-15），与梁永超等在旱地土壤条件下的研究结果一致。由于干旱期间4叶期和分蘖盛期发根力强的品种根系分布在土壤表层下10~30cm区域的量较大，必然增强了其从土壤中吸取水分的能力，如表土10cm以下的根系分布量与植株含水量呈极显著正相关；虽然拔节期以后发生的根主要分布于表土10cm以内，但表土10cm以内根系分布量与植株含水量间的相关不显著，这可能与该土层的含水量相对较

低有关。因此，4 叶期和分蘖盛期发根力分别与植株含水量呈极显著正相关（图 5-6、图 5-7），但拔节期发根力与植株含水量的相关性未达显著水平（r=0.312 4）；而结实率胁迫系数和结实率胁迫指数又分别与齐穗期植株含水量呈极显著正相关（图 5-8、图 5-9）。这是水稻前期发根力影响其抽穗开花期抗旱性的原因所在。

表 5-14　分布在不同土层深度根系干物重与发根力和植株含水量的相关系数

项目	根系干物重				
	0~10cm	10~20cm	20~30cm	10~30cm	0~20cm
4 叶期发根力	0.107 0	0.756 1**	0.715 7**	0.781 7**	0.648 1**
分蘖盛期发根力	0.276 0	0.836 5**	0.852 3**	0.891 9**	0.768 4**
拔节期发根力	0.860 5**	0.167 4	0.388 2	0.273 9	0.408 8
齐穗期植株含水量	0.187 9	0.692 8**	0.663 9**	0.720 3**	0.644 0**

表 5-15　干旱条件下不同土层深度的土壤相对含水量　（%）

土层深度（cm）	测定日期（月-日）					
	6-20	6-25	6-30	7-5	7-10	7-15
0~10	46.89a	42.34b	36.96b	30.28c	26.67b	23.12b
10~20	46.73a	44.17ab	39.05ab	33.73b	29.65ab	26.88a
20~30	46.78a	44.96a	40.63a	37.55a	31.89a	28.24a

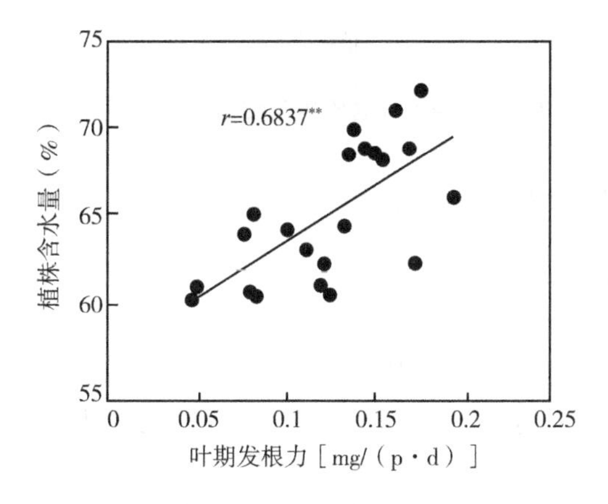

图 5-6　叶期发根力与齐穗期植株含水量的关系

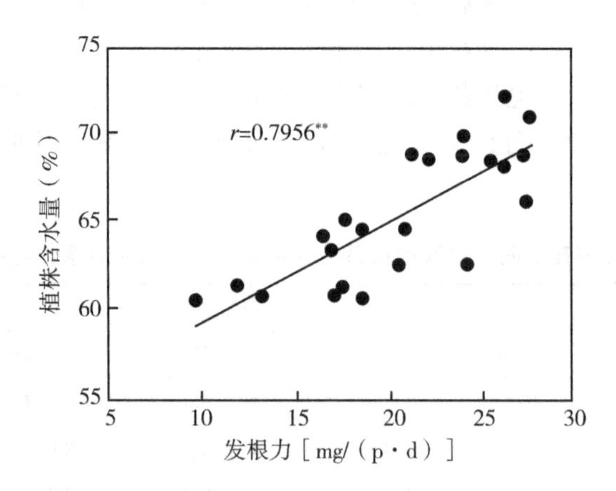

图 5-7　分蘖盛期发根力与齐穗期植株含水量的关系

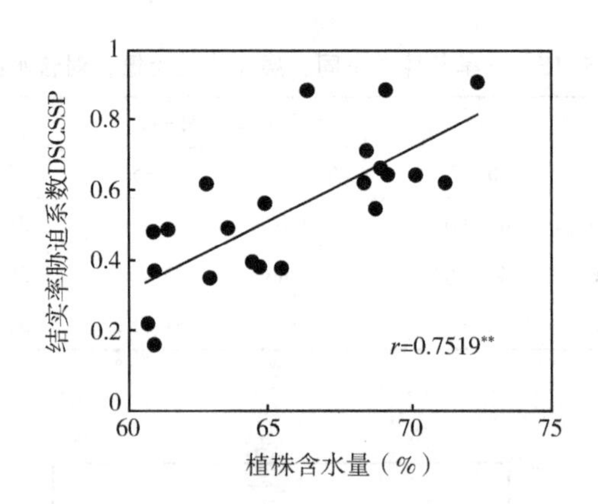

图 5-8　齐穗期植株含水量与结实率胁迫系数的关系

三、强抗旱性水稻品种早期发根力的预测值

前已述及，4 叶期和分蘖盛期及以前发生的根主要分布于土壤表层下 10～30cm 区域，当稻田受旱时，该区域的土壤含水量相对比土壤表层下 10cm 以内的高，以致 4 叶期和分蘖盛期的发根力分别与抽穗开花期植株含水量和抗旱性呈极显著正相关。因此，可将 4 叶期和分蘖盛期的发根力作为选育或筛选杂交中稻强抗旱性品种的参考指标。

根据 23 个供试品种的抗旱性表现，其结实率胁迫指数变幅为0. 054 2～1. 593 9（表 5-12），若分别将抗旱性强和中等的结实率胁迫指数分别确定为 $y=1.5$ 和 $y=$

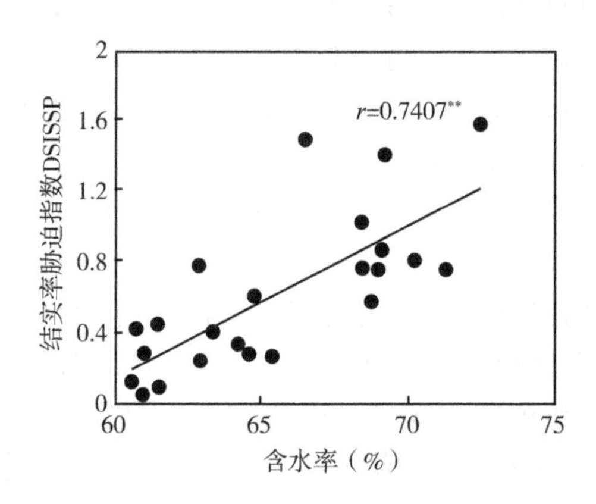

图 5-9　齐穗期植株含水量与结实率胁迫指数的关系

1.0，再分别代入结实率胁迫指数（y）与发根力［x：mg/（株·d）］的回归方程（4 叶期：$y=-0.5238+9.2001x$，$R^2=0.7093^{**}$；分蘖盛期：$y=-0.8895+0.0736x$，$R^2=0.7362^{**}$），求解获得：4 叶期抗旱性强和中等品种的发根力分别为 0.22mg/（株·d）和 0.166mg/（株·d），分蘖盛期的分别为 32.47mg/（株·d）和 25.67mg/（株·d），可作为预测杂交中稻品种抗旱性的判断标准。

结论：4 叶期和分蘖盛期及以前发生的根为下层根，主要分布于土壤表层下 10~30cm 区域，当稻田受旱时，该区域的土壤含水量相对比土壤表层下 10cm 以内的高，以致 4 叶期和分蘖盛期的发根力分别与品种自身抽穗开花期植株含水量和抗旱性呈极显著正相关。可将 4 叶期和分蘖盛期的发根力作为选育或筛选杂交中稻强抗旱性品种的参考指标。

第四节　本田分蘖期受旱对其生育影响

干旱是对四川省水稻生产危害最大的灾害性天气，分析四川省 40 年来自然灾害情况，其危害呈逐年加重的趋势。其中出现于 4—6 月的干旱，主要发生在盆地西南部和中部，水稻栽秧后稻田断水并遇持续干旱的天气时有发生。因此，徐富贤等[4]在本所纱网室利用盆栽方法，以杂交中稻品种汕优 63 为材料，探索水稻分蘖期稻田受旱程度与其生长关系，为该期稻田水分管理及抗旱高产栽培提供科学依据。

一、不同干旱天数对产量及其构成因素的影响

从试验结果表 5-16 中可见，水稻分蘖期干旱对最高苗、有效穗、着粒数、

结实率、单钵粒重有显著影响，其方差分析 F 值 7.08~455.11**，达到极显著差异；但干旱对千粒重影响不大，方差分析 F 值为 0.367，其差异不显著。进一步分析各处理间的差异得出如下。① 移栽当天开始受旱处理中，干旱 10d 处理与对照产量差异不显著，干旱 20d 处理较对照显著减产，干旱 30d 和 40d 处理均比对照极显著减产。减产原因是干旱抑制了分蘖的发生，表现为最高苗和有效穗的减少，干旱天数与最高苗和有效穗数的相关系数分别为 -0.925 1** 和 -0.971 5**，呈极显著负相关。而着粒数、结实率和千粒重处理间差异极小。② 栽后 20d 开始受旱处理中，干旱 10d 处理比对照显著减产，干旱 20d、30d、40d 处理均分别比对照极显著减产。究其原因，干旱处理期间，正遇幼穗分化（表 5-17），以致颖花退化严重，结实率偏低，干旱天数与着粒数和结实率呈显著或极显著负相关，对最高苗、有效穗和千粒重影响不大。

表 5-16　不同干旱处理的产量及其构成因素

处理		最高苗（苗/钵）	有效穗数（穗/钵）	穗粒数（粒/穗）	结实率（%）	千粒重（g）	粒重（g/钵）
移栽当天开始受旱（d）	10	45.7abA	29.3abA	164.4aA	82.2aA	28.2	108.0abA
	20	43.7bA	26.3bAB	165.2aA	78.4aA	28.3	96.6bcAB
	30	34.0cB	20.7cAB	160.1aA 7	77.3aAB	28.4	71.2deCD
	40	34.3cB	20.0cB	160.8aA	80.11aA	27.8	71.7deCD
栽后 20d 开始受旱（d）	10	46.7abA	27.3abA	160.7aA	80.7aA	28.4	99.1bcAB
	20	51.0abA	28.0abA	152.6bB	76.9aAB	28.1	85.4cdBC
	30	48.3abA	29.0abA	130.5cC	65.6bC	27.2	67.4eCD
	40	51.7aA	28.7abA	98.3dD	68.5bBC	27.2	52.4fD
对照（灌浅水）		46.7abA	30.7aA	162.5aA	80.1aA	28.8	114.9aA
方差分析 F 值		445.11**	8.63**	153.20**	7.08**	0.367	19.23**

注：数据右上角字母为 Duncan 的新复极差测验结果。

表 5-17　各干旱处理的生育进程　（月-日）

处理		播期	栽期	干旱处理结束期		齐穗期	成熟期
				叶龄	穗分化期		
移栽当天开始受旱（d）	10	4-30	5-16	12.03	一次枝梗期	8-09	9-03
	20	4-30	5-16	12.57	二次枝梗期	8-10	9-04
	30	4-30	5-16	13.30	二次枝梗期	8-10	9-05
	40	4-30	5-16	13.33	二次枝梗期	8-11	9-05

（续表）

处理		播期	栽期	干旱处理结束期		齐穗期	成熟期
				叶龄	穗分化期		
栽后 20d 开始受旱（d）	10	4-30	5-16	13.30	二次枝梗期	8-09	9-03
	20	4-30	5-16	13.60	二次枝梗期	8-09	9-04
	30	4-30	5-16	13.60	二次枝梗期	8-10	9-06
	40	4-30	5-16	13.73	二次枝梗期	8-11	9-06
对照（灌浅水）		4-30	5-16	14.10	颖花分化期	8-09	9-03

二、水稻分蘖期受旱影响产量的临界土壤水分含量

前已述及，栽秧当日开始受旱 20d，栽后 20d 开始受旱 10d 都会对产量造成明显影响。因此，可以分别把这两个干旱期处理的土壤水分含量看作临界土壤水分含量。① 由于栽后开始受旱 10d 处理对水稻生长无明显影响，因此，栽后开始干旱 20d 影响水稻产量的含水量应为栽后开始受旱第 10～20 天的平均值。从表 5-18 中看出，栽后当天开始受旱第 10 天、15 天和 20 天所测土壤相对含水量分别为 44.07%、35.96%、31.91%，平均为 37.30%。栽后 20d 开始受旱 10d 处理第 10 天土壤相对含水量为 38.24%。② 从不同土壤含水量条件下各节位处于环境敏感期分蘖芽出鞘状况看，当土壤含水量为 44.07%和 40.74%条件时，分蘖芽出鞘时间略推迟 0.4～0.5 叶，均 100%出鞘；而当土壤含水量为 35.96%时，不仅分蘖芽出鞘时间比对照推迟 0.3 叶，而且出鞘率仅为 8.33%，比对照少 91.67%（表 5-19），表明在该土壤水分含量下会严重抑制分蘖的发生。

将以上影响水稻生长的土壤水分含量综合考虑，我们认为水稻分蘖期受旱影响产量的土壤水分 含量应为 36%左右。

表 5-18　干旱处理后各历期土壤相对含水量　（%）

处理	当天	5d	10d	15d	20d	25d	30d	35d	40d
移栽当天受旱	46.16	44.07	40.74	35.96	31.91	30.67	29.06	25.82	21.51
栽后 20d 受旱	46.89	46.24	38.24	36.41	23.04	21.10	19.36	11.90	8.41

表 5-19　不同土壤含水量条件下各节位分蘖芽出鞘状况　(%)

组别	月-日	土壤含水量	叶位	分蘖芽出鞘时叶龄		出芽率
				平均值	出芽率	
1	5-21	44.07	4	6.8	6.7~6.9	100
	5-26	40.74	4	6.9	6.8~7.0	100
	对照（灌浅水）	100	4	6.4	6.3~6.6	100
2	5-21	44.07	5	7.73	7.5~7.9	100
	5-26	40.74	5	7.53	7.4~7.7	100
	对照（灌浅水）	100	5	7.27	7.2~7.3	100
3	5-31	35.96	6	8.5	8.4~8.9	8.33
	对照（灌浅水）	100	6	8.2	8.1~8.3	100

三、土壤含水量与大气温度的关系

由于土壤水分蒸发量与大气温度和相对湿度有关。因此，以移栽当天受旱40d处理5日日均土壤相对含水量下降量，分别与5日日均温度和相对湿度进行相关和回归分析，结果表明，土壤日均含水量下降量与日均相对湿度间呈微弱负相关，$R=-0.3786$，与日均温度呈显著正相关，$R=0.8223^{*}$（$n=8$），回归方程为：$y=-24.03+1.12x$。若令 $y=1$，则 $x=22.34$，即是说当日均温为22.34℃时，土壤含水量每日下降1%。如果以土壤饱和含水量为50%测算，当其含水量下降到36%时，则需要积温312.76℃。如泸州市水稻栽秧期4月上、中旬日平均气温为15.5℃，则稻田受旱20d即达到影响水稻产量的土壤临界含水量，就应及时灌水。

结论：① 栽秧当日开始受旱20d以上，显著地抑制了分蘖的发生，表现为最高苗和有效穗数不足而减产；栽后20d开始受旱10d以上，颖花严重退化，以致着粒数和结实率降低而减产；② 水稻分蘖期受旱影响产量的土壤水分临界值为相对含水量36%左右；③ 从稻田开始受旱到土壤含水量下降到影响水稻产量的临界值所需积温为312.76℃。

第五节　分蘖期干旱的缓解技术研究

水稻分蘖期干旱在大面积生产上常有发生，对水稻产量的影响主要是抑制分蘖的发生致有效穗不足而减产，但其减产程度与干旱强度有关。先期对水稻的抗旱研究多集中在品种的耐旱特性方面，而且多在盆栽条件下进行，在大田生产条件下开展水稻受旱方面的研究因难以控制自然降雨的影响而研究甚少。为此，徐富贤等[5]在海南三亚旱季和泸州开展了杂交中稻分蘖期干旱程度对产量的影响及其缓解技术研究，以期为大面积水稻分蘖期制定抗旱策略提供科学依据。

一、分蘖期干旱程度对产量的影响

（一）海南旱季持续干旱程度对产量的影响

由杂交中稻宜香优 300 的试验结果（表 5-20）可见，干旱处理的最高苗期均延迟 7d，干旱 7d、14d、21d3 处理的齐穗期和成熟期基本与 CK 相近，而干旱 28d 以上时，随着干旱时间的延长，齐穗期和成熟期越迟，齐穗期比 CK 推迟 2~4d，成熟期比 CK 推迟 3~5d。

田间土壤相对持水量随着干旱时间的延长而显著下降（表 5-21）。对产量构成因素的影响，随着干旱时间分别与最高苗数和穗粒数呈显著负相关，分别与结实粒和千粒重呈极显著正相关，最终产量极显著下降（表 5-22）。从多元回归分析结果（表 5-23）可见，干旱造成产量损失的主要因素是有穗数（X_2）和穗粒数（X_3）的显著降低。

干旱的产量损失度与干旱程度（表 5-24）的回归分析结果表明，干旱处理对产量的损失度（y）主要受干旱期间平均田间持水量（z_3）的影响，而干旱持续天数（z_1）和处理结束时的含水量（z_2）则未入选（表 5-24）。因此，利用干旱期间平均田间持水量可作为预测对产量损失度的依据。

表 5-20　干旱天数对生育期的影响

处理	播种期	移栽期	最高苗	齐穗期	成熟期
干旱 0d（CK）	12 月 5 日	12 月 29 日	2 月 4 日	3 月 23 日	4 月 18 日
干旱 7d	12 月 5 日	12 月 29 日	2 月 11 日	3 月 23 日	4 月 18 日
干旱 14d	12 月 5 日	12 月 29 日	2 月 11 日	3 月 23 日	4 月 18 日
干旱 21d	12 月 5 日	12 月 29 日	2 月 11 日	3 月 24 日	4 月 18 日
干旱 28d	12 月 5 日	12 月 29 日	2 月 11 日	3 月 25 日	4 月 19 日
干旱 35d	12 月 5 日	12 月 29 日	2 月 11 日	3 月 25 日	4 月 21 日
干旱 42d	12 月 5 日	12 月 29 日	2 月 11 日	3 月 27 日	4 月 23 日
干旱 49d	12 月 5 日	12 月 29 日	2 月 11 日	3 月 27 日	4 月 24 日

表 5-21　干旱天数对田间相对持水量的影响　（%）

干旱天数 Z_1	测定日期	含水量 Z_2	处理期内平均含水量 Z_3
干旱 0d（CK）	1 月 14 日	99.99	99.99

（续表）

干旱天数 Z_1	测定日期	含水量 Z_2	处理期内平均含水量 Z_3
干旱 7d	1 月 21 日	92.67	96.33
干旱 14d	1 月 28 日	80.58	91.48
干旱 21d	2 月 4 日	76.85	87.23
干旱 28d	2 月 11 日	43.00	80.41
干旱 35d	2 月 18 日	40.77	72.71
干旱 42d	2 月 25 日	31.72	66.63
干旱 49d	3 月 4 日	26.40	61.26
与干旱天数的 r		-0.973 8**	-0.994 9**

表 5-22　干旱天数对产量及穗粒结构的影响*

处理	最高苗（万穴/亩）x_1	有效穗数（万/亩）x_2	穗粒数（粒）x_3	结实率（%）x_4	千粒重（g）x_5	产量（kg/亩）	产量损失度（%）y
CK	25.80	14.97	126.35	82.25	33.56	526.19	0.00
干旱 7d	24.08	14.55	121.77	83.30	34.28	482.21	8.36
干旱 14d	18.75	12.84	120.49	82.79	33.55	424.81	19.27
干旱 21d	15.45	11.73	119.31	86.85	35.13	413.08	21.50
干旱 28d	16.50	11.67	98.09	87.38	35.2	341.68	35.07
干旱 35d	17.10	11.34	81.01	87.11	38.24	306.81	41.69
干旱 42d	13.73	10.79	59.36	88.62	38.39	189.35	64.02
干旱 49f	13.13	12.08	47.76	88.09	37.07	179.15	65.95
与干旱天数的 r	-0.909 7**	-0.837 0*	-0.949 8**	0.916 8**	0.874 2**	-0.984 6**	0.984 6**

注：* 产量损失度 y=（CK 产量-干旱处理产量）÷ CK 产量×100（%）。

表 5-23　产量损失度与穗粒结构的多元回归分析

回归方程	R^2	F 值	偏相关系数	t 检验值	P
$y=260.61-5.5413X_2-0.7266X_3-2.4964X_5$	0.994 6	243.60	$r(y, x_2)=0.9484$	5.98	0.001 9
			$r(y, x_3)=0.9868$	12.21	0.000 0
			$r(y, x_5)=0.7536$	2.29	0.070 4

注：x_2、x_3、x_5同前表。

表 5-24　干旱的产量损失度（y）与干旱期间平均田间持水量（z_3）的回归分析

回归方程	R^2	F 值	偏相关系数	t 检验值	P
$y=171.32-1.6991z_3$	0.978 2	268.61	$r(y, z_3)=0.9890$	16.39	0.000 0

(二) 泸州大田自然干旱程度对产量的影响

2012 年以抗丰 A/泸恢 7329 为材料，研究研究自然干旱对产量及产量构成的影响。试验结果表明，各种期的生育进程有明显差异，以致水稻生长在不同的环境条件下的产量及穗粒结构差异较大（表 5-25）。裂区方差分析结果可见，干旱与长期保持水层间产量差异不显著，说明今年自然降雨能满足水稻生长需水，没有造成干旱胁迫，播期及其与水分管理互作达显著或极显著水平，其中 3 月 20 日播种的干旱处理比 CK 增产，说明该期降水过多，稻田长期处于排水状态更利于水稻生长。随着播种期迟，产量呈下降趋势。3 月 5 日播种的整个生育期均没有干旱发生，其他各期仅在某一阶段的 7～12d 内受干旱胁迫。由于同期播种的干旱处理并不比有水灌溉的 CK 减产，表明灌浆期土壤含量水量低到饱和持水量的 60%时持续 10d、孕穗期持续 10d 低至 65%时对产量没有影响。

表 5-25　各试验处理产量及穗粒结构

水分管理	播期（月/日）	有效穗数（万/亩）	着粒数（粒/穗）	结实率（%）	千粒重（kg）	产量（kg/亩）
干旱	3/5	12.59	160.36	84.02	29.14	483.30ab
	3/20	12.01	166.73	74.8	31.83	466.50b
	4/4	13.69	152.31	50.14	32.62	334.83d
	4/21	10.44	123.64	75.56	32.63	331.33d
	5/5	11.69	160.68	68.39	29.14	344.67d
	5/21	10.41	184.26	60.73	27.65	313.83d
CK	3/5	12.87	164.28	83.9	29.86	519.00a
	3/20	11.73	169.86	73.31	30.73	414.83c
	4/4	13.76	145.31	51.87	32.26	301.30d
	4/21	10.76	123.35	75.86	31.1	305.00d
	5/5	11.72	156.1	71.83	29.26	342.50d
	5/21	11.93	181.88	57.28	27.39	321.00d

二、本田密肥对分蘖期干旱的缓解效果

供试品种为川谷优 642，于 2013—2014 年在海南陵水进行大田试验。由表

5-26 可知，短期干旱处理下川谷优 642 平均产量为 635. 8kg/亩，比常规灌溉处理高了 25. 8%，差异达显著水平，从其产量构成来看，其优势主要表现在有效穗、每穗粒数和颖花数上。与常规灌溉处理相比，短期干旱处理下川谷优 642 的有效穗、每穗粒数和颖花数平均分别增加了 25. 2%、151%和 44. 0%；在结实率和千粒重上，常规灌溉处理比短期干旱处理高了 11. 5%和 8. 5%。同一水分管理条件下，随着施氮量的增加，川谷优 642 产量呈增加趋势，但处理间差异不显著。短期干旱处理下，施氮量 12kg/亩较 8kg/亩较平均增产 24. 1kg/亩，增幅为 3. 9%；常规灌溉处理下，施氮量 12kg/亩较 8kg/亩较平均增产 19. 1kg/亩，增幅为 3. 9%。随着移栽密度的增加，川谷优 642 的产量显著增加，从其产量构成来看，其优势主要表现在有效穗和颖花数上。随着移栽密度的增加每穗粒数呈下降趋势，结实率和千粒重差异不显著。

表 5-26　短期干旱下施氮量和移栽密度对杂交稻产量及其构成的影响

水分管理	施氮量（kg/亩）	密度（万穴/亩）	有效穗数（万/亩）	每穗粒数（粒/穗）	颖花数（万/亩）	结实率（%）	千粒重（g）	产量（kg/亩）
短期干旱	8	1. 3	15. 2b	138. 2a	2 098a	86. 2a	25. 0a	595. 3a
		1. 5	16. 3b	132. 4a	2 151a	78. 3a	25. 9a	625. 6a
		1. 7	17. 9a	130. 5a	2 331a	79. 1a	26. 1a	650. 2a
	12	1. 3	16. 4b	153. 4a	2 505a	77. 4a	25. 7a	610. 5b
		1. 5	17. 0b	135. 2b	2 306a	82. 3a	25. 7a	651. 8ab
		1. 7	18. 9a	121. 8b	2 303a	80. 8a	26. 7a	681. 1a
平均			16. 9	135. 3	2 282	80. 7	25. 9	635. 8
常规灌溉	8	1. 3	12. 4b	116. 8a	1 453a	89. 4a	28. 4a	486. 0a
		1. 5	13. 2ab	119. 9a	1 584a	90. 4a	28. 2a	496. 9a
		1. 7	14. 1a	111. 8a	1 578a	91. 8a	28. 0a	505. 1a
	12	1. 3	13. 4a	121. 0a	1 602a	91. 4a	27. 8a	501. 8a
		1. 5	13. 4a	115. 4a	1 553a	89. 3a	28. 3a	503. 3a
		1. 7	14. 4a	119. 9a	1 738a	87. 6a	28. 0a	540. 2a
平均			13. 5	117. 5	1 585	90. 0	28. 1	505. 6

三、受干旱稻田经济有效灌水定额

2015 年在四川省农业科学院水稻高粱研究所泸县基地进行水分定额灌溉试验。以蓉优 1015 为材料，设 5 个水分处理：全生育期保持水层（A）；返青至成熟，模拟自然降雨（即根据降水量确定灌水量，B）；返青至成熟，干旱较严重时灌溉 1 次（C）；返青至成熟，干旱较严重时灌溉 2 次（D）；返青至成熟，干旱较严重时灌溉 3 次（E）。由表 5-27 可知，不同水分处理对杂交中稻产量影响显著。与处理 A 相比，处理 B、处理 C、处理 D、处理 E 产量分别降低了 3.4%、52.5%、16.0%、17.4%；但处理 B、处理 C、处理 D、处理 E 水分生产力分别是处理 A 的 1.6 倍、3.1 倍、1.3 倍、1.2 倍，其主要原因是这四个处理的灌溉用水量较处理 A 显著减少。

表 5-27　不同水分处理对杂交中稻产量及水分生产力的影响

处理	产量（kg/亩）	用水量（m^3）	水分生产力（kg/m^3）
A	326.7a	25.3	12.9d
B	315.7a	15.1	20.9b
C	155.3c	3.9	40.1a
D	274.4b	15.7	17.4c
E	269.7b	17.9	15.1d

注：同列字母不相同表示达 0.05 显著差异。

由表 5-28 看出，不同水分处理对杂交中稻有效穗数影响显著。与处理 A 相比，处理 C 和处理 E 的有效穗分别减少了 5.3%和 13.2%，处理 B 的有效穗与处理 A 相当，处理 D 略高于处理 A。不同水分处理对杂交中稻每穗粒数影响显著。与处理 A 相比，处理 B、处理 C、处理 D、处理 E 产量分别降低了 11.2%、20.2%、32.2%、28.5%。不同水分处理对杂交中稻结实率影响不显著，呈处理 A<处理 B<处理 C<处理 D<处理 E 的趋势。不同水分处理对杂交中稻粒重影响不显著，以处理 A 的粒重较低。

表 5-28　不同水分处理对杂交中稻产量构成的影响

处理	有效穗数（万/亩）	每穗粒数	结实率（%）	粒重（mg）
A	11.3ab	159.8a	68.6a	25.9a
B	11.3ab	141.9ab	72.8a	26.5a
C	10.7ab	127.5bc	73.9a	25.4a
D	13.0a	108.3c	77.0a	26.4a
E	9.8b	114.2bc	77.2a	26.1a

注：同列字母不相同表示达 0.05 显著差异。

由图 5-10 可知，不同水分处理对杂交中稻的干物质生产量影响显著，与处理 A 相比，处理 B、处理 C、处理 D、处理 E 产量分别降低了 3.8%、14.3%、14.5%、30.2%。不同水分处理对杂交中稻的收获指数影响显著，其中以处理 C（返青至成熟，干旱较严重时灌溉 1 次）的收获指数最低，说明严重干旱时造成杂交中稻收获指数显著下降。

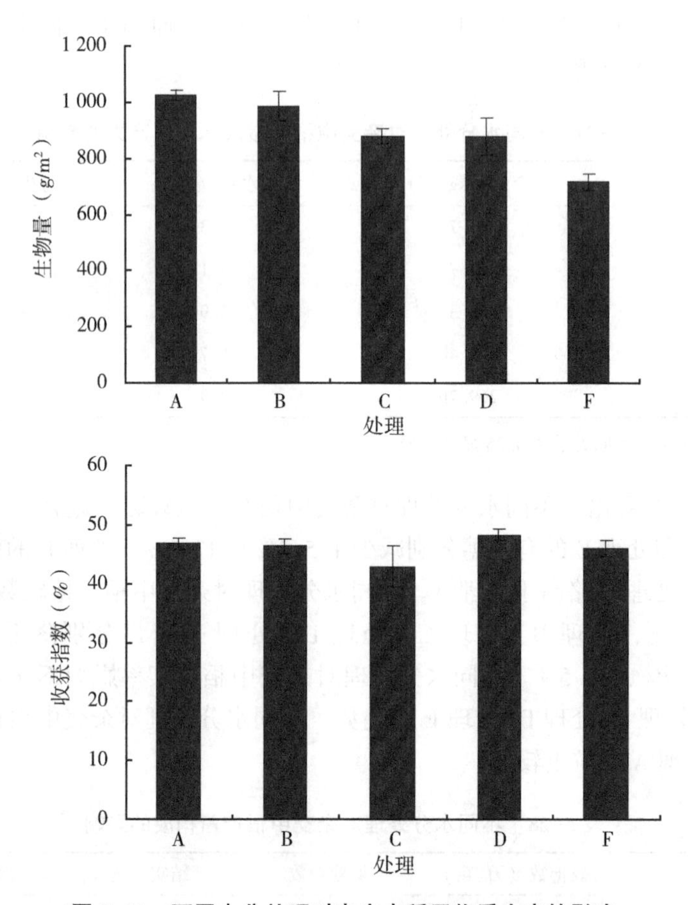

图 5-10　不同水分处理对杂交中稻干物质生产的影响

结论：干旱造成产量损失的主要因素是有效穗数和穗粒数的显著降低；利用干旱期间平均田间持水量可作为预测对产量损失度的依据；分蘖期干旱处理下，稻谷产量随着施氮量和移栽密度的增加而增加。适当提高本田施氮水平和移栽密度，可显著降低分蘖期干旱对产量的损失度。返青至成熟期模拟自然降雨，可实现与全生育期浅水灌溉产量相当，其最佳经济灌水定额为 15.1m^3/亩。

参考文献

[1] 陈超，庞艳梅，徐富贤，等．四川水稻不同生育阶段的干旱风险评估［J］．干旱地区农业研究，2018，36（6）：184-193.

[2] 徐富贤，张林，熊洪，等．杂交中稻组合的耐旱性与植株地上部性状的关系（英文）［J］．Agricultural Science & Technology，2014，15（1）：21-27.

[3] 徐富贤，郑家奎，朱永川，等．杂交中稻发根力与抽穗开花期抗旱性的关系［J］．作物学报，2003，29（2）：188-193.

[4] 徐富贤，熊洪，洪松，等．水稻本田分蘖期受旱对其生育影响的研究［J］．四川农业大学学报，2000（1）：28-30.

[5] 徐富贤，蒋鹏，张林，等．杂交中稻分蘖期干旱对产量的影响及其缓解技术研究［J］．中国稻米，2017，23（6）：57-59.

第六章　洪涝对产量的影响及对应措施

第一节　西南洪涝发生概况与救灾策略

一、洪涝发生特点

我国西南地区地形、地貌复杂，受季风和青藏高原环流系统的影响，雨季降水过于集中，洪涝灾害发生频率高、强度大，洪涝灾害是一种常见的自然灾害。以四川、重庆为例，洪涝灾害具有以下特点。

1. 洪灾范围广

中华人民共和国成立以来，四川各市地州均遭受过洪灾袭击和危害。特别是沿江市县 174 个（包括重庆市所辖市县在内）曾有 134 个市县城镇遭受过水灾，占沿江市县总数的 78%。四川特大暴雨和洪涝灾害波及范围均在 100 个县（市、区）以上，最多的达 180 多个县（市、区），较少的 50 个县（市、区）不等。

2. 突发性强

据四川各暴雨区不完全统计：青衣江暴雨区实测 24h 最大暴雨量，夹江 627. 2mm，龚嘴 483. 7mm；鹿头山暴雨区实测 24h 最大暴雨量，安县睢水关 577. 3mm；大巴山暴雨区巴中玉山站 477. 1mm，万源竹峪站 1983 年 7 月发生 1h 最大降雨达 134mm；泸县大滩站实测 24h 最大降水量 393. 8mm。各暴雨区在 24h 内各时段降水量也极不均匀。在一天降雨中，一般 12h 暴雨居多，6h 暴雨次之，3h 暴雨再次之。其中最大降水量多出现在 2: 00—8: 00，故四川暴雨又多称为夜雨。

3. 灾情重损失大

四川是全国自然灾害多发省区，近 40 年来四川省暴雨洪灾几乎年年发生。如 1950—1995 年的 46 年，全省因洪水受灾面积 26 822. 95万亩，死亡 15 711人，直接经济损失 380. 7 亿元。1998 年 5—9 月，四川省各市地州相继遭遇了 15 次降雨天气过程，洪灾范围遍及全省 180 个县（市、区）中的 168 个县（市、区），受灾人口2 718万，受损农作物2 566万亩，倒塌房屋32.78万间，殃及人数22.4万人。2010年7月因先后暴雨引发的洪涝灾害致使555万亩农作物受灾，成灾面积264万亩，绝收81万亩。

二、西南水稻洪涝发生的空间分布

水稻是西南地区主要粮食作物，常年种植面积近7 000万亩。由于水稻的生长期恰逢雨季，经常会出现连续降雨或暴雨形成洪涝灾害，造成水稻受淹或冲毁，导致减产甚至绝收。但不同水稻生育时期的空间分布有异。

移栽分蘖期的高风险区主要位于云南南部和贵州西南部地区，危险性指数≥1.25；次高危险区包括云南东北部和贵州南部，危险性指数介于0.27~1.25。云南南部和四川东部地区水稻拔节孕穗期处于洪涝高或次高危险区，水稻洪涝危险性指数≥0.53；抽穗成熟期高、次高危险性包括云南南部和四川东北部地区，危险性指数均在0.55以上（图6-1）。

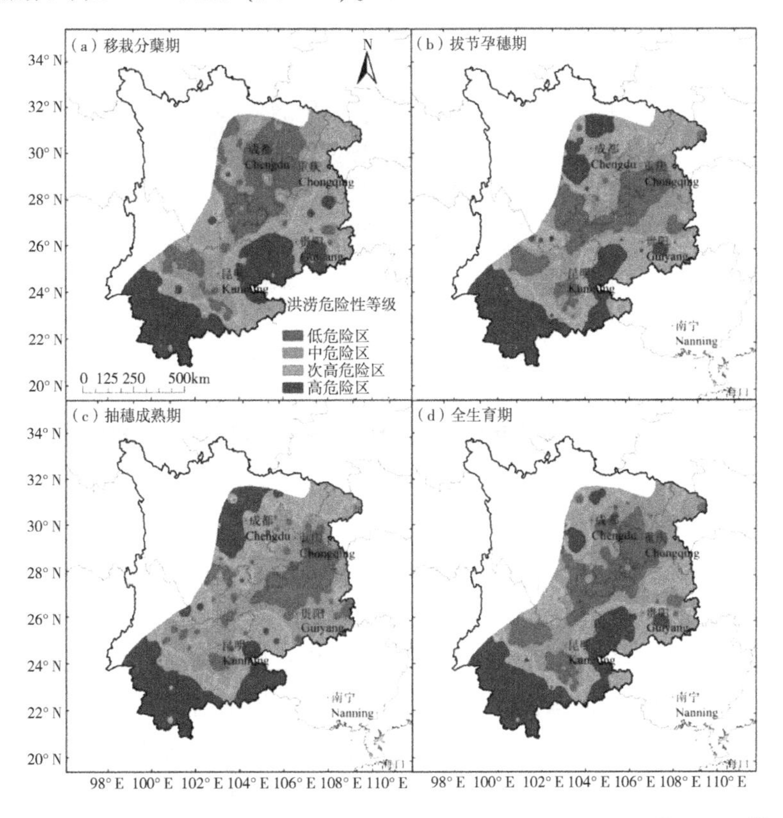

图6-1 西南地区水稻各生育期洪涝危险性的空间分布（杨建莹等，2016[1]）

洪涝孕灾环境敏感性的空间分布表现为中间高四周低，孕灾敏感性由四周向中部地区逐渐增加（图 6-2）。西南地区中部地区，主要包括云南北部、四川南部和贵州东南部地区，是孕灾环境高敏感区域和次高敏感区，敏感性指数≥0.80，该区域地势低洼，高差小，当发生强降水过程时，水涝不易排出；中度敏感区主要分布于云南南部、贵州中部地区，敏感性指数在 0.70~0.80，该区域地势和高差均处中等水平，孕灾环境敏感性与整个区域敏感性相当；低敏感性区域集中在四川东北部、重庆和贵州的山地丘陵区，敏感性指数均在 0.70 以下，该区域海拔较高且地面起伏程度较大，易于水涝的排出。

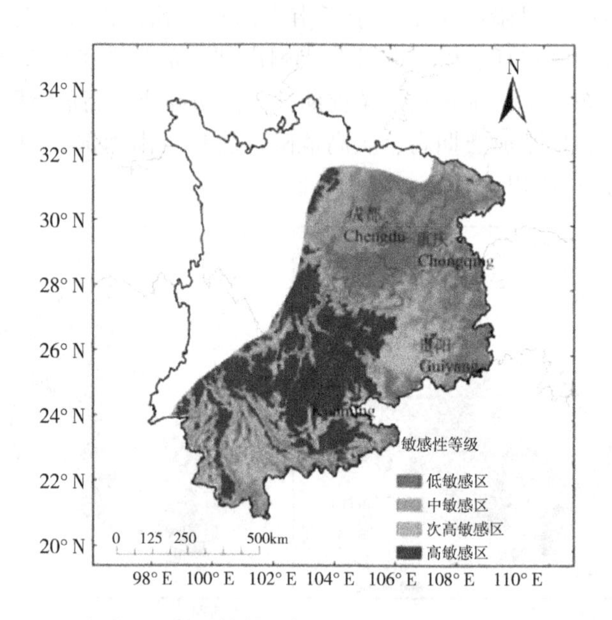

图 6-2　西南地区孕灾环境敏感性的空间分布（杨建莹等，2016[1]）

三、水稻洪涝的救灾策略

在洪涝的救灾策略上，首先，搞好农田基本建设，通过治水、改土、兴林等综合配套措施，最大限度降低洪水的破坏性。其次，根据各区域洪涝发生的规律，种植耐涝品种，合理安排水稻种植季节，将水稻洪涝影响产量较大的关键生育期与洪涝发生期错开而减轻损失程度。再次，利用暴雨预报信息，提前作好稻田排水沟渠和河道畅通工作与相关救灾物资准备，尽量减轻洪涝对水稻的淹没强度。最后，洪涝发生后，及时组织专家与农技人员评估对产量的损失情况，并制定相应的救灾措施。因此，因地制宜地开展水稻不同生育期洪涝强度与水稻产量的影响及其耐涝品种筛选、自救技术模式与配套技术研究，对保障国家粮食安全、维护社会稳定具有十分重大的现实意义。

第二节　洪涝对植株生长的影响

如何更好、更有效地解决涝害后大田作物的保产、稳产工作已成为急待解决的一大难题。虽然前人在涝害对水稻产量及其生理特性方面的影响研究也有过较多报道，但因处理方法及供试材料的不同使得研究结果也存在较多差异。而目前也尚少有关淹涝胁迫对冈优725再生特性及产量构成的影响报道。为更好地探索涝害对水稻生理及产量特性的影响，徐富贤等[2,3]进行了本试验，以期能为水稻涝害后的补救技术措施提供更多的理论参考。

一、洪涝时间对生育期的影响

由试验结果（表6-1、表6-2）可以看出，淹没对头季稻和再生稻的成熟期均有影响，总体表现为头季稻孕穗期、乳熟期淹没后其生育期有延长趋势，抽穗期淹没后其生育期则有所缩短趋势；再生稻孕穗期和抽穗期淹没后有延长趋势，而乳熟期淹没后的生育期影响较小。

表6-1　淹没时间对生育期的影响（2012）

处理时期	淹没时间（h）	头季稻成熟期（月-日）		再生稻成熟期（月-日）	
		淹2/3	全淹没	淹2/3	全淹没
孕穗期	0	7-26	7-26	8-7	8-7
	12	7-29	7-28	8-5	8-6
	24	7-31	8-1	8-6	8-6
	36	8-2	7-30	8-5	8-8
	48	8-4	7-29	8-8	8-8
	60	8-2	7-29	8-9	8-8
	72	8-3	7-31	8-9	8-8
抽穗期	0	7-26	7-26	8-7	8-9
	12	7-28	7-28	8-9	8-11
	24	7-28	7-28	8-12	8-12
	36	7-28	7-27	8-13	8-13
	48	7-26	7-27	8-14	8-14
	60	7-26	7-26	8-14	8-15
	72	7-26	7-25	8-13	8-13

（续表）

处理时期	淹没时间（h）	头季稻成熟期（月-日）		再生稻成熟期（月-日）	
		淹 2/3	全淹没	淹 2/3	全淹没
乳熟期	0	7-26	7-26	8-21	8-21
	12	8-2	7-28	8-19	8-19
	24	8-1	7-30	8-18	8-18
	36	7-30	7-28	8-18	8-20
	48	8-1	7-30	8-20	8-20
	60	8-1	7-30	8-22	8-20
	72	7-29	7-29	8-22	8-20

表 6-2　淹没时间对生育期的影响（2013）

处理时期	淹没时间（h）	头季稻成熟期		再生稻成熟期	
		淹 2/3	全淹没	淹 2/3	全淹没
孕穗期	0	7-18	7-18	8-15	8-15
	12	7-19	6-20	8-16	8-17
	24	7-20	6-21	8-18	8-20
	36	7-19	6-22	8-20	8-21
	48	7-19	6-23	8-20	8-21
	60	7-18	6-24	8-21	8-22
	72	7-21	6-25	8-23	8-22
抽穗期	0	7-17	7-17	8-22	8-22
	12	7-16	7-15	8-22	8-22
	24	7-16	7-15	8-23	8-22
	36	7-16	7-14	8-23	8-23
	48	7-15	7-14	8-23	8-23
	60	7-14	7-13	8-23	8-24
	72	7-14	7-12	8-24	8-24
乳熟期	0	7-17		9-3	
	12	7-18	7-18	9-4	9-4
	24	7-18	7-17	9-5	9-2
	36	7-17	7-18	9-3	9-3
	48	7-17	7-18	9-4	9-4
	60	7-19	7-19	9-4	9-5
	72	7-19	7-20	9-5	9-5

二、洪涝时间对叶片叶绿素的影响

不同淹没时期和时长对头季稻叶绿素（SPAD 值）影响不同，年度间的表现也有一定差异。如 2012 年只有乳熟期处理淹没后叶绿素比 CK 显著提高（表 6-3），而 2013 年除乳熟期处理淹没后叶绿素比 CK 显著提高外，全淹没处理孕穗期处理比 CK 显著提高（表 6-4）。由此可见，淹时期早、淹没较深才会明显使叶绿素比 CK 显著提高。淹没后叶绿素含量比对照高，说明在淹没期的光合作用受到了抑制。

表 6-3　不同淹没处理对头季稻叶片 SPAD 值的影响（2012）

处理	孕穗期			抽穗期			乳熟期		
	处理	CK	处理-CK	处理	CK	处理-CK	处理	CK	处理-CK
12h 淹 2/3	41.4	41	0.4	41	40	1	33	31.9	1.1
24h 淹 2/3	40.9	42.4	-1.5	38.9	39.7	-0.8	38.7	30.7	8
36h 淹 2/3	42.3	42.6	-0.3	40.4	38.6	1.8	32.7	30.6	2.1
48h 淹 2/3	41.7	40.7	1	36.8	38.8	-2	34.1	30.4	3.7
60h 淹 2/3	40	41.8	-1.8	37.4	36.4	1	34.8	29.5	5.3
72h 淹 2/3	40.9	41.9	-1	38.4	36.5	1.9	33.8	30.4	3.4
平均	41.20	41.73	-0.53	38.82	38.33	0.48	34.52	30.58	3.93
t 检验值			1.42			0.63			4.64**
12h 全淹	40.2	41	-0.8	39	40	-1	38.2	31.9	6.3
24h 全淹	43.2	42.4	0.8	38.9	39.7	-0.8	30.9	30.7	0.2
36h 全淹	41.3	42.6	-1.3	38.4	38.6	-0.2	32.3	30.6	1.7
48h 全淹	40.8	40.7	0.1	39.5	38.8	0.7	32.3	30.4	1.9
60h 全淹	39.2	41.8	-2.6	40.5	36.4	4.1	29.5	28.2	1.3
72h 全淹	41.2	41.9	-0.7	37	36.5	0.5	32.2	30.4	1.8
平均	40.98	41.73	-0.75	38.88	38.33	0.55	32.57	30.37	1.77
t 检验值			1.86			0.85			2.94*

表 6-4　不同淹没处理对头季稻叶片 SPAD 值的影响（2013）

处理	孕穗期			抽穗期			乳熟期		
	处理	CK	处理-CK	处理	CK	处理-CK	处理	CK	处理-CK
12h 淹 2/3	38.40	38.88	-0.48	41.15	40.63	0.52	38.30	39.78	-1.48

（续表）

处理	孕穗期			抽穗期			乳熟期		
	处理	CK	处理-CK	处理	CK	处理-CK	处理	CK	处理-CK
24h 淹 2/3	40.78	39.88	0.90	41.05	42.03	-0.98	40.00	41.73	-1.73
36h 淹 2/3	40.50	40.63	-0.13	37.38	41.93	-4.55	40.78	40.13	0.65
48h 淹 2/3	40.20	39.85	0.35	40.55	41.70	-1.15	37.75	39.90	-2.15
60h 淹 2/3	40.58	40.83	-0.25	41.85	42.28	-0.43	37.50	40.15	-2.65
72h 淹 2/3	38.83	38.95	-0.12	42.20	41.83	0.37	33.00	40.60	-7.60
平均	39.88	39.84	0.05	40.70	41.73	-1.04	37.89	40.38	-2.49
t 检验值			0.0850			1.39			2.27*
12h 全淹	40.15	38.88	1.27	38.20	40.63	-2.43	37.48	39.78	-2.30
24h 全淹	41.40	39.88	1.52	39.95	42.03	-2.08	40.05	41.73	-1.68
36h 全淹	41.83	40.63	1.20	42.20	41.93	0.27	41.10	40.13	0.97
48h 全淹	43.58	39.85	3.73	40.85	41.70	-0.85	36.45	39.90	-3.45
60h 全淹	42.65	40.83	1.82	44.70	42.28	2.42	34.78	40.15	-5.37
72h 全淹	43.03	38.95	4.08	39.18	41.83	-2.65	37.15	40.60	-3.45
平均	42.11	39.84	2.27	40.85	41.73	-0.89	37.84	40.38	-2.55
t 检验值			3.74**			0.9031			2.55*

三、洪涝时间对叶片及干物质的影响

水稻受淹后绿叶数减少，淹水 1d、2d、3d 叶片平均损失率分别为 34.6%、49.8%、70.6%。受淹 2d 以上倒 5 叶（乳熟期为倒 3 叶）以上的叶片有一半丧失功能，倒 5 叶（乳熟期为倒 3 叶）以下叶片全部死亡（表 6-5）。

据孕穗期干物质测定（表 6-6），在淹水较短时，光合物质主要供应头季稻，随着淹水时间延长，头季稻损失加重，再生稻苗数增加。表明植株生长中心已向再生芽转移，光合物质的流向也随之改变。

表 6-5 水稻受淹后叶片损失程度

淹水时期	淹水时间 (d)	叶片数	叶片损失率（%）					
			倒 1 叶	倒 2 叶	倒 3 叶	倒 4 叶	倒 5 叶	平均
孕穗期	1d	45	0	0.03	0.21	0.43	0.72	28.0
	2d	60	0.33	0.42	0.46	0.51	0.69	48.2
	3d	55	0.79	0.87	0.80	0.89	0.98	86.6

（续表）

淹水时期	淹水时间(d)	叶片数	叶片损失率（%）					
			倒1叶	倒2叶	倒3叶	倒4叶	倒5叶	平均
齐穗期	1d	65	0	0	0.06	0.20	1.00	25.2
	2d	65	0.02	0.09	0.39	0.73	1.00	44.6
	3d	65	0.23	0.05	0.38	0.87	0.99	50.4
乳熟期	1d	48	0.44	0.32	0.76			56.7
	2d	45	0.51	0.38	0.81			56.7
	3d	33	0.63	0.76	0.85			74.7

注：叶片损失是指损失叶片面积占该叶的比例，于淹水后10d测定。

表6-6　水稻受淹后干物质变化

处理	淹水时间(d)	头季稻（g/盆）		再生稻（g/盆）		生物产量(g/盆)	再生苗数(苗/盆)	再生苗成穗率(%)
		籽粒	茎秆	籽粒	茎秆			
淹后冲洗	1d	69.64	71.80	/	/	147.44	/	/
	2d	3.03	/	59.04	74.83	129.90	43	93.02
	3d	0	/	50.24	73.41	123.65	45	97.14
淹后留再生稻	1d	16.33	/	57.32	127.41	201.06	39	90.00
	2d	0	/	80.72	121.53	202.25	43	97.67
	3d	0	/	74.67	134.82	209.49	50	96.00

四、洪涝不同水深的水温与气温关系

试验结果发现，当水稻较低时，水面以下30~120cm水层温均没有差异（表6-7），但当水温较高时，水面以下30~120cm水层温差异较小（表6-8），水稻越深温度越低。但与水面（0cm）气温有关。根据表6-9的回归方程预测：2012年，令$y=0.7344x-19.884=0$，解得$x=27.1$℃，即当水面气温高于27℃时，气温比水温高，反之则气温比水温低；并推算当$x=15$℃时，水面气温与水层30~120cm水温差为-8.86℃，即水层温度=15℃+8.86℃=23.86℃。2013年，令$y=0.79x-20.058=0$，解得$x=30.45$℃，即当水面气温高于30.45℃时，气温比水温高，反之则气温比水温低。并推算当$x=14.5$℃时，水面气温与水层30~120cm水温差为-8.6℃，即水层温度=14.5℃+8.6℃=23.1℃。

综上所述，在洪水淹没期间，洪水淹没植株顶部情况下，只要气温高于15℃以上，被洪水淹没的水稻不会因水温低于23℃而影响其生长。

表 6-7 不同水层深度温度差异（2012） （℃）

处理时期	调查日期（月-日）	时间	深度（cm）				
			0（气温）	30	60	90	120
孕穗期	6-27	8:30	24.5	23	23	23	23
	6-28	7:30	22	22.5	22.5	22.5	22.5
		14:30	24.5	23.5	23.5	23.5	23.5
		18:00	24.5	24	24	24	24
	66-29	7:30	22.5	23	23	23	23
		14:30	31	26.5	26.5	26.5	26.5
		18:00	31	26.5	26.5	26.5	26.5
	6-30	7:30	23	26.5	26.5	26.5	26.5
		14:30	27	26	26	26	26
		18:00	25	26	26	26	26
抽穗期	7-4	8:30	25	23.5	23.5	23.5	23.5
	7-5	7:30	21	25	25	25	25
		14:30	35	28	28	28	28
		18:00	25.5	28	28	28	28
	7-6	7:30	25	28	28	28	28
		14:30	37.5	29	29	29	29
		18:00	28	30	30	30	30
	7-7	7:30	25	27.5	27.5	27.5	27.5
		14:30	31	29	29	29	29
		18:00	28	30.5	30.5	30.5	30.5
乳熟期	7-14	8:30	31.5	30.5	30.5	30.5	30.5
	7-15	7:30	26	28.5	28.5	28.5	28.5
		14:30	26	29	29	29	29
		18:00	23	28.5	28.5	28.5	28.5
	7-16	7:30	22.5	28	28	28	28
		14:30	22.5	27	27	27	27
		18:00	22.5	27	27	27	27
	7-17	7:30	22.5	27	27	27	27
		14:30	28.5	27	27	27	27
		18:00	26	27	27	27	27

表 6-8　不同水层深度温度差异（2013）　（℃）

处理时期	调查日期（月-日）	时间	水层深度（cm）					
			0（气温）	30	60	90	120	平均
孕穗期	6-15	18:30	37.5	32	32	31	31	31.50
	6-16	7:30	26	29	29	29.5	29.5	29.25
		15:00	37.5	32	31.5	31	30.5	31.25
		18:30	35	32.5	31.5	31	31	31.50
	6-17	7:30	28	30.5	30.5	30	30	30.25
		15:00	38.5	33	32	32	31	32.00
		18:30	36	33	32.5	32	32	32.38
	6-18	7:30	29	31	31	31	30	30.75
		15:00	37.5	33	32.5	32	32	32.38
		18:30	36.5	33.5	33	32.5	32	32.75
抽穗期	6-21	18:30	35	32	32	31	30.5	31.38
	6-22	7:30	24.5	31	31	30.5	30.5	30.75
		15:00	29	31	31	31	30.5	30.88
		18:30	29	31	31	30.5	30.5	30.75
	6-23	7:30	25	30	30	29.5	29.5	29.75
		15:00	31	31	30.5	30	30	30.38
		18:30	27.5	31	30.5	30	30	30.38
	6-24	7:30	25.5	30	30	29	29	29.50
		15:00	31	31	30	29	29	29.75
		18:30	27.5	29	29.5	29	29	29.13
乳熟期	7-2	18:30	35	31	29.5	29	29	29.63
	7-3	7:30	27.5	29	29	28.5	28.5	28.75
		15:00	38	33	33	32.5	32.5	32.75
		18:30	27.5	30	30	29.5	29.5	29.75
	7-4	7:30	29.5	31	31	30.5	30	30.63
		15:00	35	32.5	32.5	31	31	31.75
		18:30	27.5	29	29	28.5	28.5	28.75
	7-5	7:30	24.5	29.5	29.5	29	29	29.25
		15:00	27	29	29	28.5	28	28.63
		18:30	27.5	30	30	29	29	29.50

表 6-9　水面气温与水层 30~12cm 水温差值（y）与水面气温（x）关系

年度	回归方程	R^2
2012	y=0. 0. 734 4x−19. 884	0. 687 9
2013	y=0. 79x−20. 058	0. 962 3

第三节　淹没时间的产量损失度评价

正确评估水稻遭受洪涝灾害后对产量的损失程度，是制定灾后生产自救技术模式的基础。虽然先期在洪水淹没对水稻产量、生理特性、生长发育与品种适应能力的影响和救灾措施等方面已有较多研究，但多为灾后的生产调查或研究的系统性不够，未能形成水稻遭受洪涝灾害后对产量损失程度的科学评估方法。为此，徐富贤等[4,5]在模拟洪灾条件下，进行了水稻各关键生育时期不同洪水淹没深度和时间对产量影响的系统研究，试图建立不同生育时期下洪水淹没深度和时间与产量损失度的定量关系，以期为洪水灾后确定生产自救策略提供科学依据。

一、淹没时间对头季稻产量的影响

（一）淹没时间对结实率与千粒重的影响

由于 3 个试验处理时期前水稻有效穗数及穗粒数已经形成。因此，淹水主要影响结实率和千粒重。从 13 个淹没处理的结实率和千粒重的方差分析结果（表 6-10）看，除 2013 年乳熟期的结实率不显著（F 值 = 0. 65）外，其余各时期淹没处理间结实率和千粒重差异分别达显著或极显著水平（F 值为 3. 27* ~66. 17**）；进一步相关分析结果显示，除淹没植株 2/3 深度下 2012 年孕穗期的淹没时间与千粒重和 2013 年乳熟期淹没时间与结实率的相关不显著（r 分别为−0. 2358、−0. 4776）外，其余表现为淹没时间分别与结实率和千粒重呈显著或极显著负相关（r 为 −0. 780 8* ~ −0. 996 0**）。表明不同淹没时期对结实率和千粒重均有不同程度的影响，而且随着淹没时间的延长，结实率和千粒重下降越多。

表 6-10　淹没处理对千粒重和结实率的影响

年度	品种	淹没深度	淹没时间（h）	孕穗期 千粒重（g）	孕穗期 结实率（%）	抽穗期 千粒重（g）	抽穗期 结实率（%）	乳熟期 千粒重（g）	乳熟期 结实率（%）
2012	内香5优5828	CK	0	35.40a	92.31a	35.40a	92.31a	35.40ab	92.31a
		淹没植株	12	34.93a	88.80b	33.82b	51.80b	35.11ab	91.41ab
			24	35.11a	83.45c	33.80b	52.35b	35.48a	90.99ab
			36	34.93a	81.63c	33.74b	45.47c	35.14ab	90.03ab
			48	34.91a	81.55c	33.16b	44.78c	34.43b	90.21ab
			60	35.09a	66.26e	33.17b	43.40cd	34.74ab	90.23ab
			72	35.18a	65.87e	33.05b	39.81d	32.67cd	90.53ab
			均值	35.03	77.93	33.46	46.27	34.60	90.57
	与淹没时间的相关系数			-0.2358	-0.9476**	-0.8600**	-0.7808*	-0.7932*	-0.7987*
		淹顶	12	34.92a	80.04c	33.15b	41.08cd	34.81ab	90.72ab
			24	34.71a	74.88d	33.17b	37.60d	33.78bc	88.06ab
			36	34.56a	55.78f	33.16b	30.01e	33.96bc	87.12b
			48	34.08b	43.21g	32.98b	26.85e	33.42c	87.08b
			60	33.97b	30.98h	32.52c	20.83f	32.65cd	87.03b
			72	33.82b	18.28i	31.90c	15.49f	31.60d	86.75b
			均值	34.34	54.44	32.81	28.64	33.37	87.79
	与淹没时间的相关系数			-0.983 0**	-0.943 8**	-0.850 9*	-0.847 2*	-0.971 9**	-0.882 4**
		F 值		4.30**	66.17**	8.13**	29.62**	43.16**	3.27*
2013	冈优725	CK	0	28.36a	90.47a	28.36a	90.47a	28.36a	90.47a
		淹没植株	12	27.75a	86.81ab	27.82b	81.94b	27.77ab	91.65a
			24	27.78a	87.25ab	27.50b	77.58b	27.59ab	92.47a
			36	27.70a	79.98bc	27.55b	65.52cd	27.07b	92.40a
			48	27.68a	74.37c	27.38b	63.22cd	26.84b	89.39a
			60	27.58a	68.16d	27.45b	61.65d	26.31c	90.81a
			72	27.55a	66.39de	27.57b	64.67cd	26.35bc	89.39a
			均值	27.67	77.16	27.55	69.10	26.99	91.02
	与淹没时间的相关系数			-0.812 1*	-0.978 1**	-0.738 1	-0.912 7**	-0.982 4**	-0.477 6

（续表）

年度	品种	淹没深度	淹没时间（h）	孕穗期		抽穗期		乳熟期	
				千粒重（g）	结实率（%）	千粒重（g）	结实率（%）	千粒重（g）	结实率（%）
		淹顶	12	27.82a	82.24b	27.78b	68.47c	27.62ab	89.88a
			24	27.61a	69.26d	27.96b	56.46f	26.74bc	88.16a
			36	27.57a	52.19e	26.92c	41.38g	26.22c	87.90a
			48	27.36ab	46.64f	26.49d	30.62h	25.35d	87.44a
			60	27.20ab	34.96g	26.44d	27.35h	25.00d	87.12a
			72	26.01b	20.39h	26.65d	16.26i	24.28e	87.14a
			均值	27.27	50.95	27.04	40.09	25.86	87.94
与淹没时间的相关系数				-0.910 4**	-0.995 5**	-0.909 7**	-0.979 6**	-0.996 0**	-0.930 6**
F 值				3.86*	16.28**	5.07**	56.43**	21.75**	0.65

注：同一列数据后跟有不同字母表示在0.05水平差异显著。

从不同淹没时机对定花的影响结果（表6-11）看，结实率和千粒重在品种间及品种与淹没时间的交互作用均不显著（方差分析*F*值在0.52~3.21），但不同淹没时机处理间差异极显著。其中在开花前2h及开花当时淹没的结实率和千粒重显著下降，开花后2h和4h开始淹没48h，其结实率和千粒重与CK的差异不显著。由此说明，开花当时及以前2h对洪涝淹没较敏感，一旦完成受精后洪涝淹没对其灌浆结实影响则极小。

表6-11 开花后不同时机淹没48h对结实率和千粒重的影响（2014）

杂交组合	淹没时机	结实率（%）	千粒重（g）
川谷优642	开花前2h	72.54b	28.25b
	开花后0h	69.71b	28.68b
	开花后2h	89.12a	30.90a
	开花后4h	88.80a	29.77ab
	不淹水（CK）	90.18a	30.86a
蓉优1015	开花前2h	71.79b	28.57b
	开花后0h	68.87b	29.08b
	开花后2h	90.08a	31.58a
	开花后4h	92.79a	30.91a
	不淹水（CK）	91.22a	30.92a
F 值		71.09**	10.71**

注：同一列数据后不同字母表示在0.05水平差异显著。

（二）淹没时期与淹没深度对产量损失度的影响

以表 6-10 所示各淹没处理的结实率和千粒重数据为基础，将按产量损失度公式计算获得的数据列于表 6-12 中，再根据表 6-12 数据作图 6-3。由图 6-3 可见，不同时期淹没对产量的损失度表现为抽穗期>孕穗期>乳熟期；淹顶>淹没植株 2/3。两年结果一致。

表 6-12　淹没处理对产量的损失度比较

年度	品种	淹没深度	淹没时间（h）	产量损失度（%）			
				孕穗期	抽穗期	乳熟期	平均
2012	内香 5 优 5828	淹没植株 2/3	12	5.08	46.39	1.79	17.75
			24	10.34	45.85	1.21	19.13
			36	12.74	53.05	3.19	22.99
			48	12.88	54.56	4.95	24.13
			60	28.85	55.95	4.08	29.63
			72	29.09	59.74	9.49	32.77
			均值	16.46	52.62	4.10	24.39
		淹顶	12	14.47	58.33	3.36	25.39
			24	20.46	61.83	8.97	30.42
			36	41.01	69.55	9.46	40.01
			48	54.94	72.90	10.94	46.26
			60	67.79	79.27	13.04	53.37
			72	81.08	84.88	16.11	60.69
			均值	46.62	71.13	10.31	42.69
2013	冈优 725	淹没植株 2/3	12	26.28	30.24	0.80	19.11
			24	25.83	34.71	0.56	20.37
			36	32.20	44.76	2.51	26.49
			48	37.00	47.03	6.49	30.17
			60	42.47	48.21	6.88	32.52
			72	44.03	45.44	8.20	32.56
			均值	34.66	41.74	4.29	26.90
		淹顶	12	10.83	25.86	3.24	13.31
			24	25.47	38.47	8.12	24.02
			36	43.92	56.58	10.17	36.89
			48	50.26	68.39	13.61	44.09
			60	62.94	71.82	15.11	49.96
			72	79.33	83.11	17.54	59.99
			均值	45.46	57.37	11.30	38.04

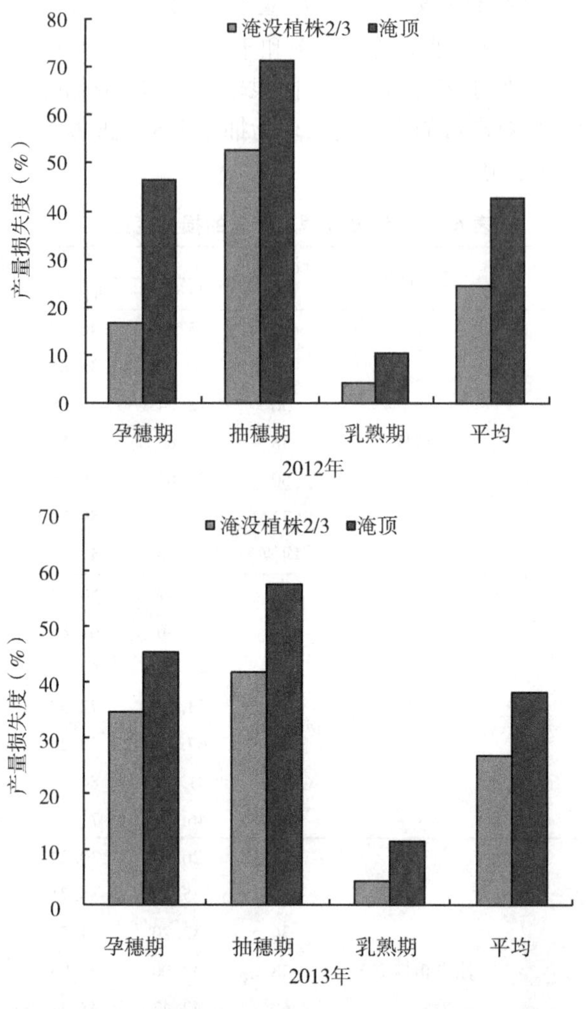

图 6-3　不同淹没时期与淹没深度的产量损失度比较

（三）淹没时间对产量损失度的影响

将表 6-12 数据的回归分析结果列于表 6-13 中。由表 6-13 可以看出，不同淹没时期和淹没深度均表现为产量损失度与淹没时间呈显著或极显著正相关关系，决定系数为0.603 8~0.992 0。因此可用这些回归方程作为产量损失度与淹没时间的预测模型，并利用两年平均的预测模型，将淹没时间 5~100h 的产量损失度列于表 6-14。从表 6-14 可见，在淹没植株 2/3 处理中，孕穗期、抽穗期、乳熟期淹没 100h，两年平均产量损失度分别在 50%、60%、12%左右。主要原因是在淹没处理时有部分穗子和叶片露在水面上，在淹水期间仍可部分进行光合物质的生产与灌浆结实，因而对产量的影响相对较小。而淹顶处理当达 100h，孕穗期、抽穗期的产量损失度达 100%，乳熟期不到 25%。其中产量损失度达 60% 的淹没时间，孕穗期和抽穗期分别为 55h、35h 左右。可以此作为确定救灾技术模式的临界淹没时间。

表 6-13　洪水淹没的产量损失度（y:%）与淹没时间（x: h）的回归分析

年度	品种	淹没深度	淹没时期	回归方程	R^2	r	n
2012	内香 5 优 5828	淹没植株 2/3	孕穗期	$y=0.4184x-1.075$	0.870 7	0.933 1**	6
			抽穗期	$y=0.2347x+42.734$	0.922 9	0.960 7**	6
			乳熟期	$y=0.1164x-0.569$	0.770 3	0.877 7*	6
		淹顶	孕穗期	$y=1.1642x-2.272$	0.988 8	0.994 4**	6
			抽穗期	$y=0.4486x+52.285$	0.992 0	0.996 0**	6
			乳熟期	$y=0.1844x+2.5693$	0.928 1	0.963 4**	6
2013	冈优 725	淹没植株 2/3	孕穗期	$y=0.3416x+20.288$	0.953 1	0.976 3**	6
			抽穗期	$y=0.2828x+29.855$	0.734 6	0.857 1*	6
			乳熟期	$y=0.1427x+0.154$	0.915 2	0.956 7**	6
		淹顶	孕穗期	$y=1.0982x-0.6667$	0.987 8	0.994 0**	6
			抽穗期	$y=0.9479x+17.561$	0.966 1	0.982 9**	6
			乳熟期	$y=0.2284x+1.7073$	0.972 4	0.986 1**	6
两年合计		淹没植株 2/3	孕穗期	$y=0.3800x+9.606$	0.603 8	0.777 0**	12
			抽穗期	$y=0.2587x+36.294$	0.633 4	0.795 9**	12
			乳熟期	$y=0.1295x-0.561$	0.842 2	0.917 7**	12
		淹顶	孕穗期	$y=1.1312x-1.4693$	0.986 8	0.993 4**	12
			抽穗期	$y=0.6982x+34.923$	0.718 0	0.847 3**	12
			乳熟期	$y=0.2064x+2.1383$	0.931 8	0.965 3**	12

表 6-14　洪水淹没时间对产量损失度的预测值

淹没深度	淹没时间（h）	孕穗期			抽穗期			乳熟期		
		2012	2013	两年合计	2012	2013	两年合计	2012	2013	两年合计
淹没植株 2/3	5	1.02	22.00	11.51	43.91	31.27	37.59	0.01	0.87	0.09
	10	3.11	23.70	13.41	45.08	32.68	38.88	0.60	1.58	0.73
	15	5.20	25.41	15.31	46.25	34.10	40.17	1.18	2.29	1.38

（续表）

淹没深度	淹没时间（h）	孕穗期			抽穗期			乳熟期		
		2012	2013	两年合计	2012	2013	两年合计	2012	2013	两年合计
淹没植株2/3	20	7.29	27.12	17.21	47.43	35.51	41.47	1.76	3.01	2.03
	25	9.39	28.83	19.11	48.60	36.93	42.76	2.34	3.72	2.68
	30	11.48	30.54	21.01	49.78	38.34	44.06	2.92	4.44	3.32
	35	13.57	32.24	22.91	50.95	39.75	45.35	3.51	5.15	3.97
	40	15.66	33.95	24.81	52.12	41.17	46.64	4.09	5.86	4.62
	45	17.75	35.66	26.71	53.30	42.58	47.94	4.67	6.58	5.27
	50	19.85	37.37	28.61	54.47	44.00	49.23	5.25	7.29	5.91
	55	21.94	39.08	30.51	55.64	45.41	50.52	5.83	8.00	6.56
	60	24.03	40.78	32.41	56.82	46.82	51.82	6.42	8.72	7.21
	65	26.12	42.49	34.31	57.99	48.24	53.11	7.00	9.43	7.86
	70	28.21	44.20	36.21	59.16	49.65	54.40	7.58	10.14	8.50
	75	30.31	45.91	38.11	60.34	51.07	55.70	8.16	10.86	9.15
	80	32.40	47.62	40.01	61.51	52.48	56.99	8.74	11.57	9.80
	85	34.49	49.32	41.91	62.68	53.89	58.28	9.33	12.28	10.45
	90	36.58	51.03	43.81	63.86	55.31	59.58	9.91	13.00	11.09
	95	38.67	52.74	45.71	65.03	56.72	60.87	10.49	13.71	11.74
	100	40.77	54.45	47.61	66.20	58.14	62.16	11.07	14.42	12.39
淹顶	5	3.55	4.82	4.19	54.53	22.30	38.41	3.49	2.85	3.17
	10	9.37	10.32	9.84	56.77	27.04	41.91	4.41	3.99	4.20
	15	15.19	15.81	15.50	59.01	31.78	45.40	5.34	5.13	5.23
	20	21.01	21.30	21.15	61.26	36.52	48.89	6.26	6.28	6.27
	25	26.83	26.79	26.81	63.50	41.26	52.38	7.18	7.42	7.30
	30	32.65	32.28	32.47	65.74	46.00	55.87	8.10	8.56	8.33
	35	38.48	37.77	38.12	67.99	50.74	59.36	9.02	9.70	9.36
	40	44.30	43.26	43.78	70.23	55.48	62.85	9.95	10.84	10.39
	45	50.12	48.75	49.43	72.47	60.22	66.34	10.87	11.99	11.43
	50	55.94	54.24	55.09	74.72	64.96	69.83	11.79	13.13	12.46
	55	61.76	59.73	60.75	76.96	69.70	73.32	12.71	14.27	13.49
	60	67.58	65.23	66.40	79.20	74.44	76.82	13.63	15.41	14.52
	65	73.40	70.72	72.06	81.44	79.17	80.31	14.56	16.55	15.55
	70	79.22	76.21	77.71	83.69	83.91	83.80	15.48	17.70	16.59
	75	85.04	81.70	83.37	85.93	88.65	87.29	16.40	18.84	17.62
	80	90.86	87.19	89.03	88.17	93.39	90.78	17.32	19.98	18.65
	85	96.69	92.68	94.68	90.42	98.13	94.27	18.24	21.12	19.68
	90	100	98.17	100	92.66	100	97.76	19.17	22.26	20.71
	95	100	100	100	94.90	100	100	20.09	23.41	21.75
	100	100	100	100	97.15	100	100	21.01	24.55	22.78

（四）产量损失度与淹没时间的验证

洪涝发生于2014年7月22日，洪水淹没时间为56.3h。在3个播种期中，其中4月15日播种的蓉优1015和泰优99分别正处于孕穗期和抽穗期，3月30日播种的冈优725正处于乳熟期。因此，水稻成熟期选择性地收获以上品种相关播期的被洪水淹没（低洼田）和未淹没（高台田）的小区实产及考查穗粒结构（表6-15）。结果表明，孕穗期、抽穗期和乳熟期实际产量损失度为59.66%、79.28%和11.60%，分别为利用本预测模型预测值的95.91%、106.81%和96.37%，实测值与预测值误差在3.63~6.81个百分点。表明利用本预测模型有较高的可行度。

表6-15　洪水淹没对产量损失度实证

品种	淹没时间（h）	淹没时期	有效穗数（$\times10^4$/hm^2）	穗粒数（粒）	结实率（%）	千粒重（g）	产量（kg/hm^2）	产量损失度（%）	
								实际	预测
蓉优1015	56.3	孕穗期	185.25a	179.42a	36.92b	28.65b	3 273.45b	59.66	62.2
	0		186.30a	177.38a	84.97a	29.84a	8 113.80a		
泰优99	56.3	抽穗期	193.65a	184.55a	21.92b	28.38b	1 864.20b	79.28	74.22
	0		193.20a	182.32a	87.64a	29.67a	8 997.60a		
冈优725	56.3	乳熟期	156.45a	210.76a	86.05a	25.26b	6 881.70b	13.26	13.76
	0		158.55a	210.41a	89.46a	27.36a	7 934.55a		

二、淹没时间对再生稻产量的影响

由表6-16试验结果可以看出，头季稻不同时期淹没对再生稻产量的影响表现不同。其中孕穗期淹没对再生稻产量损失较小，最大减产7%以内；抽穗期和乳熟期淹没对再生稻产量损失较大，最大可减产30%，而且产量与淹没时间呈显著或极显著负相关。

表6-16　淹没处理对再生稻产量及穗部性状的影响

时期	淹没深度	淹没时间（h）	有效穗数（穗/穴）	着粒数（粒/穗）	千粒重（g）	结实率（%）	产量（g/穴）	相对值（%）
孕穗期	CK	0	14.85a	80.17	31.60	85.30ab	28.58	100.00
	淹没植株2/3	12	13.56ab	76.05	31.42	85.70ab	27.74	97.06
		24	12.56b	78.76	32.40	86.47a	27.53	96.33
		36	11.44b	86.20	31.94	86.04a	25.34	88.66
		48	12.66b	79.92	32.09	82.49b	26.75	93.60
		60	12.22b	80.88	32.05	81.65bc	25.57	89.47
		72	12.33b	84.61	31.58	82.26b	26.71	93.46
	与淹没时间的 r		−0.711 0	0.539 7	0.197 5	−0.798 9*	−0.708 8	

（续表）

时期	淹没深度	淹没时间（h）	有效穗数（穗/穴）	着粒数（粒/穗）	千粒重（g）	结实率（%）	产量（g/穴）	相对值（%）
孕穗期	淹顶	12	13.00ab	76.30	32.27	85.76ab	27.37	95.77
		24	11.55b	81.02	32.70	84.37ab	25.71	89.96
		36	11.56b	80.43	31.98	83.95ab	24.78	86.70
		48	13.56ab	81.71	31.93	81.02bc	28.45	99.55
		60	12.78b	84.89	31.59	80.79c	27.45	96.05
		72	13.00ab	80.83	31.63	81.29	26.88	94.05
	与淹没时间的 *r*		0.267 8	0.605 6	-0.381 7	-0.919 1**	-0.122 5	
	F 值			2.32*	0.63	1.01	2.56*	0.55
抽穗期	CK	0	14.36	79.24b	29.98	83.42	30.36a	100.00
	淹没植株2/3	12	13.89	79.18b	30.15	80.49	29.53ab	97.27
		24	13.59	78.64bc	30.25	83.24	29.29ab	96.48
		36	13.22	76.14c	30.58	83.47	28.63abc	94.30
		48	13.78	71.86de	30.16	83.79	26.43abc	87.06
		60	14.11	73.62d	29.78	82.59	24.56bc	80.90
		72	14.33	75.74cd	29.81	81.13	26.05abc	85.80
	与淹没时间的 *r*		0.101 5	-0.761 8*	-0.373 4	-0.127 7	-0.920 9**	
	淹顶	12	13.75	84.49a	30.37	80.92	29.10abc	95.85
		24	13.00	76.74c	30.57	85.43	25.81abc	85.01
		36	14.22	74.30d	30.10	82.54	25.78abc	84.91
		48	12.78	76.91c	30.39	79.34	23.53c	77.50
		60	13.67	76.26c	30.36	82.25	26.01abc	85.67
		72	14.00	69.55e	30.82	81.36	24.08bc	79.31
	与淹没时间的 *r*		-0.188 9	-0.769 2*	0.640 9	-0.382 4	-0.842 8*	
	F 值		0.43	2.57*	0.97	1.20	2.31*	
乳熟期	CK	0	13.11ab	63.55	30.51c	69.91	24.19a	100.00
	淹没植株2/3	12	12.18ab	67.29	32.31a	71.92	22.41ab	92.64
		24	11.78b	63.15	31.15bc	76.29	20.60bc	85.16
		36	11.78b	68.74	31.41abc	80.39	19.97bc	82.55
		48	11.55b	63.92	31.46abc	76.02	17.65cd	72.96
		60	11.55b	65.97	31.34abc	78.72	16.59d	68.58
		72	12.22ab	61.08	30.91bc	73.82	16.94d	70.03
	与淹没时间的 *r*		-0.584 3	-0.270 6	-0.060	0.523 7	-0.972 7**	
	淹顶	12	13.56a	64.98	30.84bc	72.65	24.13a	99.75
		24	13.00ab	67.35	30.50c	76.11	20.17bc	83.38
		36	13.67a	70.59	30.73c	75.88	22.75ab	94.05
		48	12.97ab	67.27	31.08bc	74.41	18.48cd	76.40
		60	12.56ab	68.01	31.84ab	75.14	17.02d	70.36
		72	12.56ab	61.59	30.48c	77.07	18.06cd	74.66
	与淹没时间的 *r*		-0.652 4	-0.000 3	0.394 6	0.779 9*	-0.849 1*	
	F 值		2.13	0.89	3.06**	1.55	6.91**	

结论：不同时期淹没对产量的损失度表现为抽穗期>孕穗期>乳熟期；淹

顶>淹没植株2/3。洪水淹没下结实率和千粒重与淹没时间呈极显著负相关。定花标记结果显示，在开花前2h及开花当时淹没对结实率和千粒重影响较大，开花后2h和4h开始淹没的结实率和千粒重与CK的差异不显著，开花受精前后是洪水淹没导致减产的敏感期。建立了根据不同淹没时期和淹没深度的产量损失度与淹没时间关系模型，决定系数为0.603 8~0.992 0。孕穗期、抽穗期和乳熟期分别在洪涝淹没56.3h情况下，产量损失度实测值与预测值误差在3.63~6.81个百分点。产量损失度达60%的淹没时间，孕穗期和抽穗期分别为55h、35h左右，可以作为确定救灾技术模式的临界淹没时间。孕穗期淹没对再生稻产量损失较小，最大减产7%以内，抽穗期和乳熟期淹没对再生稻产量损失可减产30%。

第四节 杂交水稻耐涝品种鉴定

为了鉴定出杂交中稻耐淹品种，以近几年通过审定的20个杂交中稻品种为材料，分别于3月5日和4月20日播种，地膜湿润育秧，4叶期移栽，每钵栽3穴，每穴栽双株。其中，利用4月20日播种，于分蘖盛期淹没顶48h，每品种4钵（2钵不淹没作CK，用其中1钵割苗蓄再生稻；2钵淹没，用其中1钵割苗蓄再生稻）。3月5日播期于抽穗期（抽穗50%）淹没顶48h，每个品种9钵，其中淹没6钵（淹后3钵割苗蓄再生稻，3钵不割苗），另3钵不淹没为对照。其主要结果如下。

一、淹没对生育期的影响

（一）对头季稻生育期的影响

由表6-17试验结果可见，20个组合分蘖期淹没的抽穗期比未淹的CK推迟0~7d，平均推迟3.25d；成熟期比CK推迟0~6d，平均推迟1.85d。而抽穗期淹没处理的成熟期提早0~4d，平均提早1.6d（表6-18）。

表6-17 20个组合分蘖盛期淹没对头季稻生育期的影响

品种名称	播种期（月-日）	抽穗期（月-日）			成熟期（月-日）		
		CK	淹没	CK-淹没（d）	CK	淹没	CK-淹没（d）
花香优1号	4-20	7-22	7-28	-6	8-24	8-26日	-2
内5优306	4-20	7-22	7-28	-6	8-23	8-25	-2
川优6203	4-20	7-21	7-24	-3	8-20	8-21	-1
蓉18优447	4-20	7-22	7-23	-1	8-23	8-25	-2

（续表）

品种名称	播种期（月-日）	抽穗期（月-日）			成熟期（月-日）		
		CK	淹没	CK-淹没（d）	CK	淹没	CK-淹没（d）
冈优 169	4-20	7-31	7-31	0	8-28	8-28	0
乐优 198	4-20	7-27	7-28	-1	8-25	8-25	0
宜香优 800	4-20	7-25	7-30	-5	8-24	8-28	-4
蓉优 1808	4-20	7-18	7-21	-3	8-19	8-19	0
冈比优 99	4-20	7-31	8-4	-4	8-27	8-30	-3
冈优 725	4-20	7-28	7-29	-1	8-27	8-28	-1
Y 两优 973	4-20	7-19	7-21	-2	8-20	8-20	0
德香 4103	4-20	7-23	7-28	-5	8-22	8-23	-1
炳优 900	4-20	7-14	7-21	-7	8-19	8-20	-1
渝香 203	4-20	7-22	7-27	-5	8-21	8-25	-4
金冈优 983	4-20	7-28	7-30	-2	8-25	8-25	0
F 优 498	4-20	7-17	7-19	-2	8-16	8-18	-2
内 5 优 317	4-20	7-25	7-27	-2	8-24	8-25	-1
川农优华占	4-20	7-23	7-26	-3	8-22	8-24	-2
蓉优 22	4-20	7-22	7-28	-6	8-21	8-25	-4
川谷优 6684	4-20	7-24	7-25	-1	8-21	8-27	-6
平均				-3.25			-1.85

表 6-18　20 个组合抽穗期淹没对头季稻生育期的影响　（月-日）

品种名称	播种期	抽穗期	成熟期		
			CK	淹没	CK-淹没（d）
花香优 1 号	3-5	6-22	7-24	7-21	3
内 5 优 306	3-5	6-25	7-26	7-22	4
川优 6203	3-5	6-23	7-22	7-22	0
蓉 18 优 447	3-5	6-22	7-23	7-21	2
冈优 169	3-5	6-24	7-24	7-24	0
乐优 198	3-5	6-21	7-22	7-21	1
宜香优 800	3-5	6-24	7-26	7-25	1
蓉优 1808	3-5	6-22	7-23	7-21	2

（续表）

品种名称	播种期	抽穗期	成熟期		
			CK	淹没	CK-淹没 (d)
冈比优 99	3-5	6-27	7-27	7-27	0
冈优 725	3-5	6-22	7-23	7-21	2
Y 两优 973	3-5	6-25	7-26	7-25	1
德香 4103	3-5	6-23	7-25	7-22	3
炳优 900	3-5	6-14	7-20	7-16	4
渝香 203	3-5	6-23	7-25	7-25	0
金冈优 983	3-5	6-27	7-25	7-25	0
F 优 498	3-5	6-19	7-21	7-21	0
内 5 优 317	3-5	6-27	7-26	7-26	0
川农优华占	3-5	6-22	7-24	7-21	3
蓉优 22	3-5	6-24	7-25	7-22	3
川谷优 6684	3-5	6-27	7-28	7-25	3
平均					1.6

（二）对再生稻生育期的影响

分蘖期割苗的再生稻，淹没比未淹没的 CK 抽穗期推迟 0~10d，平均推迟 3.95d；成熟期推迟 0~6d，平均推迟 2.75d（表 6-19）。抽穗期割苗的再生稻成熟期在 8 月 19—28 日（表 6-20），比未割苗的头季稻成熟期延迟 30d 以上（表 6-18）。

表 6-19　20 个组合分蘖盛期淹没对再生稻生育期的影响　（月-日）

品种名称	播种期	抽穗期			成熟期		
		CK	淹没	CK-淹没 (d)	CK	淹没	CK-淹没 (d)
花香优 1 号	6-20	7-25	7-30	-5	8-23	8-27	-4
内 5 优 306	6-20	7-25	7-31	-6	8-23	8-26	-3
川优 6203	6-20	7-24	7-26	-2	8-21	8-25	-4
蓉 18 优 447	6-20	7-25	7-31	-6	8-24	8-27	-3
冈优 169	6-20	7-31	8-2	-2	8-27	8-29	-2
乐优 198	6-20	7-28	7-28	0	8-24	8-25	-1

（续表）

品种名称	播种期	抽穗期			成熟期		
		CK	淹没	CK-淹没（d）	CK	淹没	CK-淹没（d）
宜香优 800	6-20	7-26	7-30	-4	8-25	8-27	-2
蓉优 1808	6-20	7-20	7-23	-3	8-18	8-20	-2
冈比优 99	6-20	8-1	8-5	-4	8-29	8-29	0
冈优 725	6-20	7-29	7-30	-1	8-27	8-27	0
Y 两优 973	6-20	7-21	7-23	-2	8-20	8-21	-1
德香 4103	6-20	7-28	7-31	-3	8-23	8-25	-2
炳优 900	6-20	7-15	7-23	-8	8-18	8-22	-4
渝香 203	6-20	7-21	7-31	-10	8-20	8-26	-6
金冈优 983	6-20	8-1	8-2	-1	8-27	8-29	-2
F 优 498	6-20	7-21	7-25	-4	8-19	8-22	-3
内 5 优 317	6-20	7-26	7-30	-4	8-23	8-27	-4
川农优华占	6-20	7-27	7-30	-3	8-25	8-27	-2
蓉优 22	6-20	7-22	7-30	-8	8-20	8-25	-5
川谷优 6684	6-20	7-25	7-28	-3	8-20	8-25	-5
平均				-3.95			-2.75

表 6-20　20 个组合抽穗期淹没对再生稻生育期的影响　（月-日）

品种名称	播种期	割苗期	抽穗期	成熟期
花香优 1 号	3-5	6-25	7-29	8-25
内 5 优 306	3-5	6-28	8-1	8-27
川优 6203	3-5	6-26	8-1	8-24
蓉 18 优 447	3-5	6-25	7-27	8-22
冈优 169	3-5	6-27	7-31	8-27
乐优 198	3-5	6-24	7-26	8-22
宜香优 800	3-5	6-27	8-3	8-26
蓉优 1808	3-5	6-24	7-26	8-21
冈比优 99	3-5	6-30	8-4	8-28
冈优 725	3-5	6-25	8-1	8-25
Y 两优 973	3-5	6-28	8-1	8-26

（续表）

品种名称	播种期	割苗期	抽穗期	成熟期
德香 4103	3-5	6-26	7-31	8-25
炳优 900	3-5	6-17	7-19	8-22
渝香 203	3-5	6-26	7-30	8-23
金冈优 983	3-5	6-30	8-4	8-28
F 优 498	3-5	6-23	7-20	8-19
内 5 优 317	3-5	6-30	7-31	8-25
川农优华占	3-5	6-25	7-27	8-22
蓉优 22	3-5	6-27	7-31	8-25
川谷优 6684	3-5	6-30	8-1	8-26

二、淹没对头季稻叶绿素含量与干物质重的影响

由表 6-21 试验结果看出，分蘖期淹没后顶部 4 叶的叶绿素含量显著增加，淹没的平均 SPAD 值 40.43，比 CK 高 6.03%。淹没后对秧苗干物重影响较小，淹没后 20 个组合平均干物质总重 6.61g/穴，为 CK 的 99.85%；而比叶重则有所下降，20 个组合平均 3.89mg/cm^2，是 CK 的 98.73%（表 6-22）。

表 6-21 分蘖期淹没对叶片叶绿素含量（SPAD 值）的影响

组合	CK					淹没				
	顶 1	顶 2	顶 3	顶 4	平均	顶 1	顶 2	顶 3	顶 4	平均
花香优 1 号	34.8	39	36.7	33.8	36.08	33	40.2	41.7	38.9	38.45
内 5 优 306	31.6	40.5	40.2	37.4	37.43	35	39.8	40.1	35.7	37.65
川优 6203	36.4	41.7	41.4	43.9	40.85	39.5	46.9	44.7	44.2	43.83
蓉 18 优 447	36.9	41.6	39.6	37.8	38.98	39.3	42.2	45.1	44.1	42.68
冈优 169	38.8	44.3	42.3	42.8	42.05	35.7	42.7	42.9	39.7	40.25
乐优 198	34.2	40.4	38.5	37.3	37.60	35.3	46	45.7	42.8	42.45
宜香优 800	33.3	39.5	37.8	36	36.65	35.2	40	40.8	40.1	39.03
蓉优 1808	35.6	38.9	36.7	33.6	36.20	38.5	46.1	42.4	36.6	40.90
冈比优 99	31	41.7	40	37.2	37.48	36.2	38.7	42	36	38.23
冈优 725	32.7	43.1	41.6	39.5	39.23	37.3	42.8	44	41.8	41.48
Y 两优 973	37.8	42.4	40.3	39.3	39.95	33.8	42	41.1	42	39.73

（续表）

组合	CK					淹没				
	顶 1	顶 2	顶 3	顶 4	平均	顶 1	顶 2	顶 3	顶 4	平均
德香 4103	37.9	41.5	40	38.6	39.50	38.4	42.9	43.4	36.7	40.35
炳优 900	40.6	41.3	45.7	39.5	41.78	41.9	43.8	41.7	42.5	42.48
渝香 203	32.1	41.7	40.5	36.2	37.63	39.3	44.1	43	42.1	42.13
金冈优 983	29.2	35.3	34.2	35.1	33.45	32.6	38.6	38.3	33.9	35.85
F 优 498	37.6	40.1	42.5	40.2	40.10	37	44.5	44	38.1	40.90
内 5 优 317	28.1	36.3	39.6	35.1	34.78	33	40	39.2	39.5	37.93
川农华占	35	40.2	41.7	36.8	38.43	38	48.2	45.2	45.7	44.28
蓉优 22	38.7	40.6	40.3	36.8	39.10	38.8	44.3	39.3	42.6	41.25
川谷优 6684	33.3	39.3	36.5	32.3	35.35	33.4	40.9	45.3	35.5	38.78
平均	34.78	40.47	39.81	37.46	38.13	36.56	42.74	42.50	39.93	40.43

注：SPAD 值是在处理后 12h 测定 3 株主茎的平均值。

表 6-22　分蘖盛期淹没对秧苗干物质重和比叶重的影响

组合	CK				淹没			
	干物重（g/穴）			比叶重（mg/cm²）	干物重（g/穴）			比叶重（mg/cm²）
	叶	茎	总和		叶	茎	总和	
花香优 1 号	6.08	0.63	6.71	3.98	7.75	1.38	9.13	4.03
内 5 优 306	7.40	0.90	8.30	3.64	4.57	0.58	5.15	3.92
川优 6203	4.62	0.30	4.92	3.64	4.70	0.88	5.58	4.22
蓉 18 优 447	5.90	0.85	6.75	4.32	4.32	0.80	5.12	4.26
冈优 169	6.68	0.85	7.53	4.10	6.67	0.72	7.39	3.96
乐优 198	5.52	0.68	6.20	3.75	6.07	1.28	7.35	3.45
宜香优 800	6.92	0.72	7.64	3.53	6.20	1.10	7.30	4.02
蓉优 1808	6.27	1.18	7.45	4.07	6.58	1.70	8.28	3.97
冈比优 99	5.52	0.67	6.19	3.89	5.50	1.20	6.70	4.01
冈优 725	5.55	0.38	5.93	3.88	6.13	1.28	7.41	3.88
Y 两优 973	5.63	0.48	6.11	4.11	5.38	0.45	5.83	3.74
德香 4103	5.53	0.67	6.20	3.87	4.57	0.42	4.99	3.85
炳优 900	6.38	0.93	7.31	4.58	4.98	1.03	6.01	4.52
渝香 203	6.72	0.53	7.25	3.90	5.50	0.90	6.40	3.90

（续表）

组合	CK				淹没			
	干物重（g/穴）			比叶重（mg/cm^2）	干物重（g/穴）			比叶重（mg/cm^2）
	叶	茎	总和		叶	茎	总和	
金冈优 983	5.72	0.47	6.19	3.86	6.38	0.83	7.21	3.73
F 优 498	5.70	0.98	6.68	3.54	5.42	1.62	7.04	4.04
内 5 优 317	5.97	0.37	6.34	4.29	6.30	0.60	6.90	3.49
川农优华占	5.75	0.82	6.57	3.55	4.60	0.75	5.35	3.94
蓉优 22	5.80	0.55	6.35	3.82	5.93	1.07	7.00	3.58
川谷优 6684	4.98	0.57	5.55	3.56	5.43	0.85	6.28	4.34
平　均	5.93	0.68	6.61	3.89	5.65	0.97	6.62	3.94

三、淹没对产量及穗粒构成的影响

（一）分蘖期处理

分蘖期淹没后头季稻产量显著下降，其耐淹系数为 0.43~0.93，平均 0.65，品种间差异极大；耐淹系数在 0.8 以上的组合有川谷优 6684、冈优 169 和乐优 198（表 6-23）。淹没后蓄再生稻产量与未淹处理再生稻相比，耐淹系数为 0.4~0.95，平均 0.66（表 6-24）。淹没后蓄再生稻平均产量 21.25g/穴，与淹没后未割苗的头季稻平均产量 21.63g/穴略低。因此，分蘖盛期淹没 48h 后，不宜割苗蓄再生稻，而是加强田间管理保留头季稻为宜。

表 6-23　分蘖期 CK 和淹没的头季稻产量及穗粒结构

处理	组合	有效穗（穗/穴）	着粒数（粒/穗）	结实率（%）	千粒重（g）	产量（g/穴）	耐淹系数
CK	花香优 1 号	8.33	231.24	75.52	28.70	41.44	
	内 5 优 306	5.33	204.88	70.71	28.02	21.68	
	川优 6203	7.33	199.86	79.19	26.37	30.32	
	蓉 18 优 447	8.33	177.56	71.50	29.00	38.49	
	冈优 169	6.33	158.95	71.36	28.19	25.27	
	乐优 198	6.00	250.33	78.98	26.79	31.69	
	宜香优 800	7.33	243.59	74.70	28.40	37.46	
	蓉优 1808	7.67	239.57	69.02	30.25	38.28	

（续表）

处理	组合	有效穗（穗/穴）	着粒数（粒/穗）	结实率（%）	千粒重（g）	产量（g/穴）	耐淹系数
CK	冈比优 99	4.33	219.92	68.28	30.00	19.55	
	冈优 725	6.67	233.70	84.92	26.15	34.60	
	Y 两优 973	8.67	227.08	85.60	26.01	43.65	
	德香 4103	7.00	224.19	73.07	28.97	32.88	
	炳优 900	8.33	265.00	79.62	25.76	44.87	
	渝香 203	8.33	215.32	77.95	29.73	40.96	
	金冈优 983	7.00	207.95	81.45	26.24	30.73	
	F 优 498	7.67	269.52	84.47	28.08	47.69	
	内 5 优 317	7.67	166.48	82.11	30.27	31.21	
	川农优华占	9.00	204.41	72.64	22.82	30.54	
	蓉优 22	9.33	166.54	81.13	30.03	37.55	
	川谷优 6684	6.00	234.00	75.66	26.61	27.94	
淹没	花香优 1 号	7.33	147.91	78.18	30.56	25.72	0.62
	内 5 优 306	4.00	148.75	81.40	29.87	14.43	0.67
	川优 6203	6.00	160.78	77.37	26.93	20.04	0.66
	蓉 18 优 447	8.00	163.75	81.68	28.34	30.19	0.79
	冈优 169	6.33	152.95	80.04	28.87	22.33	0.88
	乐优 198	7.00	153.14	83.05	28.03	25.90	0.82
	宜香优 800	7.00	148.33	80.26	29.85	25.07	0.67
	蓉优 1808	5.33	202.13	72.08	29.23	22.83	0.60
	冈比优 99	4.00	155.67	71.90	28.57	12.65	0.65
	冈优 725	4.33	164.31	79.12	27.01	15.08	0.44
	Y 两优 973	7.00	175.43	83.98	25.93	26.78	0.61
	德香 4103	7.00	139.14	72.96	29.27	20.58	0.63
	炳优 900	4.67	263.86	74.42	23.27	20.81	0.46
	渝香 203	5.67	157.88	70.68	27.84	17.44	0.43
	金冈优 983	4.67	204.93	75.50	26.61	19.03	0.62
	F 优 498	6.67	167.50	77.91	27.21	23.73	0.50
	内 5 优 317	6.33	116.63	77.48	29.90	17.17	0.55
	川农优华占	7.00	163.48	82.00	23.38	21.74	0.71
	蓉优 22	7.33	139.64	80.63	30.49	25.27	0.67
	川谷优 6684	7.33	167.95	77.54	27.24	25.85	0.93
	平均	6.15	164.71	77.91	27.92	21.63	0.65

表 6-24　分蘖期 CK 和淹没的再生稻产量及穗粒结构

处理	组合	有效穗（穗/穴）	着粒数（粒/穗）	结实率（%）	千粒重（g）	产量（g/穴）	耐淹系数
CK	花香优 1 号	11.00	164.64	83.16	29.10	43.38	
	内 5 优 306	12.00	136.31	80.88	27.60	36.11	
	川优 6203	10.67	153.06	82.95	25.65	34.70	
	蓉 18 优 447	9.67	150.28	74.58	28.85	31.10	
	冈优 169	8.67	168.15	74.73	28.83	31.41	
	乐优 198	6.00	172.56	75.69	27.59	21.55	
	宜香优 800	10.67	178.69	69.57	28.41	37.65	
	蓉优 1808	8.67	147.46	68.83	28.83	25.55	
	冈比优 99	8.33	166.52	63.58	28.75	25.19	
	冈优 725	8.33	153.20	81.33	26.40	27.42	
	Y 两优 973	10.33	183.45	77.93	25.49	37.31	
	德香 4103	10.33	137.94	78.72	29.54	32.57	
	炳优 900	8.00	212.88	75.51	24.24	30.99	
	渝香 203	13.33	159.35	74.66	25.89	41.28	
	金冈优 983	6.33	152.95	71.06	26.89	38.43	
	F 优 498	11.67	163.57	77.22	27.27	39.33	
	内 5 优 317	11.67	120.31	85.51	30.17	35.97	
	川农优华占	12.33	152.76	73.76	22.79	30.97	
	蓉优 22	11.33	107.91	75.74	29.54	27.46	
	川谷优 6684	12.67	137.89	76.72	26.47	35.48	
淹没	花香优 1 号	6.33	127.58	74.63	29.13	17.44	0.40
	内 5 优 306	6.33	140.26	79.96	29.57	20.60	0.57
	川优 6203	7.67	134.00	71.77	26.14	19.22	0.55
	蓉 18 优 447	8.33	131.16	81.49	30.20	26.60	0.86
	冈优 169	10.00	139.77	77.22	28.78	20.97	0.67
	乐优 198	6.67	135.70	80.25	28.34	20.48	0.95
	宜香优 800	9.33	139.54	75.40	29.85	29.03	0.77
	蓉优 1808	6.67	167.65	73.16	29.40	24.32	0.95
	冈比优 99	5.67	141.12	68.20	28.60	15.58	0.62
	冈优 725	7.33	167.14	81.45	27.24	26.05	0.95
	Y 两优 973	7.67	140.04	82.61	25.33	22.18	0.59
	德香 4103	10.00	116.10	80.62	28.90	26.87	0.82
	炳优 900	5.00	275.47	67.30	23.96	21.47	0.69
	渝香 203	8.33	131.76	68.88	28.80	21.47	0.52
	金冈优 983	7.33	174.95	69.86	25.35	22.83	0.59
	F 优 498	4.33	151.85	65.30	25.92	11.09	0.28
	内 5 优 317	4.67	107.50	80.66	29.70	12.02	0.33
	川农优华占	10.33	132.58	64.57	23.17	20.11	0.65
	蓉优 22	8.00	123.79	82.50	31.09	24.51	0.89
	川谷优 6684	8.67	115.12	78.92	28.23	22.17	0.62
	平均	7.43	144.65	75.24	27.89	21.25	0.66

（二）抽穗期处理

抽穗期淹没48h后，20个组合间产量差异显著（F=2.15*），其耐淹系数为0.26~0.66，平均0.43。其中耐淹系数达0.6以上的组合有蓉18优447、川优6203和冈比优99（表6-25）。若蓄再生稻20个组合间产量差异极显著（F=3.47**），平均产量为25.08g/穴，为头季稻CK的64.16%，比未割苗处理平均高20个百分点。因此，抽穗期淹没48h的杂交中稻，以割苗蓄再生稻为宜，其高产品种有冈优169、内5优317、蓉优22和川谷优6684（表6-26）。

此外，头季稻分蘖期耐淹系数与抽穗期耐淹系数间的相关系数为0.146 6，分蘖期耐淹再生稻产量与抽穗期耐淹再生稻产量间的相关系数为-0.002 6，均不显著。表明分蘖期和抽穗期耐淹组合间没有相关性，生产上应分别在各时期筛选相应耐淹品种。

表6-25　抽穗期CK与淹没的头季产量及穗粒结构

处理	组合	有效穗数（穗/穴）	着粒数（粒/穗）	结实率（%）	千粒重（g）	产量（g/穴）	耐淹系数
CK	花香优1号	11.17	155.32	81.45	31.83	45.11	
	内5优306	9.67	137.55	88.54	31.53	37.40	
	川优6203	8.33	143.10	82.95	30.00	29.71	
	蓉18优447	8.50	162.00	87.88	31.51	38.25	
	冈优169	7.83	204.41	80.82	29.81	38.51	
	乐优198	6.67	235.20	82.08	29.79	38.12	
	宜香优800	7.33	192.53	81.42	31.57	36.07	
	蓉优1808	9.00	199.37	83.95	31.86	48.56	
	冈比优99	6.83	220.68	81.73	29.97	36.87	
	冈优725	8.83	180.06	91.07	27.98	40.81	
	Y两优973	8.33	207.53	87.54	28.03	41.93	
	德香4103	8.50	156.43	86.10	32.44	36.61	
	炳优900	6.67	260.53	84.03	23.96	34.97	
	渝香203	9.17	174.78	82.56	30.93	40.57	
	金冈优983	8.00	229.57	80.37	27.07	39.84	
	F优498	8.00	199.47	91.74	30.22	44.17	
	内5优317	8.50	137.28	89.22	34.16	35.46	
	川农优华占	11.17	203.36	82.92	24.67	46.52	
	蓉优22	8.67	143.63	88.87	34.30	37.51	
	川谷优6684	9.00	162.08	88.24	31.93	41.28	

（续表）

处理	组合	有效穗数（穗/穴）	着粒数（粒/穗）	结实率（%）	千粒重（g）	产量（g/穴）	耐淹系数
淹没	花香优 1 号	8.89	163.00	28.59	19.58	11.88cd	0.26
	内 5 优 306	7.00	149.16	33.04	26.36	11.00d	0.29
	川优 6203	8.44	143.56	52.51	28.52	18.10abcd	0.61
	蓉 18 优 447	8.22	145.10	67.37	31.73	25.29a	0.66
	冈优 169	7.22	190.39	32.90	24.70	13.10bcd	0.34
	乐优 198	7.33	188.93	34.88	29.00	14.79bcd	0.39
	宜香优 800	8.67	165.98	36.00	30.94	15.70abcd	0.44
	蓉优 1808	7.56	204.37	35.12	31.72	17.03abcd	0.35
	冈比优 99	8.44	201.08	47.20	28.71	22.60ab	0.61
	冈优 725	7.00	190.13	43.56	28.95	16.67abcd	0.41
	Y 两优 973	7.67	190.37	41.99	27.65	17.07abcd	0.41
	德香 4103	7.44	149.55	40.01	26.92	13.98bcd	0.38
	炳优 900	6.56	256.28	40.18	23.98	15.97abcd	0.46
	渝香 203	9.89	158.61	25.51	25.12	11.90cd	0.29
	金冈优 983	8.22	199.19	50.51	26.74	21.74abc	0.55
	F 优 498	7.33	180.09	43.67	29.92	20.27abcd	0.46
	内 5 优 317	8.22	142.70	35.06	32.56	13.14bcd	0.37
	川农优华占	8.22	172.36	38.62	24.53	13.57bcd	0.29
	蓉优 22	8.22	151.40	50.34	28.17	21.18abc	0.56
	川谷优 6684	9.22	149.49	46.58	31.14	19.12abcd	0.46
		7.99	174.59	41.18	27.85	16.71	0.43

表 6-26　抽穗期淹没再生稻产量及穗粒结构

组合	有效穗数（穗/穴）	着粒数（粒/穗）	结实率（%）	千粒重（g）	产量（g/穴）	为头季 CK 的（%）
花香优 1 号	17.89	63.12	79.18	27.49	24.28bcd	53.82
内 5 优 306	17.78	62.14	77.84	27.27	23.10cd	61.76
川优 6203	12.11	61.95	84.83	26.24	16.67e	56.11
蓉 18 优 447	17.11	64.10	89.79	27.35	26.23abcd	68.58
冈优 169	16.67	84.55	81.69	27.38	30.30ab	78.68
乐优 198	13.56	77.64	85.39	26.14	23.55cd	61.78
宜香优 800	14.67	69.92	77.30	29.03	22.72d	62.99
蓉优 1808	13.89	71.85	84.32	27.19	22.18d	45.68

（续表）

组合	有效穗数（穗/穴）	着粒数（粒/穗）	结实率（%）	千粒重（g）	产量（g/穴）	为头季 CK 的（%）
冈比优 99	16.33	80.23	78.04	27.08	27.21abcd	73.80
冈优 725	15.11	82.32	83.43	25.27	26.08abcd	63.91
Y 两优 973	16.78	69.62	83.28	24.98	24.30bcd	57.95
德香 4103	15.22	66.62	82.61	27.82	22.67d	61.92
炳优 900	11.22	127.96	79.76	21.77	25.15bcd	71.92
渝香 203	16.22	69.87	75.23	26.83	22.50d	55.46
金冈优 983	16.33	79.30	79.99	24.14	24.74bcd	62.10
F 优 498	14.44	89.48	81.12	26.05	26.68abcd	60.40
内 5 优 317	18.56	68.95	77.72	28.73	28.67abc	80.85
川农优华占	20.11	66.88	82.03	22.63	24.51bcd	52.69
蓉优 22	18.33	63.54	84.29	29.33	29.00abcd	77.31
川谷优 6684	20.78	68.60	80.58	27.48	31.15a	75.46
平均	16.16	74.43	81.42	26.51	25.08	64.16

结论：

（1）分蘖期淹没后，抽穗期平均延长 3.25d，成熟期平均延长 1.85d，再生稻抽穗期平均延长 3.95d，成熟期平均延长 2.75d；抽穗期淹没的头季稻成熟期平均提早 1.6d。不同品种间差异较大。

（2）分蘖期淹没后顶部 4 叶的叶绿素含量显著增加 6.03%，对秧苗干物重和比叶重影响较小。

（3）分蘖盛期淹没 48h 后，不宜割苗蓄再生稻，而是加强田间管理保留头季为宜，耐淹力较强的组合有川谷优 6684、冈优 169 和乐优 198；抽穗期淹没 48h 的杂交中稻，以割苗蓄再生稻为宜，其高产品种有冈优 169、内 5 优 317、蓉优 22 和川谷优 6684。

（4）分蘖期和抽穗期耐淹组合间没有相关性，生产上应分别在各时期筛选相应耐淹品种。

第五节　洪涝灾害挽救措施

一、水稻淹水后的补救方式

水稻洪涝后采取割苗蓄再生稻和洗苗发分蘖两种补救措施。结果表明水稻淹水后割苗蓄再生稻，无论淹水时间长短所有处理均有一定收成，但随着淹水时期的推迟产量逐渐下降，其中孕穗期淹2～3d，齐穗期淹1～3d的再生稻产量均可达400kg以上（表6-27）。而洗苗发分蘖处理的产量比相同条件下的再生稻低，虽然头季稻和再生稻两季总产量与割苗蓄再生稻相当（表6-28），由于头季稻成熟期与分枝穗成熟期相差较大，不便于收割，利用价值不大。

表6-27　淹水后再生稻产量及构成

淹水时期	淹水时间(d)	最高苗	有效穗数(穗/盆)	成穗率(%)	着粒数(粒)	结实率(%)	千粒重(g)	实产(kg/亩)
孕穗期	1	40	36	90.0	63.58	92.61	25.05	322.3
	2	43	42	97.6	83.23	90.42	25.73	484.3
	3	45	48	96.0	77.63	82.16	25.10	448.0
	平均				74.81	88.40	25.29	418.2
齐穗期	1	64	44	68.8	70.69	80.21	24.38	408.8
	2	58	56	96.6	68.09	74.80	24.29	425.0
	3	58	58	100	66.60	69.46	24.00	386.5
	平均				68.46	74.872	24.22	406.8
乳熟期	1	46	46	100	61.50	69.46	23.09	259.9
	2	45	45	100	54.08	69.76	23.07	243.4
	3	53	52	98.1	55.34	64.60	23.38	198.4
	平均				56.97	67.94	23.18	233.9

表6-28　淹水后洗苗分枝穗产量及构成

淹水时期	淹水时间(d)	头季稻产量(kg/亩)	分枝穗数			分枝穗产量性状			
			发苗数(苗/盆)	有效穗数(穗/盆)	成穗率(%)	着粒数(粒)	结实率(%)	千粒重(g)	实产(kg/亩)
孕穗期	1	417.8							
	2	18.2	43	40	93.02	68.12	87.24	25.13	354.2
	3	0	35	34	97.14	67.43	88.18	25.21	301.4
齐穗期	1	54.5	67	64	95.52	67.16	69.77	24.50	439.8
	2	71.2	53	47	88.68	69.50	78.91	24.66	382.6
	3	20.5	49	46	93.88	69.30	78.96	25.33	379.7

（续表）

淹水时期	淹水时间（d）	头季稻产量（kg/亩）	分枝穗数			分枝穗产量性状			
			发苗数（苗/盆）	有效穗数（穗/盆）	成穗率（%）	着粒数（粒）	结实率（%）	千粒重（g）	实产（kg/亩）
乳熟期	1	444.7	—	—	—	—	—	—	—
	2	227.3	—	—	—	—	—	—	—
	3	222.1	—	—	—	—	—	—	—

二、洪涝后蓄留再生稻的判断标准

前述控制性模拟洪涝灾害试验表明，产量损失度达60%的淹没时间抽穗期35h左右，可以作为确定救灾技术模式的临界淹没时间，与生产调查结果基本相符。2007年泸县、隆昌、达县、渠县4个县农技部门田间调查结果（表6-29）表明，杂交中稻孕穗期至齐穗期，洪水淹没时间越长，产量损失越重。淹没6~12h，产量损失4.05%~26.8%，其中，齐穗期损失最轻，破口期损失最重；淹没15~25h，产量损失为18.86%~66.35%，损失最重的为始穗期和破口期，分别达到66.35%和49.47%；淹没30~40h，产量损失均达到50%以上，其中破口、始穗、盛穗三个时期产量损失均超过80%；淹没48h以上，产量损失为78.62%~94.96%，大部分田块基本绝收。而乳熟期淹没48h以上，产量损失也超过50%。由于淹没稻既损失了库，又减少了源，因此，与正常水稻相比，产量下降的主要原因是淹没稻不能正常受粉结实和包颈穗比重大幅上升，抽穗困难，导致结实率下降而减产。与前期人工模拟洪水淹没结果基本一致。同时，调查结果还进一步说明，水稻破口至盛穗期对洪水更敏感。水稻破口至盛穗期自然洪水淹没30~40h，产量损失即达到80.56%~82.63%，说明自然洪水因其流速和浑浊度等与人工模拟洪水存在差异，对水稻生长更具破坏力。

综上所述，杂交水稻可将孕穗末期和齐穗期淹没不足35h，在洪水退水过程中洗苗、加强田间病防治可获得300kg/亩左右产量；当淹没时间达35h以上时，以割苗蓄留“洪水再生稻”为宜，但还需结合查看再生芽状况而定；若淹没时间过长，大部分再生芽已死亡则改种秋作。

表 6-29　杂交中稻不同生育期不同淹没时间的产量损失　(%)

考察项目	淹没时间(h)	淹没生育时期					
		孕穗末期	破口期	始穗期	盛穗期	齐穗期	乳熟期
结实率	0						85.65
	6~12	71.30	62.70	76.46	76.20	82.18	
	15~25	69.50	43.29	28.21	57.81	54.37	
	30~40	26.40	16.65	16.83	14.88	35.87	54.80
	48-	18.31	8.33	5.25	4.32	8.92	41.60
包颈率	6~12	0.00	0.00	0.00	0.00	0.00	
	15~25	10.60	26.10	11.10	6.80	0.00	
	30~40	19.10	40.90	52.90	31.80	13.60	
	48~	35.60	41.44	54.92	36.30	13.60	
产量损失	6~12	16.75	26.80	10.73	11.03	4.05	
	15~25	18.86	49.47	66.35	32.50	36.52	
	30~40	69.18	80.56	80.58	82.63	58.12	36.02
	48~	78.62	90.27	93.87	94.96	89.59	51.43

注：调查受灾田块 226 块、面积 467.3 亩，调查品种共计 45 个。

三、洪涝后蓄留再生稻的关键措施

（一）割苗时间对穗部性状与产量的影响

泸县农技站在嘉明镇罗桥村 5 社利用盛穗期淹没 68h 的宜香 10 号，分别设退水后 2d（处理 A）、退水后 7d（处理 B）、退水后 12d（处理 C）割苗（留桩 20cm）和退水后 30d 收割中稻再蓄留正季再生稻（留桩 33cm）作对照（CK）的同田对比试验。结果表明（表 6-30），退水后 2d、7d、12d 割苗蓄留洪水再生稻，实际亩产量分别为 417.9kg、409.4kg 和 323.9kg，比中稻收后蓄留正季再生稻两季合计亩产分别增产 107.5%、103.3%和 60.8%，说明洪水退后早割苗更有利于夺取“洪水再生稻”高产。淹后 12d 割苗和收获中稻后蓄留正季再生稻，产量显著下降，可能与这一时段再生芽已大量显著伸长，割苗损失了一部分再生芽有关。据研究，洪水淹没后一般有 3d 左右的停止生长期，以后生长中心逐步转移到再生芽。本试验结果表明，退水后 2d 和 7d 割苗，产量大致相当，但退水后 7d 割苗，“洪水再生稻”的有效穗、每穗着粒数和实粒数均有所增加，说明洪水淹没水稻确实存在一定时间的生长停滞期，退水后 7d 割苗，生长中心已转移到再生芽，增加了光合产物供应，促进了再生稻的发苗和幼穗分化。因此认为蓄留“洪水再生稻”的最佳割苗时间应该安排在洪水退后的3~7d，早割更有利于田间管理，夺取高产。同时，试验结果还说明，中稻收后蓄留正季再生稻，主要利用高节位再生芽，其每穗着粒数和实粒数显著低于低节位再生芽，生产中要夺取再生稻高产，正常条件下必须尽力提高低节位再生芽萌发成穗，并保证安全抽穗结实。在本试验条件下，尽管有充足的光温资源，中稻收后蓄留的正季再生稻产量并不高，主要原因在于：割苗太迟，损失了部分再生苗，导致有效穗显著下降；同时，由于上位芽优先大量萌发生长，抑制了低节位再生芽萌发成穗，致使上位芽成穗比重大，穗小粒少，因此产量下降。

表 6-30　不同割苗时间洪水再生稻的穗部性状及产量表现

处理	中稻产量（kg/亩）	再生稻						中稻+再生稻	
		有效穗数（万/亩）	穗粒数（粒）	穗实粒（粒）	结实率（%）	千粒重（g）	产量（kg/亩）	产量（kg/亩）	比 CK（±%）
A	0	16.91	111.7	92.9	83.2	26.2	417.9	417.9	107.5
B	0	17.03	116.5	96.3	82.7	26.1	409.4	409.4	103.3
C	0	16.07	109.2	83.6	76.6	25.6	323.9	323.9	60.8
CK	45	13.06	68.2	43.2	63.3	25.2	156.4	201.4	—

（二）不同留桩高度的成穗情况及穗部性状

根据泸县农技站在嘉明镇狮子村1社利用始穗期淹没48h的Ⅱ优602，留桩20cm（处理A）和留桩40cm（处理B）的同田对比试验结果（表6-31），留桩高度为20cm的洪水再生稻，其单茎发苗数平均为1.82个，成穗数为1.24个，倒2、倒3、倒4、倒5芽所占比例分别为0、20.96%、40.32%和38.72%；留桩高度为40cm的洪水再生稻，其单茎发苗数平均为2.04个，成穗数为1.48个，倒2、倒3、倒4、倒5芽所占比例分别为18.92%、29.73%、31.08%和20.27%。留桩高度为20cm的洪水再生稻，倒4、倒5成穗比例显著高于留桩高度为40cm的洪水再生稻，尽管每亩有效穗减少3.72万，但每穗着粒数、实粒数显著高于留桩高度为40cm处理，千粒重也提高了1.8g。因此，理论产量和实际产量均显著增产，分别增产17.38%和10.00%。说明在四川再生稻区，杂交中稻抽穗前后遭遇洪水淹没后，及时割苗，低留稻桩蓄留洪水再生稻，有利于提高低节位再生芽的成穗比重，减少无效分蘖。虽然齐穗期有所推迟，但齐穗、成熟整齐一致，既避免了高留桩发苗不整齐、成熟期不一致而带来的不利于及时收割的难题，又能完全保证安全抽穗扬花、灌浆和籽粒充实，实现穗大粒多，从而夺取洪水再生稻高产。

到底是留低桩还是留高桩更有利于夺取洪水再生稻高产，一直是已有的相关研究和生产实践争论的焦点。从理论上讲，在温光充足的条件下，水稻低节位再生芽成穗后，再生稻穗子大，能够获得更高产量，水稻栽培界普遍赞成这一说法，生产中也有成功的例子，但并未有相关的文献报道。冉茂林、姚本玉等的研究结果认为留高桩有利于洪水再生稻高产，其选用的试验材料分别为汕优 63 和Ⅱ优明 86，均为强再生力品种，由于强再生力品种上部节位芽萌发时对低节位芽的抑制作用不明显，留高桩既能显著提高有效穗，又能保证上部、低节位再生稻齐穗、成熟基本同步，从而夺取高产。生产实践证明了这一推断的正确性。如泸县嘉明镇狮子村 4 社同一田块的不同品种宜香 10 号和冈优 838，在中稻再生稻栽培管理措施相同的情况下，留桩高度 26.7cm，由于宜香 10 号再生力虽然不如汕优 63 和Ⅱ优明 86，但显著强于冈优 838，宜香 10 号蓄留洪水再生稻的有效穗数为 28.13 万/亩，比冈优 838 高 9.66 万/亩；亩产量达到 404.5kg，增产 58.8kg，增产 16.1%。在四川非再生稻区的营山县，洪灾后留桩高度为 30cm 的洪水再生稻，30 亩平均亩产也达到了 215kg。

目前，四川生产上推广的杂交水稻品种多为重穗和穗粒兼顾偏重穗型品种，再生力普遍弱于汕优 63 和Ⅱ优明 86，本研究选用的试验材料Ⅱ优 602 基本能代表当时四川中稻—再生稻区适宜蓄留再生稻品种的再生力水平。试验结果表明，留桩 20cm 比留桩 40cm 显著增产。因此，我们认为，在四川光热资源充足的中稻—再生稻区，就目前生产上推广的大部分杂交水稻品种的再生力而言，在割苗蓄留洪水再生稻时，保留部分倒 3 芽，主要利用倒 4、倒 5 芽，留桩高度 20cm 左右是科学合理的，试验证明能够获得洪水再生稻高产。若留桩过低，过分依赖倒 5 芽及其以下的低位芽来攻大穗夺高产，必然存在较大的技术风险，生产上不宜提倡。但在四川非再生稻区，由于温光资源不足，蓄留洪水再生稻时，留桩高度放宽到 30cm 左右，主要利用倒 3 芽，并通过施用“920”提苗等方法尽量多争取倒 4 芽和倒 5 芽成穗来提高产量，仍不失为一项费省效宏的灾后补救措施。

表 6-31 不同留桩高度对洪水再生稻成穗情况及穗部性状的影响

稻桩（cm）	母茎数	发苗数	各节位成穗数				齐穗期（月/日）	有效穗数（万/亩）	穗实粒（粒）	结实率（%）	千粒重（g）	产量（kg/亩）
			倒 2	倒 3	倒 4	倒 5						
20	50	91	0	13	25	24	8/26	19.22	78.8	78	26.8	386.6
40	50	112	14	22	23	15	8/23	22.94	60.3	67	25.0	351.5

（三）不同促芽肥施用量洪水再生稻穗部性状及产量的影响

隆昌县农技站在响石镇坝上村 3 社利用齐穗期淹没 48h 的冈优 615，开展了不同发苗肥施用量的同田对比试验，结果表明（表6-32），施15kg、20kg、25kg尿素作促芽肥，洪水再生稻亩有效穗分别比施10kg促芽肥处理增加1.2万穗、2.0万穗和2.7万穗；每穗实粒数分别提高5.8粒、18.5粒和20.5粒，结实率和千粒重差异不大。说明洪水再生稻产量随促芽肥施用量的增加而提高，主要是提高了有效穗和实粒数所致。施用15～20kg，产量明显上升，用量超过20kg，增产并不明显。因此，认为洪水再生稻既高产又经济的促芽肥（尿素）施用量应该为15～20kg/亩。

表6-32　不同施肥数量洪水再生稻经济性状及产量比较

促芽肥（kg/亩）	穴数（万/亩）	有效穗数（万/亩）	穗粒数（粒）	穗实粒（粒）	结实率（%）	千粒重（g）	理论亩产（kg）	实收亩产（kg）
10	0.76	13.4	84.0	67.3	80.1	24.5	220.9	210
15	0.76	14.6	90.0	73.1	81.2	24.5	261.5	235
20	0.76	15.4	105.3	85.8	81.5	24.4	322.4	295
25	0.76	16.1	108.0	87.8	81.3	24.4	334.9	300

（四）留桩高度与促芽肥用量互作对再生稻产量的影响

徐富贤等[6]人工模拟洪水池的研究结果（表6-33）表明，促芽肥施用量对再生稻的产量影响显著，留桩高度及其与施氮量互作不显著（表6-34）。随着促芽肥施用量的增加，再生稻产量呈增加趋势，以促芽肥施用量105kg/hm^{2}的产量最高，平均为5.58t/hm^2，比35kg/hm^{2}和70kg/hm^{2}分别增产33.5%和8.3%，前者差异显著，后者差异不显著；从其产量构成因素来看，较高的有效穗、每穗粒数和结实率是促芽肥施用量105kg/hm^{2}获得高产的重要原因。相关分析表明，有效穗与最高分蘖呈显著正相关，与成穗率相关性不显著（图6-4）。对再生稻产量和产量构成进行逐步回归分析，得到相应的回归方程：$y=-19.91+1.272x_2+0.334x_3$，有效穗（$x_2$）和穗粒数（$x_3$）对产量（$y$）的正效应达极显著水平（表6-35）。不同留桩高度间产量差异较小。增加留桩高度可增加最高分蘖和有效穗，但其每穗粒数和结实率呈居劣势；低留桩有利于形成大穗和提高结实率，但有效穗不足，不利于形成高产。单就最高产量而言，其适宜的施氮量为7kg/亩、留桩高度为20cm为宜，与前述生产性单因子试验结论一致。因此，适量增加促芽肥施用量有利于不同节位芽生长，增加最高分蘖，促使其形成大穗，是受淹后蓄留再生稻获得高产的重要栽培措施。

表 6-33　头季稻受洪水淹没后促芽肥施氮量和留桩高度对再生稻产量及产量构成的影响

施氮量（kg/亩）	留桩高度（cm）	最高分蘖（个/穴）x_1	有效穗（个/穴）x_2	穗粒数（粒）x_3	结实率（%）x_4	千粒重（g）x_5	产量（kg/亩）y
2. 3	10	21. 56	15. 33	72. 68	74. 68	28. 08	295. 33ab
	20	23. 42	17. 40	61. 13	74. 27	27. 46	278. 67ab
	30	22. 85	15. 67	64. 43	65. 22	27. 50	262. 67b
	平均	22. 61	16. 13	66. 08	71. 39	27. 68	278. 67
4. 6	10	24. 04	17. 80	71. 09	78. 55	27. 96	355. 33ab
	20	28. 32	20. 40	59. 48	73. 99	26. 92	305. 33ab
	30	33. 59	22. 47	56. 67	71. 08	26. 73	369. 33a
	平均	28. 65	20. 22	62. 41	74. 54	27. 20	343. 33
7. 0	10	29. 67	20. 73	66. 37	77. 23	27. 26	364. 00a
	20	31. 26	21. 47	71. 69	75. 59	28. 97	377. 33a
	30	32. 33	23. 87	60. 90	72. 05	27. 61	375. 33a
	平均	31. 09	22. 02	66. 32	74. 96	27. 95	372. 00

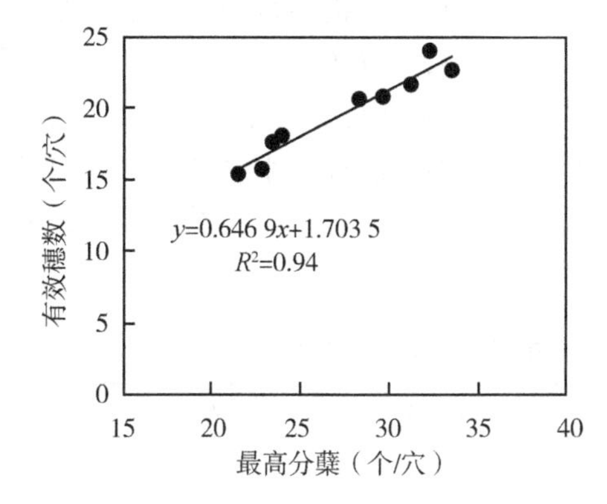

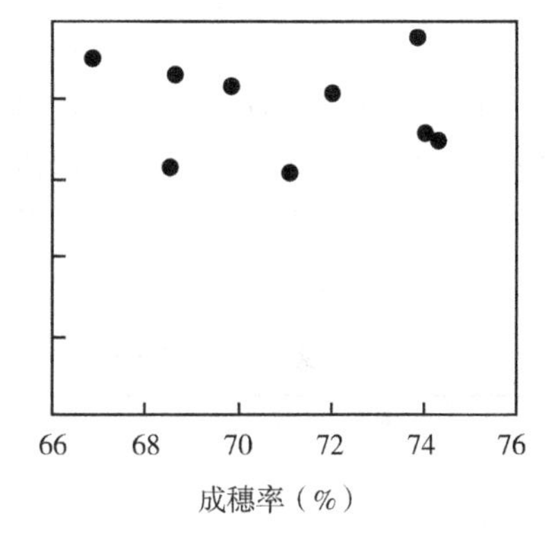

图 6-4　头季稻受洪水淹没后其再生稻有效穗数与最高分蘖及成穗率间的关系

表 6-34　头季稻受洪水淹没后其再生稻产量方差分析

变异来源	平方和	自由度	均 方	F 值	P 值
促芽肥（A）	264. 811 4	2	132. 405 7	11. 854*	0. 020 8
留桩高度（B）	10. 373 4	2	5. 186 7	0. 464	0. 658 6

（续表）

变异来源	平方和	自由度	均 方	F 值	P 值
A×B	44.677 1	4	11.169 3	0.655	0.630 6
误差	306.725 2	18	17.040 3		
总变异	626.587 1	26			

表 6-35　受淹杂交稻其再生稻产量与产量构成的回归分析

回归方程	R^2	F	偏相关	t 检验值	P 值
$y=-19.91+1.272x_2+0.334x_3$	0.887 2	24.38**	$r(y, x_2)=0.9407$	6.795 3	0.000 3
			$r(y, x_3)=0.8150$	3.445 0	0.010 8

（五）不同秸秆处理方式洪水再生稻经济性状及产量的影响

关于秸秆还田在高温下迅速腐烂后释放大量有机酸，影响头季稻根系活力，从而影响洪水再生稻发苗。以往的报道仅仅是推断，并未有人做过试验研究和田间调查。从泸县农技站在嘉明、福集两镇对割苗后稻草还田和不还田两种稻草处理方式的随机抽样调查结果看（表 6-36），割下的稻株上部茎叶就地还田不仅未影响洪水再生稻发苗，还增加了稻田养分供应，有利于提高每穗实粒数、结实率和千粒重，分别提高 8.2 粒、5.5 个百分点和 0.7g，从而提高洪水再生稻产量，理论产量和实际产量分别提高 29.7kg 和 11.6kg。由此可见，蓄留洪水再生稻时，对割下的稻株上部茎叶就地还田是切实可行的，不仅能提高水稻产量，还可节约搬运秸秆的人工投入。同时也反映出，洪水再生稻毕竟有别于正季再生稻，要获得高产，其合理的 N、P、K 养分配比是必需的。

表 6-36　不同秸秆处理方式的穗部性状和产量比较

处理	面积（亩）	有效穗数（万/亩）	穗粒数（粒）	穗实粒（粒）	结实率（%）	千粒重（g）	理论产量（kg/亩）	实际产量（kg/亩）
稻草还田	15.2	16.21	97.4	82.9	85.1	25.2	338.6	326.5
稻草取走	13.5	16.88	93.8	74.7	79.6	24.5	308.9	314.9

（六）化学调控对洪水再生稻产量的影响

徐富贤等[6]人工模拟洪水池的研究结果（表 6-37）表明，植物生长调节剂对再生稻产量影响显著。其中以喷长精和美洲星的产量较高，分别为 322.7kg/亩和 328.5kg/亩，比清水处理分别高了 15.2%和 17.4%，差异达显著水平；从其产量构成来看，增产优势主要表现有效穗、每穗粒数和结实率上。可见，叶面喷施喷长精和美洲星可提高再生稻的有效穗、每穗粒数和结实率。叶面喷施多效唑可显著提高最高分蘖和结实率，但由于其导致每穗粒数显著降低，因而其产量略低于清水处理。由此可见，施用喷长精和美洲星对头季稻受淹后蓄留再生稻有一定增产作用。

表 6-37　头季稻受洪水淹没后植物生长调节剂对其再生稻产量和产量构成的影响

试验处理	最高分蘖（个/穴）	有效穗数（个/穴）	穗粒数（粒/穗）	结实率（%）	千粒重（g）	产量（kg/亩）
喷长精 15g/亩	20.13a	15.5a	70.49a	79.00a	29.13a	322.7a
多效唑 200g/亩	22.08a	15.4a	57.49b	81.15a	29.55a	266.6b
美洲星 80mL/亩	19.85a	15.8a	69.81a	80.14a	29.17a	328.5a
清水 50kg/亩	20.38a	15.4a	68.33a	73.33b	29.12a	280.0b

（七）洪水再生稻的病虫害发生特点

无论是中稻收后蓄留的正季再生稻还是淹没后蓄留洪水再生稻，其基本原理都是利用头季稻秆上成活的休眠芽萌发成穗。正季再生稻尤其强调加强头季稻病虫防治，搞好健身栽培，过好“保芽关”。据达县植保站唐韵、胡大先等农技人员对洪涝灾区水稻病害的调查，洪涝灾区水稻病害多达 15 种，其中，霜霉病、白叶枯病、细菌性基腐病、细菌性褐条病 4 种病害在受灾水稻上普遍发生，而在未受灾水稻上则很少发生。这些病害影响头季稻植株地上部器官的正常生长，必然也会影响稻秆上的休眠芽。与正季再生稻比，由于洪水再生稻的生长发育规律有所不同，特别是生长期间所处的外部环境存在较大差异，其病虫害发生特点可能也会发生相应变化。我们认为，搞好病虫防治，也是夺取洪水再生稻高产的关键环节，关于洪水再生稻病虫害发生特点的生产调查和试验，由于时间仓促，2009 年洪灾区各级农业部门并未开展深入调查和研究，还有待进一步深入开展。

参考文献

[1]　杨建莹，霍治国，吴立，等．西南地区水稻洪涝灾害风险评估与区划［J］．中国农业气象，2016，37（5）：564-577.

[2]　周兴兵，熊洪，张林，等．不同淹涝胁迫强度对杂交中稻头季稻及再生稻生长的影响［J］．中国稻米，2013（3）：35-38.

[3]　冉茂林，方文，熊洪，等．杂交水稻受淹后产量损失程度及救灾措施研究［J］．绵阳农专学报，1992，9（1）：23-29.

[4] 徐富贤，张林，熊洪，等．杂交水稻中后期洪涝淹没与产量损失的关系［J］．作物学报，2016，42（9）：1381-1390.
[5] 周兴兵，张林，熊洪，等．淹涝胁迫对杂交中稻生长特性及产量形成的影响［J］．中国稻米，2014，20（3）：23-29.
[6] 周兴兵，熊洪，蒋鹏，等．杂交中稻对洪涝的响应时机及洪水再生稻的高产调控技术研究［J］．中国稻米，2015，21（5）：29-32.

第七章　冬水田水稻稳产省力高效途径

第一节　地坑式育苗的壮苗省力效果

水稻旱地育苗自 20 世纪 90 年代初在四川省大面积推广以来，对提高水稻单产起到了十分重要的作用。但是，在大面积生产中水稻旱育苗普遍存在出苗不整齐、出苗率低等问题，以致很多地方秧苗不够栽的情况时有发生。因此，目前生产上旱育秧面积越来越少，尽管很多地方通过农业部门进行种子、地膜、肥料的大量补助鼓励农民采用水稻旱育秧，但积极性仍然不高。分析水稻旱育秧出苗质量差的原因，水稻出苗需要吸足水分，而生产上播种前通常对苗床灌水不充分、不均匀，造成种子吸水不足或达要求时间不一致，最终出现秧苗个体间生育进程差异较大，甚至因吸水不够而不能出苗。针对以上问题，使用者探索了一种能提高水稻旱育秧出苗率和出苗整齐度的地坑式育苗技术。

一、地坑式旱育秧与传统旱育秧技术比较

地坑式旱育秧与传统旱育秧技术相比，在苗床准备、苗床培肥与消毒、播种期、播种量、种子处理、除草盖膜、苗床管理各技术环节完全相同，差异在于苗床制作（图 7-1）和播种灌水（表 7-1）两方面上。

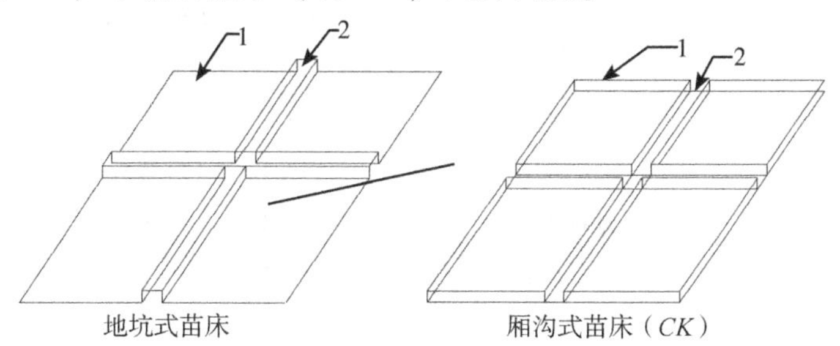

1. 厢面；2. 走道。

图 7-1　地坑式苗床与厢沟式苗床示意

表 7-1 地坑式育苗技术与现行推广技术差异

工序	现行厢沟式旱育秧技术（CK）	地坑式
整地作厢	厢沟式：按 1.8m 开厢，厢宽 1.2~1.3m，走道宽 0.5~0.6m，将走道泥土置于厢面，达厢面高出走道（厢沟）5~10cm	地坑式：按 1.8m 开厢，厢宽 1.2~1.3m，走道宽 0.5~0.6m。将厢面取 2~3cm 土层置于厢间走道（厢埂），走道高于厢面 6~10cm
播种	播种前，用人工挑水将床土浇水达饱和状态。 按每平方米撒播粉嘴谷 150~180g，播种要均匀。播种后用细床土盖种，并将床土浇透水，如发现种子露出，再用细床土补盖	① 按每平方米撒播粉嘴谷 150~180g，播种要均匀，播种后用细床土盖种。 ② 抽水灌溉苗床，水面以超出苗床 3~5cm 为宜，1h 后将水排出自然落干

二、地坑式育苗与传统育苗的壮苗省力效果比较

以地坑式苗床为载体，可进行旱地育秧、培育机插秧苗和抛秧秧苗多种育秧方式。现以旱地育秧为例比较其壮苗省力效果。

（一）地坑式育苗提高了出苗质量

2009—2011 年，对地坑式和厢沟式（CK）两种水稻旱地育苗方式进行同田对比试验。每种方式定点在 25cm×25cm 的面积内播种 200 粒粉嘴谷种子，重复 3 次。于移栽期考查出苗数，并分别统计各叶龄的苗数。从试验结果（表 7-2）可见：3 年平均地坑式 4~5 叶苗占 80%以上，是厢沟式（CK）的 2 倍以上；地坑式出苗率高达 90%以上，比厢沟式（CK）高 18 个百分点。表明地坑式育苗技术具有显著提高出苗整齐度和出苗率效果。究其原因，一是地坑式苗床比厢沟式苗床的保湿效果好，二是采用抽水灌溉完全达到了旱秧苗床的土壤水分含量充分饱和，从而保证了水稻种子播种后对水分的需求，促进种子出苗早而快。

表 7-2 水稻旱地厢沟式和地坑式育苗对出苗质量的比较 （%）

年份	品种	技术类型	各叶龄苗数占总苗数的比例				出苗率
			4~5 叶	3~4 叶	2~3 叶	2 叶以下	
2009	Ⅱ优 498	地坑式	82.7	14.7	2.6	0.0	91.0
		厢沟式（CK）	40.3	19.4	14.7	15.0	71.3
2010	宜香优 1577	地坑式	79.9	14.4	3.8	1.9	88.0
		厢沟式（CK）	34.8	22.3	19.7	6.8	73.7
2011	Ⅱ优航 1 号	地坑式	79.5	17.0	6.1	3.4	93.3
		厢沟式（CK）	41.7	23.5	8.7	9.1	73.0

（续表）

年份	品种	技术类型	各叶龄苗数占总苗数的比例				出苗率
			4~5 叶	3~4 叶	2~3 叶	2 叶以下	
	平均	地坑式	80.7	15.4	4.1	1.8	90.8
		厢沟式（CK）	38.9	21.7	14.4	10.3	72.7

注：出苗率=出土苗数/播种子数×100。

（二）地坑式育苗降低了灌水劳动强度，保证了播种苗床需水量

现行推广的厢沟式育苗技术，每平方米需灌水 50kg 左右，即每亩苗床需人工挑水 300~350kg，劳动强度较大，常因此灌水不够而影响出苗质量。采用地坑式育秧后，通过抽水灌溉苗床，不仅大大降低了劳动强度，而且保证了灌水量。因此出苗质量显著提高。

结论：地坑式育苗具有降低了灌水劳动强度、苗床供水充足和保湿效果好等优点，培育出的秧苗整齐度高、出苗率高，生产适用性好。

第二节　稻田耕作方式与密氮互作对产量的互作效应

西南区现有冬水（闲）田2 000万亩左右，以年种一季中稻或再生稻的种植模式占 90%以上，稻田以采用一犁一耙的整田方式为主。由于该区域地处丘陵，水稻生产实施机械化的难度极大，致使水稻生产的经济效益较低，急需水稻高产节本增效种植技术。关于水稻免耕栽培过去多集中于稻—麦（油）耕作制度下的研究，而冬水田水稻高产高效技术研究则以翻耕的肥水高效利用研究居多。为此，徐富贤等[1]开展了冬水田免耕与翻耕下关键高产栽培技术对杂交中稻产量影响的定位研究，以期为冬水田区水稻高产高效栽培的生产实践提供科学依据。

一、耕作方式与密氮互作对产量的影响

各年度试验稻谷产量如表 7-3 所示。利用表 7-3 结果进行的方差分析（表 7-4）显示，A（耕作方式）、C（施氮量）、D（栽秧方式）3 个因子各水平间产量差异不显著，B（密度）间产量差异极显著；A（耕作方式）与 C（施氮量）的交互作用达显著水平，B（密度）分别与 C（施氮量）、D（栽秧方式）的交互作用达极显著水平。多重比较结果（表 7-5）表明，密度 B2（18.75 万穴/hm^2）比 B1（12 万穴/hm^2）极显著增产。

表 7-3　免耕与翻耕下关键高产栽培技术的定位试验产量表现　（kg/hm^2）

耕作方式 A	密度 B（$\times10^4$穴/hm^2）	施氮量 C（kg/hm^2）	栽秧方式 D	2010 E1	2011 E2	2012 E3	2013 E4	2014 E5	平均	2015 后效试验
免耕 A1	12 B1	120 C1	等行距 D1	7 716. 90	8 106. 00	7 789. 80	8 126. 55	7 387. 80	7 825. 41	6 741. 36
			三角形 D2	7 692. 45	7 830. 00	7 766. 40	7 245. 60	7 853. 85	7 677. 66	6 474. 46
			宽窄行 D3	7 464. 75	7 770. 00	7 329. 30	7 455. 15	7 542. 90	7 512. 42	6 947. 42
		195 C2	等行距 D1	7 016. 55	8 775. 00	7 333. 35	7 709. 10	7 675. 05	7 701. 81	6 170. 19
			三角形 D2	7 207. 35	7 938. 00	7 176. 75	7 960. 95	8 045. 55	7 665. 72	6 244. 24
			宽窄行 D3	7 131. 60	8 103. 00	8 066. 70	7 462. 35	7 332. 00	7 619. 13	6 245. 10
	18. 75 B2	120 C1	等行距 D1	7 678. 05	8 793. 00	7 602. 75	8 619. 75	7 654. 80	8 069. 67	6 528. 48
			三角形 D2	7 772. 25	7 965. 00	7 975. 80	8 086. 05	7 761. 00	7 912. 02	6 487. 76
			宽窄行 D3	7 449. 90	8 445. 00	7 085. 40	8 293. 80	8 123. 10	7 879. 44	6 408. 73
		195 C2	等行距 D1	7 495. 05	8 958. 00	6 978. 90	8 407. 50	7 906. 95	7 949. 28	6 033. 69
			三角形 D2	8 052. 45	8 094. 00	8 159. 55	8 201. 70	8 818. 35	8 265. 21	6 040. 63
			宽窄行 D3	7 641. 00	8 295. 00	6 944. 40	8 288. 85	7 765. 80	7 787. 01	6 197. 50
翻耕 A2	12 B1	120 C1	等行距 D1	7 207. 35	8 685. 00	7 939. 65	8 034. 60	7 753. 35	7 923. 99	6 280. 56
			三角形 D2	6 930. 60	8 106. 00	7 643. 55	7 749. 15	7 202. 25	7 526. 31	6 412. 36
			宽窄行 D3	7 144. 65	8 532. 00	7 014. 60	7 575. 30	7 982. 85	7 649. 88	6 711. 51
		195 C2	等行距 D1	7 331. 10	8 940. 00	7 217. 70	8 318. 85	7 972. 65	7 956. 06	6 579. 20
			三角形 D2	7 680. 30	8 235. 00	7 869. 15	8 392. 35	7 733. 85	7 982. 13	6 922. 81
			宽窄行 D3	7 444. 50	8 142. 00	7 963. 05	8 438. 70	7 412. 85	7 880. 22	7 039. 91
	18. 75 B2	120 C1	等行距 D1	7 346. 70	8 400. 00	7 951. 65	8 647. 35	7 929. 45	8 055. 03	6 218. 32
			三角形 D2	7 580. 10	7 716. 00	7 462. 80	7 561. 65	7 962. 75	7 656. 66	6 343. 16
			宽窄行 D3	7 392. 45	8 322. 00	6 968. 55	8 493. 00	8 375. 40	7 910. 28	6 176. 92
		195 C2	等行距 D1	7 973. 10	8 583. 00	7 275. 00	8 685. 75	8 298. 00	8 162. 97	6 598. 19
			三角形 D2	8 156. 55	7 974. 00	8 117. 55	9 339. 75	7 703. 70	8 258. 31	6 411. 17
			宽窄行 D3	7 669. 35	8 352. 00	7 613. 40	8 962. 35	7 795. 05	8 078. 43	6 638. 02

虽然密度间产量有差异，但因各因素间的互作效应显著影响，最终以按5年为重复的方差分析结果表明，24个处理间的产量差异均不显著（$F=0.89$）。据此结果，从降低水稻生产成本角度看，认为冬水田采用“免耕、栽秧12万穴/hm^2、施氮120kg/hm^{2}和等行距栽培”，在保证较高产量前提下，可大幅降低水稻生产成本。

表7-4　5年定位试验产量的多因子无重情况下方差分析

变异来源	F值	显著水平	变异来源	F值	显著水平	变异来源	F值	显著水平
A	2.12	0.183 3	B×C	45.58**	0.000 1	A×C×D	1.87	0.215 3
B	17.79**	0.002 9	B×D	8.59**	0.010 2	A×C×E	1.65	0.252 6
C	0.00	0.958 5	B×E	1.25	0.363 7	B×D×E	0.84	0.592 5
D	0.66	0.541 2	C×D	1.54	0.272 5	C×D×E	0.87	0.572 6
E	1.08	0.427 4	C×E	2.46	0.129 7	A×B×C×D	4.89*	0.040 9
A×B	4.03	0.079 5	D×E	0.59	0.763 8	A×B×C×E	2.62	0.114 9
A×C	6.99*	0.029 5	A×B×C	2.31	0.167 4	A×B×D×E	0.33	0.929 8
A×D	0.33	0.730 2	A×B×D	0.63	0.558 7	A×C×D×E	0.91	0.553 5
A×E	0.43	0.785 2	A×B×E	1.36	0.328 5	B×C×D×E	1.26	0.374 5

表7-5　5年定位试验产量的多因子无重情况下各处理产量的多重比较　（kg/hm^2）

因子	均值	因子	均值
A1 A2	7 824.05a 7 918.03a	D1 D2 D3	7 922.45a 7 854.81a 7 835.88a
B1 B2	7 735.00B 8 007.09A	E1 E2 E3	7 997.74a 7 842.49a 7 861.05a
C1C2	7 869.31a 7 872.77a	E4 E5	7 798.56a 7 855.37a

二、地上部干物质生产及氮积累量比较

从定位试验第5年（2014年）成熟期地上部干物质生产及氮积累量的无重复多因素方差分析结果（表7-6）看，地上部氮积累量A2（翻耕）>A1（免耕），密度B2（18.75万穴/hm^2）>B1（12万穴/hm^2），施氮量C2（195kg/hm^2）>C1（120kg/hm^2）；地上部干物质量表现为施氮量C2（195kg/hm^2）>C1（120kg/hm^2），稻谷收获指数、氮收获指数、氮肥偏生产力、氮素稻谷生产效率均表现

表 7-6　成熟期地上部干物质生产及氮积累量比较（2014）

耕作方式 A	密度 B（×10⁴穴/hm²）	施氮量 C（kg/hm²）	栽秧方式 D	地上部干物重（kg/hm²）	稻谷收获指数	地上部氮积累量（kg/hm²）	氮收获指数	氮肥偏生产力（Grain kg/kg N）	氮素稻谷生产效率（Grain kg/kg N）
免耕 A1	12 B1	120 C1	等行距 D1	12 014. 0	0. 61	89. 96	0. 73	61. 57	82. 12
			三角形 D2	12 396. 1	0. 63	89. 59	0. 69	65. 45	87. 66
			宽窄行 D3	12 686. 1	0. 59	96. 00	0. 70	62. 86	78. 57
		195 C2	等行距 D1	13 853. 2	0. 55	95. 62	0. 67	39. 36	80. 27
			三角形 D2	13 884. 5	0. 58	111. 27	0. 63	41. 26	72. 31
			宽窄行 D3	12 987. 6	0. 56	100. 83	0. 65	37. 60	72. 72
	18. 75 B2	120 C1	等行距 D1	12 842. 1	0. 60	93. 59	0. 73	63. 79	81. 79
			三角形 D2	12 738. 1	0. 61	98. 19	0. 76	64. 68	79. 04
			宽窄行 D3	12 624. 0	0. 64	97. 63	0. 72	67. 69	83. 20
		195 C2	等行距 D1	13 325. 0	0. 59	107. 78	0. 68	40. 55	73. 36
			三角形 D2	14 825. 0	0. 59	107. 20	0. 66	45. 22	82. 26
			宽窄行 D3	13 784. 4	0. 56	102. 86	0. 68	39. 82	75. 50
番耕 A2	12 B1	120 C1	等行距 D1	12 884. 1	0. 60	94. 58	0. 73	64. 61	81. 98
			三角形 D2	12 218. 0	0. 59	91. 37	0. 71	60. 02	78. 83
			宽窄行 D3	12 442. 1	0. 64	94. 07	0. 74	66. 52	84. 86
		195 C2	等行距 D1	13 406. 2	0. 59	104. 53	0. 69	40. 89	76. 27
			三角形 D2	13 478. 1	0. 57	108. 52	0. 69	39. 66	71. 27
			宽窄行 D3	13 265. 7	0. 56	102. 37	0. 68	38. 01	72. 41
	18. 75 B2	120 C1	等行距 D1	12 968. 0	0. 61	103. 72	0. 67	66. 08	76. 45
			三角形 D2	12 864. 1	0. 62	106. 21	0. 72	66. 36	74. 97
			宽窄行 D3	12 604. 1	0. 66	106. 49	0. 74	69. 80	78. 65
		195 C2	等行距 D1	13 725. 1	0. 60	115. 75	0. 64	42. 55	71. 69
			三角形 D2	13 818. 8	0. 56	111. 82	0. 69	39. 51	68. 89
			宽窄行 D3	13 578. 2	0. 57	115. 84	0. 65	39. 97	67. 29

（续表）

耕作方式 A	密度 B（$\times10^4$穴/hm^2）	施氮量 C（kg/hm^2）	栽秧方式 D	地上部干物重（kg/hm^2）	稻谷收获指数	地上部氮积累量（kg/hm^2）	氮收获指数	氮肥偏生产力（Grain kg/kg N）	氮素稻谷生产效率（Grain kg/kg N）
		A1		13 163. 3a	0. 59a	99. 21b	0. 69a	52. 49a	79. 07a
		A2		13 104. 4a	0. 60a	104. 61a	0. 70a	52. 83a	75. 30a
		B1		12 959. 6a	0. 59a	98. 23b	0. 69a	51. 48a	78. 27a
		B2		13 308. 1a	0. 60a	105. 59a	0. 70a	53. 84a	76. 09a
		C1		12 606. 7b	0. 62a	96. 78b	0. 72a	64. 95a	80. 68a
		C2		13 661. 0a	0. 57b	107. 03a	0. 67b	40. 37b	73. 69b
		D1		13 127. 2a	0. 59a	100. 69a	0. 69a	52. 43a	77. 99a
		D2		13 277. 8a	0. 59a	103. 02a	0. 69a	52. 77a	76. 90a
		D3		12 996. 5a	0. 60a	102. 01a	0. 70a	52. 78a	76. 65a

为 C1（120kg/hm^2）>C2（195kg/hm^2）。D（栽秧方式）间的地上部干物质生产及氮积累量的差异均不显著。表明翻耕、高密、高氮虽然其从土壤中吸收的氮素较多，但因氮素利用率不高，最终没能表现出增产效果，24 个处理 5 年间的产量差异均不显著（$F=0.89$）。因此，在本试验条件下，免耕、低密、低氮及等行距栽培，能保证一定高产水平条件下，因节省整田用工、提高了肥料利用效率，是冬水田区高产高效重要栽培途径。

结论：耕作方式、施氮量、栽秧方式三个因子各水平间产量差异不显著，密度间产量差异极显著；冬水田采用“免耕、栽秧 12 万穴/hm^2、施氮 120kg/hm^2 和等行距栽培”，在保证较高产量前提下，可大幅降低水稻生产成本。

第三节　人工直播稻的关键技术与增产增收效果

四川、重庆常年冬水（闲）田维持在 120 万 hm^2 左右，90%为年种一季中稻的种植方式，其中 30%左右的望天田因迟栽大幅减产，经济效益极低。加之农村青壮年劳动力短缺、文化素质低下，急需轻简、高效栽培技术。冬水（闲）田区水稻采用直播栽培不受茬口限制，具有省秧田、省工、省力、节约成本、提高水分利用率、经济效益高等特点，适合我国水稻轻简化、集约化、规模化栽培发展方向，是我国水稻低成本、高效益栽培的主要途径之一，具有广阔的应用前景。直播包括机直播和人工直播两种。由于冬水（闲）田区地处丘陵地带，稻田地理分布高差较大，多数田块面积小而且不规则，不宜采用机直播，人工直播更方便。因此，2009 年以来，徐富贤等[2]开展了直播稻高产配套技术研究与示范，以期为该技术的进一步推广提供科学依据。

一、播种期对产量的影响

从川南泸州点试验结果（表 7-7）可以看出，中熟组合 K 优 17 直播处理产量变幅7 402.8~8 636.0kg/hm^2，变异系数高达 5.48%。3 个播种期均表现为播种量 15kg/hm^2 的产量比 10.5kg/hm^2 的高，播种量 15kg/hm^{2}3 个播种期产量变幅 8 328.0~8 636.0kg/hm^2，平均8 483.1kg/hm^2，比 3 月 10 日播种的手栽秧亩产 8 420.6kg/hm^2（CK）略高。迟熟组合川香 9838 直播处理产量变幅 7 806.0~8 847.0kg/hm^2，变异系数为 4.49%，同期不同播种量处理间产量无规律性差异，均比 3 月 10 日播种的手栽秧产量9 125.1kg/hm^2（CK）有不同程度减产。从播种期对产量的影响看，随播种期推迟产量有下降的趋势，以 3 月 10—20 日播种为宜。

以川香优 9838 为材料，在公顷施氮量 120kg 条件下的比较结果表明，3 月 5

日播种后，6—8日遇10℃以下低温，但仍未烂种，只是秧苗生长缓慢，分蘖发生少，有效穗不够，产量最低。以3月10日播种公顷产量7 638.0kg最高，3月15日与3月10日产量相近，3月20日以后播种处理产量明显下降，而且齐穗期有可能遇到7月下旬至8月上旬的高温伏旱危害（表7-8）。因此，在泸州冬水田条件下以3月10—15日播种为宜。

川北试验结果（表7-9）表明，南充市水稻直播高产播种期以4月中旬（4月11日、4月18日）播种的2个处理产量较高，4月25日播种次之，均分别比其他处理显著增产。

表7-7　川南播种量与播种期试验大区产量及其穗粒结构比较

品种	播种量（kg/hm^2）	播种期（月/日）	有效穗数（万/hm^2）	着粒数（粒/穗）	结实率（%）	千粒重（g）	产量（kg/hm^2）
K优17	10.5	3/10	215.1	147.36	88.84	29.62	7 986.9
	15.0	3/10	243.8	139.69	87.74	28.74	8 485.4
	10.5	3/20	220.8	147.73	88.90	28.54	7 981.8
	15.0	3/20	254.6	138.09	84.09	28.79	8 636.0
	10.5	3/30	199.7	142.93	87.91	29.90	7 402.8
	15.0	3/30	198.9	167.81	87.60	30.52	8 328.0
	移栽	3/10	222.6	159.12	79.19	29.87	8 420.6
川香优9838	10.5	3/10	205.1	171.10	85.87	29.40	8 847.0
	15.0	3/10	212.3	161.31	83.37	29.83	8 560.8
	10.5	3/20	165.2	198.12	85.37	30.36	8 396.0
	15.0	3/20	182.0	196.60	83.49	29.89	8 606.6
	10.5	3/30	168.3	210.94	73.22	30.40	7 806.0
	15.0	3/30	180.2	203.93	76.44	29.75	8 104.4
	移栽	3/10	219.0	174.11	85.86	28.85	9 125.1

表7-8　川南播种期产量比较

播种期（月/日）	齐穗期（月/日）	最高苗（万穴/hm^2）	有效穗数（万/hm^2）	穗粒数（粒/穗）	结实率（%）	千粒重（g）	产量（kg/hm^2）
3/05	7/19	157.7	129.6	235.91	76.79	28.89	6 558.0c
3/10	7/19	221.1	148.1	220.25	82.21	28.91	7 638.0a
3/15	7/21	137.1	113.1	250.78	88.33	29.01	7 392.0ab
3/20	7/27	130.8	104.1	304.52	74.38	28.94	6 990.0bc

（续表）

播种期（月/日）	齐穗期（月/日）	最高苗（万穴/hm²）	有效穗数（万/hm²）	穗粒数（粒/穗）	结实率（%）	千粒重（g）	产量（kg/hm²）
3/25	7/27	148.1	126.6	242.80	83.86	28.58	7 299.0ab
3/30	7/28	289.7	186.6	183.17	75.80	28.11	6 924.0bc

表 7-9　川北播种试验产量及穗粒结构

播期（月/日）	播抽期（月/日）	成熟期（月/日）	基本苗（万穴/hm²）	最高苗（万/hm²）	有效穗数（万/hm²）	着粒数（粒/穗）	结实率（%）	千粒重（g）	产量（kg/hm²）
育苗移栽	3/14—7/20	8/22	56.3	351.0	231.0	192.5	80.9	31.4	7 943.7c
4/4	4/4—7/24	8/27	27.5	346.1	231.5	163.5	90.1	29.6	7 737.8c
4/11	4/11—7/27	8/30	39.0	396.5	290.0	129.5	92.9	31.5	10 221.8ab
4/18	4/18—7/29	9/1	38.0	403.1	288.0	143.4	86.3	30.5	10 444.2a
4/25	4/25—8/2	9/4	39.0	383.6	266.6	141.7	90.1	31.7	9 795.0b
5/2	5/2—8/5	9/7	38.0	329.6	222.0	164.5	76.8	31.9	8 110.2c

二、施氮量与播种量试验对产量的影响

（一）川南泸州试验点

从试验结果（表 7-10）可见，在直播稻处理中以“施氮 75kg/hm²、播种 19.5kg/hm²”和“施氮 120kg/hm²、播种 13.5kg/hm²”两处理产量较高，公顷产量分别为 7 911.0kg 和 7 899.0kg，但仍比手插秧（CK）低 5.73% 和 5.89%。齐穗期比手插秧（CK）延长 6~8d，主要原因是手插秧播种后盖地膜的增温作用，而直播稻则未盖地膜，苗期秧苗生长缓慢。

（二）川北西充试验点

从试验结果（表 7-11）可见，施氮量 120kg/hm²、150kg/hm²、180kg/hm² 间产量差异不显著，但均分别比施 90kg/hm² 显著增产。抗逆性：90kg/hm²、120kg/hm²、150kg/hm² 田间均未见稻瘟病等病害，未见倒伏；180kg/hm² 有轻度的纹枯病和稻曲病发生，且播灌浆末期有轻度倒伏，倒伏程度“斜”，倒伏面积 20%。4 个处理以 150kg/hm² 纯氮稻谷单产最高，其有效穗、实粒数、千粒重搭配合理；180kg/hm² 纯氮处理的稻谷单产低于 150kg/hm² 纯氮处理，且遇到大风、暴雨等恶劣天气容易导致水稻倒伏；120kg/hm² 纯氮处理的稻谷单产仅比 150kg/hm² 纯氮处理低 2.4%。

综上所述，川南、川北直播水稻氮肥用量以 120~150kg/hm² 纯氮为宜。

表 7-10　川南施氮量与播种量对产量的影响

施氮量（kg/hm²）	播种量（kg/hm²）	齐穗期（月/日）	最高苗（万穴/hm²）	有效穗数（万/hm²）	穗粒数（粒/穗）	结实率（%）	千粒重（g）	产量（kg/hm²）
75	7.5	7/19	180.6	138.0	221.62	87.64	28.39	7 425.0
	13.5	7/19	137.6	99.6	251.9	88.17	28.96	6 093.0
	19.0	7/21	158.1	134.6	245.84	87.45	28.83	7 911.0
120	7.5	7/19	182.6	147.0	206.45	83.12	28.55	7 131.0
	13.5	7/19	300.6	200.1	181.62	79.59	27.91	7 899.0
	19.0	7/20	258.2	162.6	197.97	84.43	28.66	7 443.0
165	7.5	7/20	206.1	143.1	205.23	79.29	28.36	6 450.0
	13.5	7/21	322.2	185.1	189.57	78.16	27.71	7 134.0
	19.0	7/21	200.1	182.1	190.7	79.52	28.38	7 389.0
CK（手插秧）		7/13	306.0	182.1	198.11	82.63	29.05	8 364.0

表 7-11　川北不同施氮量下的产量及穗粒结构

施氮量（kg/hm²）	最高苗（万穴/hm²）	有效穗数（万/hm²）	着粒数（粒/穗）	结实率（%）	千粒重（g）	产量（kg/hm²）
90	250.5	191.7	157.1	89.1	30.4	8 265.0b
120	287.3	217.1	195.0	89.3	31.1	9 717.0a
150	352.4	241.5	186.9	86.6	30.2	9 960.0a
180	400.4	261.5	175.0	80.1	29.9	9 870.0a

三、除草剂筛选试验

从试验结果（表 7-12）可见，5 个除草剂处理对杂草防除均有明显效果，除草效果为 84.5%~100%。从结果对秧苗生长的影响看，“乐吉直播青”在播种 3d（无水层）后、“连根抓”和“省锄”播种 1 个月后有水层情况下均有除草增产作用。需注意的是“连根抓”和“省锄”播种 1 个月后在湿润情况下，对秧苗损伤大，会明显减产。

表 7-12　除草剂对秧苗生长、产量的影响及除草效果

除草剂	出苗数（万/hm²）	处理时间（月/日）	处理时水分状态	最高苗（万穴/hm²）	有效穗数（万/hm²）	穗粒数（粒/穗）	结实率（%）	千粒重（g）	产量（kg/hm²）	杂草量（万株/hm²）
直播青	43.5	3/27	湿润	294.5	189.5	196.18	68.46	27.45	6 805.5b	5.5b

（续表）

除草剂	出苗数（万/hm^2）	处理时间（月/日）	处理时水分状态	最高苗（万穴/hm^2）	有效穗数（万/hm^2）	穗粒数（粒/穗）	结实率（%）	千粒重（g）	产量（kg/hm^2）	杂草量（万株/hm^2）
CK	52.0	—	浅水	260.0	207.0	166.46	69.61	27.63	6 437.6bc	37.0a
省锄	57.5	4/30	湿润	336.5	224.0	149.07	71.14	27.72	6 004.5c	2.5b
省锄	64.5	4/30	浅水	279.0	211.0	170.93	70.19	27.98	7 089.6ab	4.5b
连根抓	44.0	4/30	湿润	225.0	151.0	191.4	68.91	27.17	5 025.5d	0c
连根抓	44.5	4/30	浅水	291.5	198.0	194.58	67.51	27.82	7 481.1a	0c

注：杂草种类有鸭舌草、野慈姑、马唐（白油草）、虾子草、野慈姑、水禾、鸭舌草、稗草（散脚稗）。

四、水直播与旱直播的效果比较

从试验结果（表 7－13）可以看出，对产量而言，水直播平均产量 9 693.0kg/hm^2，旱直播平均产量 10 288.5kg/hm^2，旱直播比水直播增产 6.14%，达显著水平。抗逆性表现，水旱直播两个处理田间均未发生稻瘟病，纹枯病轻微发生，稻曲病呈轻度发生。旱直播田间未见倒伏，水直播灌浆末期有轻度倒伏，倒伏程度“斜”，倒伏面积 15%。总之，与水直播相比，旱直播有利于出苗和幼苗根系下扎，促进秧苗分蘖，穗实粒数（主要是结实率提高所致）、有效穗数、千粒重均比水直播高，产量增产 6.14%。

表 7-13　直播方式的产量及穗粒结构

处理	最高苗（万/hm^2）	有效穗数（万/hm^2）	着粒数（粒/穗）	结实率（%）	千粒重（g）	产量（kg/hm^2）
旱直播	332.3	234.0	183.7	88.9	31.1	10 288.5a
水直播	323.9	227.6	187.6	82.1	30.6	9 693.0b

结论：冬水田区杂交中稻直播配套技术为每公顷施纯氮 120～150kg（比大面积手插秧减少 10%），比当地大面积地膜湿润育秧推迟 7～10d 播种为宜，川南 3 月 10—15 日，川北 4 月 10—15 日，每公顷用种量 12～15kg，播种后第 2d 喷施直播专用除草剂，或 3.5 叶左右根据苗高情况灌水 3cm 左右，用普通水稻田除草剂进行化学除草 1 次，可达传统人工栽插产量水平，并节约大量育秧和栽秧人工费。

第四节　适应机插稻的品种类型与配套技术

近年来，随着我国人口老龄化的加剧，农村青壮年劳动力的严重短缺，水稻机插、机收在我国北方及长江中下游地区发展较快，西南稻区也有一定推广面积，但在冬水田区的应用尚属起步阶段。为此，徐富贤等[3]近年在泸县开展了冬水田杂交中稻机插秧高产技术研究，以期为冬水田区水稻机械化的示范推广提供科学依据。

一、手插秧与机插秧间插秧深度、全生育期、穗粒结构及产量比较

试验结果（表 7-14）表明，两种插秧方式的秧苗入泥深度基本一致，机插比手插略浅 0.02cm；全生育期除川农优 498 机插比手插短 1d，其余品种分别手插长 1~4d，平均长 1.9d。10 个品种机插秧平均最高苗、有效穗、结实率分别比手插秧高，但着粒数和千粒重分别比手插秧低，最终机插秧苗平均比手插秧增产 12.3kg/亩，增产 2.54%（表 7-15）。但各品种的表现不尽相同，其中机插秧比手插秧增产的组合有辐优 6688、D 香 707、蓉稻 415、川农优 498、协优 027、川香 317 共 6 个组合，并以辐优 6688 产量最高，增产幅度也最大；手插秧比机插秧增产的组合为中优 31、川农优 527、冈优 198 和 Z 优 272（表 7-15）。表明机插秧总体表现比手插秧增产，但存在品种间差异。

表 7-14　手插秧与机插秧的插秧深度、全生育期与产量比较

品种	插秧深度（cm）			全生育期（d）			产量（kg/亩）		
	手插	机插	机-手	手插	机插	机-手	手插	机插	机-手
Z 优 272	2.6	2.4	-0.2	171	172	1	470.8	451.4	-19.4
协优 027	2.0	2.0	0	165	168	3	473.0	506.0	33.0
川香 317	2.3	2.0	-0.3	166	167	1	462.2	484.1	21.9
川农优 498	2.4	2.0	-0.4	167	166	-1	479.4	512.9	33.5
冈优 198	2.0	2.1	0.1	165	168	3	470.8	452.4	-18.4
川农优 527	2.4	2.3	-0.1	169	170	1	492.3	465.3	-27.0
辐优 6688	2.0	2.2	0.2	166	169	3	490.1	568.5	78.4
D 香 707	2.2	2.2	0	165	168	3	460.1	506.0	45.9
蓉稻 415	1.8	2.2	0.4	167	171	4	522.3	562.5	40.2
中优 31	1.9	2.0	0.1	166	167	1	513.7	448.4	-65.3
平均	2.16	2.14	-0.02	166.7	168.6	1.9	483.5	495.8	12.3

表 7-15　手插秧与机插秧产量及其穗粒结构比较

移栽方式	品 种	最高苗（万/亩）	有效穗数（万/亩）	穗粒数（粒/穗）	结实率（%）	千粒重（g）	产量（kg/亩）
手插	Z 优 272	16.317 4	11.303 0	185.1	85.14	28.9	470.8
	协优 027	15.365 1	9.969 5	193.8	90.20	28.8	473.0
	川香 317	16.254 0	10.985 5	177.3	89.34	27.5	462.2
	川农优 498	13.968 2	10.477 5	186.9	87.96	27.8	479.4
	冈优 198	15.555 5	9.088 5	219.4	86.51	29.5	470.8
	川农优 527	16.254 0	11.303 0	182.9	89.23	29.0	492.3
	辐优 6688	15.873 0	9.715 5	213.2	86.54	29.6	490.1
	D 香 707	16.952 4	11.366 5	184.8	84.74	29.2	460.1
	蓉稻 415	13.841 3	9.461 5	211.4	89.12	29.2	522.3
	中优 31	16.000 0	11.350 5	188.4	88.32	27.4	513.7
	平均	15.64	10.50	194.32	87.71	28.69	483.47
机插	Z 优 272	21.333 3	10.666 6	178.9	88.21	27.9	451.4
	协优 027	19.333 3	9.999 9	189.1	91.91	28.6	506.0
	川香 317	16.222 2	12.222 1	162.9	93.55	27.8	484.1
	川农优 498	17.777 8	10.777 7	186.8	91.01	27.1	512.9
	冈优 198	17.222 2	9.077 7	210.9	89.62	29.4	452.4
	川农优 527	22.666 6	10.666 6	188.9	89.36	28.8	465.3
	辐优 6688	14.222 2	9.444 4	227.0	88.63	29.9	568.5
	D 香 707	17.111 1	12.555 4	156.9	90.31	29.5	506.0
	蓉稻 415	20.222 2	12.222 1	184.7	88.68	29.9	562.5
	中优 31	22.666 6	10.444 3	189.2	92.23	27.5	448.4
	平均	18.88	10.81	187.53	90.35	28.64	495.75
机插平均-手插平均		3.24	0.31	-6.79	2.64	-0.05	12.28

为了进一步明确影响机插秧增产效果的品种特征，以表 7-14 所示的机插秧与手插秧的产量差值为因变量（y），表 7-15 所示机插秧的最高苗（x_1）、有效穗（x_2）、着粒数（x_3）、结实率（x_4）和千粒重（x_5）为自变量，进行逐步回归分析。分析结果表明（表 7-16），最高苗（x_1），有效穗（x_2）和穗粒数（x_3）3 个性状是影响机插秧增产效果的主要因素，结实率（x_4）和千粒重（x_5）未入选，回归方程为 $y=-349.225\,3-9.544\,6x_1+28.409\,0x_2+1.246\,2x_3$，$R=0.819\,1$，$R^2=0.670\,9$，$F$ 值$=4.878\,5$，$P=0.047\,6$，其中最高苗（x_1）的相

关系数和偏相关系数均达显著负相关，有效穗（x_2）和穗粒数（x_3）均不显著。表明最高苗数是影响机插秧增产作用的关键因子，而且分蘖力太强的品种不适宜机插秧。究其原因，机插秧移栽的是小苗，不仅每穴栽秧株数普遍比手插中苗秧多1~2株，而且机插秧深度与手插基本一致，小苗秧苗在本田分蘖发生早而快，以致相同品种的机插秧均比手插秧高。分蘖力强的品种则最高苗值更大而造成群体过大，不利于高产。在本试验中，4个减产组合中，除冈优198的分蘖力中等以外，Z优272、川农优527和中优31的最高苗数在21.33万~22.66万/亩，在10个品种的最高苗数中列前3位（表7-15）。因此，在本试验机插秧机型条件下，机插秧以选择分蘖力中上等品种为宜。

表7-16　机插秧和手插秧产量差值与机插秧最高苗及穗粒结构的相关与偏相关分析

性状	相关系数	显著水平 P	偏相关	t 检验值	显著水平 P
$r(y, x_1)$	-0.7125^*	0.0208	-0.7272	2.5948^*	0.0357
$r(y, x_2)$	0.2070	0.5661	0.5625	1.6664	0.1396
$r(y, x_3)$	0.0826	0.8205	0.4451	1.2175	0.2629

二、施氮量与施氮方式对产量的影响

施氮量与施氮方式处理间产量差异极显著，以“N9　底：蘖：穗=7：3：0”处理产量最高，氮后移有效穗有所增加，但着粒数、结实率和千粒重有所下降，以致产量下降（表7-17）。

裂区分析结果（表7-18）看出，施氮量间、施氮方式间及二者的互作差异均达极显著水平。施氮方式间产量比较，“底：蘖：穗=7：3：0”>“底：蘖：穗=5：3：2”>“底：蘖：穗=3：3：4”，表明氮后移会减产；施氮量6kg/亩、9kg/亩间差异不显著，均分别比12kg极显著增产（表7-19）。综上所述，机插秧每亩施氮6~9kg，按传统的重底早追的施氮方式为佳。

表7-17　施氮量与方式对产量的影响

处理	漏窝率（%）	最高苗（万/亩）	有效穗数（万/亩）	着粒数（粒/穗）	结实率（%）	千粒重（g）	产量（kg/亩）
N6　底：蘖：穗=7：3：0	29.7	20.28	12.36	206.6	87.7	28.2	613.7abAB
N9　底：蘖：穗=7：3：0	31.4	19.55	11.41	217.4	86.3	29.7	639.3aA
N12　底：蘖：穗=7：3：0	24.2	16.79	13.66	208.3	85.5	25.1	592.3cBC
N6　底：蘖：穗=5：3：2	27.3	15.88	12.67	214.9	85.2	26.7	595.4bcABC

（续表）

处理	漏窝率（%）	最高苗（万/亩）	有效穗数（万/亩）	着粒数（粒/穗）	结实率（%）	千粒重（g）	产量（kg/亩）
N9　底：蘖：穗=5：3：2	29.8	17.82	12.96	201.5	84.4	27.3	563.4cC
N12　底：蘖：穗=5：3：2	4.4	19.10	14.26	186.5	85.0	27.0	561.3cC
N6　底：蘖：穗=3：3：4	17.9	17.70	13.42	214.2	83.3	26.4	586.9bcBC
N9　底：蘖：穗=3：3：4	8.1	17.04	13.18	203.9	84.4	27.0	565.0cC
N12　底：蘖：穗=3：3：4	12.2	21.57	13.54	183.9	85.0	26.6	499.0dD

表 7-18　施氮量与方式各处理产量的裂区方差分析

变异来源	平方和	df	均方	*F* 值	显著水平
施氮方式 A	15 408.080 57	2	7 704.040 28	22.048 04	0.000 01
施氮量 B	15 270.241 06	2	7 635.120 53	21.850 80	0.000 02
A×B	6 364.252 50	4	1 591.063 13	4.553 43	0.010 23
误差	6 289.571 65	18	349.420 65		
总和	43 332.145 78	26			

表 7-19　施氮量与方式各处理间产量差异显著性比较

施氮方式	均值（kg/亩）	显著水平	施氮量（kg/亩）	均值（kg/亩）	显著水平
底：蘖：穗=7：3：0	608.40	aA	6	598.69	aA
底：蘖：穗=5：3：2	573.40	bA	9	589.29	aA
底：蘖：穗=3：3：4	550.29	cB	12	544.18	bB

三、移栽叶龄与密度对产量的影响

试验结果表明，不同移栽叶龄与密度间产量差异极显著，但除 6 叶期移栽处理产量极显著减产外，其他处理间产量差异不显著（表 7-20）。表明移栽叶龄 3~4.5 叶和密度 30cm×（13~20）cm 均可获得高产。说明机插秧每亩施氮 6~9kg，按传统的重底早追的施氮方式，4.5 叶期按 30cm×20cm 规格移栽为佳。

表 7-20　移栽叶龄与密度对产量的影响

移栽规格（cm×cm）	移栽叶龄（叶）	漏穴率（%）	最高苗（万穴/亩）	有效穗数（万/亩）	着粒数（粒/穗）	结实率（%）	千粒重（g）	产量（kg/亩）
30×20	6.0	12.2	23.22	12.70	189.0	90.3	28.8	618.3bB

（续表）

移栽规格（cm×cm）	移栽叶龄（叶）	漏穴率（%）	最高苗（万穴/亩）	有效穗数（万/亩）	着粒数（粒/穗）	结实率（%）	千粒重（g）	产量（kg/亩）
30×20	4.5	10.7	27.52	13.48	200.7	89.6	28.8	683.7abAB
30×20	3.0	3.2	24.48	14.83	199.5	86.5	29.8	756.6aA
30×13	3.5	1.9	49.81	19.88	161.4	85.2	28.7	746.1aA
30×17	3.5	2.9	34.53	15.87	187.2	87.9	29.2	707.4aAB
30×20	3.5	2.1	29.09	15.13	176.0	89.5	29.8	687.5abAB

四、播种量对产量的影响

试验结果表明，播种量越大，成熟期越早，其中播种量 100g/盘处理比 40g/盘处理早成熟 2d（表 7-21）。随着播种量的增加，漏穴率渐低（表 7-22），产量与漏穴率呈显著负相关（r=-0.7226[*]）。播种量以 80g/盘为宜（表 7-23）。

表 7-21　各播种量的生育期比较　（月-日）

品种	千粒重（g）	发芽率（%）	播种量（g/盘）	播种期	插秧期	齐穗期	成熟期
宜香 2115	28.2	78.0	40	3-13	4-13	7-21	8-24
			60	3-13	4-13	7-21	8-24
			80	3-13	4-13	7-20	8-23
			100	3-13	4-13	7-19	8-22
德香 4103	29.8	80.0	40	3-13	4-13	7-24	8-27
			60	3-13	4-13	7-23	8-26
			80	3-13	4-13	7-21	8-25
			100	3-13	4-13	7-21	8-25

表 7-22　各播种量的产量及其穗粒结构比较

品种	播种量（g/盘）	漏穴率（%）	最高苗（万穴/亩）	有效穗数（万/亩）	穗粒数（粒）	穗实粒（粒）	结实率（%）	千粒重（g）	产量（kg/亩）
宜香 2115	40	40.7	14.02	11.78	142.5	133.9	93.8	32.1	489.1
	60	39.4	12.99	11.90	133.3	126.3	94.8	31.7	470.1
	80	27.6	15.09	13.73	121.7	113.8	93.5	31.4	476.8
	100	31.0	13.83	12.91	131.0	123.9	94.6	32.4	505.8

（续表）

品种	播种量（g/盘）	漏穴率（%）	最高苗（万穴/亩）	有效穗数（万/亩）	穗粒数（粒）	穗实粒（粒）	结实率（%）	千粒重（g）	产量（kg/亩）
德香 4103	40	39.0	12.53	10.51	193.3	174.8	90.4	30.3	505.8
	60	28.5	14.31	11.28	174.8	160.0	91.5	30.0	517.9
	80	28.1	14.43	13.78	153.9	139.7	90.8	30.6	511.9
	100	17.7	14.98	12.97	161.9	145.2	89.8	30.3	554.3

表 7-23　各处理间产量多重比较

品种	平均产量（kg/亩）	5%显著水平	播种量（g/盘）	平均产量（kg/亩）	5%显著水平
德香 4103	542.358 34	a	80	531.03	a
宜香 2115	485.458 28	b	100	530.07	a
			40	503.53	ab
			60	491.00	b

结论：机插水稻因籽粒灌浆期比手插秧延长，全生育期机插比手插平均长 1.9d。机插秧平均最高苗、有效穗、结实率分别比手插秧高，但着粒数和千粒重分别比手插秧低，平均比手插秧增产 12.3kg/亩，增产 2.54%。品种的最高苗数与机插秧增产程度呈显著负相关，机插秧以选择分蘖力中上等品种为宜，辐优 6688、D 香 707、蓉稻 415、川农优 498、协优 027、川香 317，可作为机插秧的主推品种。高产栽培技术：播种量 80g/盘，每亩施氮 6～9kg，按传统的重底早追的施氮方式，4.5 叶期按 30cm×20cm 规格移栽。

第五节　杂交水稻抛秧高产栽培的农艺措施

随着农村经济的不断发展，农民思想意识的转变，农村劳动力向乡镇企业、第三产业和沿海大城市转移，广大农村从事农业生产的劳动力结构发生了巨大变化，务农趋向老龄化和年幼化，青壮年劳动力相对短缺，直接影响农业生产持续健康快速发展。现阶段迫切需要省工、简便、高效的新型水稻栽培技术，以促进水稻生产由传统型向“三高”农业转轨。水稻抛秧栽培技术可适应四川省近年水稻生产形势。对水稻抛秧栽培技术的研究，沿海诸省起步较早，研究也较深入。徐富贤等[4]针对四川冬水田区生态和生产条件，研究了杂交水稻抛秧栽培壮秧培育方式和本田高产技术，旨在为四川省推广应用这一技术提供依据。

一、壮秧培育方式

（一）不同育秧方式秧苗形态

4种育秧方式中，中苗秧地上、地下形态考察结果列于表7-24。结果显示，采用塑盘育苗后，由于塑盘孔小，所装育苗的营养土有限，中苗阶段，旱地盘育秧苗体较湿润盘育秧苗体小，但根系增多，单株根多0.29条，百株干重高7.24g。旱地盘育下垫稀泥，其秧苗地下部分根条数、地上部干重和单株分蘖数较湿润育秧优，特别是干物质积累明显优于湿润育秧；而湿润盘育秧的各项指标与湿润育秧相差较小。说明旱地盘育中苗秧，因苗床水分的制约，可控制其秧苗长高，促进根系生长，达到秧苗根系发达、矮壮的效果。

表7-24　不同育秧方式中苗秧形态比较

处理	苗高（cm）	叶龄（叶）	叶面积（cm^2）	根数（条）	地上部干物质重（g/100苗）	单株分蘖数
旱地盘育秧	18.27	5.44	17.76	19.53	17.76	0.75
旱地盘育秧（下垫稀泥）	19.15	5.57	21.86	17.86	21.86	0.93
湿润盘育秧	22.66	5.07	21.26	17.40	10.28	0.42
湿润育秧	23.57	5.17	21.93	16.87	10.52	0.52

（二）不同育秧方式秧苗的生理特点

由不同育秧方式中苗秧的生理指标测定结果（表7-25）可见，在中苗阶段，旱地盘育秧（无论垫稀泥与否）和湿润盘育秧对磷的吸收比对照增加17.73%～65.58%，秧苗叶绿素含量也比对照高7.65%～16.94%，其他生理指标差异较小。由此看出，杂交水稻改盘育苗后，孔内所装营养土虽少，但在一定苗龄，对秧苗素质不会有影响。

表7-25　不同育秧方式秧苗生理指标比较

处理	有机碳（%）	全P（%）	全K（%）	全N（%）	叶绿素（mg/g）
旱地盘育秧	45.57	1.122	4.185	2.118	1.97
旱地盘育秧（下垫稀泥）	44.30	1.488	4.162	2.118	2.19
湿润盘育秧	43.40	1.578	4.244	2.211	2.14

（续表）

处理	有机碳（%）	全 P（%）	全 K（%）	全 N（%）	叶绿素（mg/g）
湿润育秧（CK）	45.04	0.953	4.212	2.145	1.83

（三）不同育秧方式对产量的影响

对产量进行方差分析（表 7-26）显示，育秧方式间产量差异达显著水平，抛栽叶龄间产量达极显著水平，育秧方式与抛栽叶龄间存在极显著互作。旱地盘育秧与旱地盘育秧（下垫稀泥）两处理间产量差异不显著，而这两个处理产量显著高于湿润盘育秧和湿润育秧（CK）。再从不同叶龄抛栽看，5 叶抛栽产量明显高于 7 叶抛栽。因此，冬水田区塑盘育中苗秧，以旱地盘育秧（或盘垫稀泥）较好，可达到增穗增粒的效果。

表 7-26　不同育秧方式产量构成因素和产量

育秧方式	移栽叶龄（叶）	株高（cm）	最高苗（万穴/hm^2）	有效穗数（万/hm^2）	穗粒数	结实率（%）	千粒重（g）	产量（kg/hm^2）
旱地盘育秧	5	112.7	435.6	277.4	134.40	74.51	29.69	8 776.5
	7	117.3	389.3	264.7	148.84	74.54	29.73	8 772.0
旱地盘育秧（下垫稀泥）	5	118.0	428.4	282.3	138.11	81.76	29.27	9 355.5
	7	115.0	389.6	297.0	128.64	80.76	29.55	8 146.5
湿润盘育秧	5	116.3	382.8	280.2	140.38	76.95	29.27	8 746.5
	7	117.3	323.4	238.5	153.21	75.76	29.74	8 295.0
湿润育秧（CK）	5	115.3	318.0	249.8	163.60	69.14	29.32	8 535.0
	7	113.7	307.5	227.3	170.84	77.99	29.66	8 520.0

二、杂交水稻抛栽本田高产技术

（一）不同水层深度抛栽对立苗和产量的影响

杂交水稻抛栽后能否立苗成活，是分蘖发生早迟的关键。5 叶和 7 叶分 4 个水层深度抛栽试验结果见表 7-27，立苗率经方差分析可见，4 个水层深度间立苗率达显著差异，以花花水和 3.33cm 深水层抛栽立苗率高于 6.66cm 和 9.99cm 深水层，但处理间产量差异不明显。表明杂交水稻分蘖期对抛栽时造成立苗差异有一定的补偿作用。生产上在提高整地的同时，实行浅水抛栽，不会因抛栽时有部分卧苗或余苗而降低产量。

表 7-27 不同水层深度抛栽对立苗和产量的影响

叶龄（叶）	水深（cm）	5d 后立苗率（%）	株高（cm）	最高苗（万穴/hm^2）	有效穗数（万/hm^2）	穗粒数	结实率（%）	千粒重（g）	产量（kg/hm^2）
5	花花水	87. 7a	117. 0	466. 3	409. 85	138. 32	73. 19	29. 56	8 400
	3. 33	90. 7a	109. 3	468. 0	412. 9	136. 47	73. 71	29. 48	8 618
	6. 66	69. 3b	116. 0	434. 1	375. 0	140. 01	73. 35	29. 27	7 842
	9. 99	57. 3c	100. 7	423. 1	393. 15	143. 16	77. 06	29. 56	8 153
7	花花水	93. 3a	113. 3	468. 8	403. 8	138. 58	74. 11	29. 64	8 277
	3. 33	72. 3b	111. 3	464. 4	401. 3	136. 93	78. 81	29. 52	7 945
	6. 66	70. 3b	110. 0	442. 7	377. 1	143. 68	78. 66	29. 63	8 070
	9. 99	37. 3d	113. 7	432. 0	382. 15	143. 43	76. 68	29. 87	8 328

（二）立苗速度与日均温的关系

杂交水稻抛栽立苗率不但与抛栽时水层深浅有关，而且抛栽后日均温也直接影响立苗的早迟。调查不同时期抛栽立苗速度与温度关系表明，随抛栽期的推迟，日均温渐高，立苗速度加快，立苗速度与日均温间呈极显著正相关，相关系数 $r=0.6617$。由此说明两点：一是育苗时要注意营养土有机质与土壤的配比，切勿有机质过多，促使秧苗在苗床盘好根，抛栽时不散块，减少倒伏苗数；二是抛栽前要选好天气，不要在低温期或雨天抛栽，应在冷尾暖头抛栽才有利于抛后快速立苗，早发分蘖。

（三）产量与抛栽叶龄、施氮量和密度的关系

按 3 因子 5 水平 2 次通用正交旋转组合设计，用微机对试验结果进行统计分析，抛栽稻产量（y）与施氮量（x_1）、抛栽盘数（x_2）和抛栽苗龄（x_3）的多元回归方程为：

$y=599.46+9.38x_1+8.06x_2+3.77x_3-5.68{x_1}^2-2.50{x_2}^2+5.86{x_3}^2-6.74x_1x_2-3.64x_1x_3-3.31x_2x_3$，再对抛栽叶龄、抛栽盘数和施氮量 3 个因素进行寻优，3 项农艺措施的最佳方案是：抛栽叶龄为 5. 3 叶，抛栽盘数为 564 盘/hm^2（实际需约 630 盘），需施纯氮 128. 25kg/hm^2，抛栽稻产量可达同品种手插稻水平或略有增产，表 7-28 为产量大于 9 000kg/hm^2各项农艺措施频次分布。

表 7-28 产量>9 000kg/hm^2 各项农艺措施频次分布

编码	抛栽叶龄		抛盘数		施纯氮（kg/hm^2）	
	频次	比例（%）	频次	比例（%）	频次	比例（%）
-1. 682	3	5. 5	5	8. 5	11	18. 6

（续表）

编码	抛栽叶龄		抛盘数		施纯氮（kg/hm²）	
	频次	比例（%）	频次	比例（%）	频次	比例（%）
-1	10	16.9	7	11.9	9	15.3
0	17	28.8	13	22.0	7	11.9
+1	19	32.2	16	27.1	14	23.7
+1.682	10	16.9	18	30.5	18	30.5
平均值	0.327 8		0.498 9		0.270 8	
措施	5.3 叶		564 盘/hm²		128.25kg/hm²	

（四）头季稻不同施氮方式对头季稻和再生稻产量的影响

在头季稻（底肥、蘖肥、穗肥）施氮量 150kg/hm² 和再生稻（促芽肥、发苗肥）施氮量 120kg/hm² 条件下，设不同施氮比例试验处理（表 7-29）。

对不同施氮方式产量结果进行方差分析表明，各处理头季稻产量与对照差异不显著，处理间产量差异也不显著。再分析再生稻产量，处理间达显著差异；以对照产量最高，但与处理 3 和处理 4 差异不显著，处理 3 与对照施氮方式相同。处理 4 将底肥和分蘖肥各减少了 10%，分别作保花肥和粒肥，其再生稻产量与对照相当，结果与笔者研究提出的中稻—再生稻统筹平衡施肥技术相似，更有利于中稻—再生稻高产（表 7-30）。

表 7-29　头季稻不同施氮方式试验设计　（%）

处理	底肥	蘖肥	穗肥	粒肥	促芽肥	发苗肥
1	50	30	20	—	75	25
2	80	—	10	10	75	25
3	60	20	20	—	75	25
4	60	20	10	10	75	25
5	70	20	10	—	75	25
6（CK）	80	20	—	—	75	25

表 7-30　头季稻不同施氮方式与头季稻和再生稻产量

处理	头季稻				再生稻			
	有效穗数（万/hm²）	穗粒数	千粒重（g）	产量（kg/hm²）	有效穗数（万/hm²）	穗粒数	千粒重（g）	产量（kg/hm²）
1	298.5	153.33	29.59	9 867	318.8	50.23	25.15	3 500

（续表）

处理	头季稻				再生稻			
	有效穗数（万/hm^2）	穗粒数	千粒重（g）	产量（kg/hm^2）	有效穗数（万/hm^2）	穗粒数	千粒重（g）	产量（kg/hm^2）
2	273.9	136.15	29.94	9 852	283.5	55.09	25.26	3 500
3	267.6	136.48	29.70	9 458	321.5	51.91	25.53	3 728
4	273.9	135.67	30.52	10 098	239.1	52.67	26.06	3 458
5	275.1	143.05	29.84	99 18 3	330.0	51.18	25.38	3 245
6（CK）	244.5	161.40	29.96	10 221	232.3	54.65	25.39	3 405

结论：① 冬水田区杂交水稻改手插为塑盘育中苗抛栽完全可行，其产量水平可达到或超过手插稻，可因地制宜扩大示范，积极稳妥推广。② 杂交水稻抛栽施肥量与手插稻相当，因其带泥抛栽，基本无返青期，施肥方式宜适当减少底追肥，用作穗粒肥，更利于两季高产。③ 旱地盘育秧（或盘下垫稀泥）和湿润盘育秧均可培育抛秧，但前者产量高于后者；旱地盘育（盘下垫稀泥）适宜育中苗秧，秧龄过长易出现黄化现象，生产上可因地选用不同育秧方式。因受塑盘孔内营养土的限制，苗床管理要促控结合，才有利于培育壮秧。④ 由于冬水田区水利条件较差，杂交水稻抛栽时田间水层可保持约 6.66cm，抛栽时立苗率高，同时能促进抛后快速分蘖。⑤ 偏穗数型杂交水稻抛栽 27 万窝/hm^2，大穗型品种抛栽 22.5 万穴/hm^2，4~5 叶抛栽，施纯氮 120~135kg/hm^2。塑盘育秧中苗壮秧标准：苗高 20cm，叶龄 5 叶，每株 20 条根，百苗地上干重为 18~20g，单株分蘖 1 个，有机碳 45%，叶绿素含量 2mg/g。

参考文献

［1］ 徐富贤，张林，熊洪，等．不同栽培方式对杂交中稻产量及冬水田肥力的影响［J］. 中国稻米，2017，23（2）：27-31.

［2］ 徐富贤，熊洪，谢树果，等．冬水田杂交中稻直播高产配套技术［J］. 中国稻米，2017，23（5）：94-98.

［3］ 徐富贤，张林，熊洪，等．冬水田杂交中稻机插秧高产配套技术研究［J］. 中国稻米，2016，22（3）：52-56.

［4］ 熊洪，徐富贤，洪松，等．四川冬水田区杂交稻抛秧栽培技术研究［J］. 西南农业学报，1998（S3）：55-60.

第八章　耐逆减损高效集成技术与应用

第一节　开花期高温热害缓解技术

近年来，由于环境的污染，大气中 CO_2浓度增大，全球气温逐年升高，高温影响水稻生育生长，西南沿江河谷和低海拔平坝丘陵区水稻孕穗成熟期高温，严重影响该区水稻产量的稳定。2000 年 8 月，四川部分地区最高温度超过 35℃持续 20 多天，遇高温伤害的杂交水稻结实率严重下降，严重田块产量下降 50%~80%。2006 年四川盆地发生百年不遇的高温伏旱，7—9 月超过 35℃持续 40 多天，导致水稻减产 20%以上。2013 年 7 月下旬后高温干旱，严重影响四川盆地沿长江流域及附近浅丘和平坝区水稻灌浆，由于水稻千粒重下降导致水稻不同程度减产。对水稻高温的研究，先期集中在高温对水稻的伤害、高温指标、高温发生规律与空间分布，对高温危害评估和发生机理研究较少。近期研究涉及微量元素与植物调节剂对高温的缓解等。高温胁迫下，不同灌溉方式和不同品种内源激素和酶的响应不同。“十二五”期间，我们以西南高温区水稻生产实用为目的，从鉴定耐热品种、农艺技术和植物调节剂等方面开展杂交水稻高温缓解技术研究，以期为西南高温常发区水稻提供防灾减灾技术支撑，促进水稻产业向稳产、优质、环境友好方向发展，夯实大西南生态屏障建设的粮食基础。

一、选择耐热或较耐热杂交稻新品种

2011—2019 年 9 年期间，从 400 多个杂交水稻品种鉴定出耐热系数大于 0.5 以上的耐热或较耐热品种 60 余个，只占供试品种的 18.3%。它们是稻川香 858、蓉稻 415、泰优 99、香绿优 727、内香 2128、香绿优 727、内香 2550、川谷优 202、蓉 18A/HR7308、内香 7539、蓉 18A/川恢航 917、蓉 18A/R0609、宜香优 4245、香绿优 727、川谷优 918、花香 7 号、蓉优 918、国杂 7 号、宜香 2084、川农优华占、Q 优 1 号、奇优 894、茂优 601、川优 3727、准两优 893、C 两优华占、丰优 1 号、内 5 优 H25、临籼 24、香 3301、临籼 21、F173、F171、W-1、

宜香优 5577、乐 5 优 2115、内香优 5828、Ⅱ优 498、蓉优 1808、渝优 600、内 5A/泸恢 132、内香 1A/泸恢 132、106A/泸恢 132、074a/泸恢 4210、1716A/泸恢 4163、1716A/泸恢 4232、1716A/泸恢 4023、1716A/泸恢 4088、蜀丰 A/成恢 727、泸 6A/成恢 727、川谷 A/R1202、川谷 A/R1861、乐丰 A/天恢 918、川谷优 6684、川谷优 7329、乐 5A/成恢 177、绵 5 优 5240、蓉优 33、创两优华占、简两优 534、长泰 A/泸恢 6150、H561、N22、金卓香 1 号、泸优 137、旌优 727、川优 6203、旌 3 优 177、内 6 优 107、川优 1727、宜香优 1108、渝香 203、德优 4727、宜香优 2115、德香 4103、天优华占、德优 4923、内 5 优 39、蓉优 3324，各地可选择产量与品质结合较好，生育期与当地自然条件同步，又已通过国家或省级审定的品种进行示范推广。

二、杂交水稻高温缓解农艺技术

（一）适龄早栽提早抽穗避高温

用中籼迟熟种中生育期中等的冈优 725 与生育期稍迟的Ⅱ优 838 为试验品种，播种期同为 3 月 10 日，分 3 叶、5 叶和 7 叶移栽。结果冈优 725，3 叶和 5 叶移栽分别比 7 叶移栽抽穗期早 6d 和 3d。Ⅱ优 838，3 叶和 5 叶移栽分别比 7 叶移栽抽穗期早 5d 和 3d。两个品种结实率表现同一趋势，早抽穗的结实率高于迟抽穗的。

（二）肥料运筹壮个体，增强耐热力

在自然条件下设计了 6 个处理。处理 1：不施肥（CK）；处理 2：只施 N 8kg/亩；处理 3：N 8kg+P 4kg+K 4kg/亩；处理 4：N 7kg+P 4kg+K 4kg+有机肥 100kg/亩；处理 5：N 8kg+P 4kg+K 4kg+石灰 30kg/亩；处理 6：N 8kg+P 4kg+K 4kg+硅肥 20kg/亩。综合分析结果看出，无机肥与有机肥结合有利于健壮水稻个体，提高水稻对高温胁迫的承受能力，缓解高温对结实的伤害。

三、微肥与植物生长调节剂缓解水稻高温效果明显

（一）微肥缓解高温效果

高温胁迫条件下，孕穗期、抽穗期和齐穗后 10d 3 个阶段施硅处理，结实率和千粒重分别为 88. 75%、76. 5%和 89. 25%，29. 11g、31. 23g 和 30. 73g。以结实率和千粒重为评判高温缓解效果指标，孕穗施硅效果 > 抽穗期 > 齐后 10d。但具体处理效果有差异，孕穗期每钵施 10g 为宜，钵产量较对照高 9. 8%。抽穗期施硅提高结实率效果不明显，但显著提高千粒穗，特别是钵施 10g 硅，千粒重达 32. 09g，较对照高 5. 14%。齐穗 10d 后施硅，无论是对结实率和千粒重，还是产

量都没有明显效果。

抽穗期喷施磷酸二氢钾、硫酸锌和硒 Na_2SeO_3 的结实率和千粒重分别为84.3%、80.0%和80.3%，31.04g、31.55g和31.48g。综合考虑结实率和千粒重，水稻高温缓解效果磷酸二氢钾 > 硫酸锌 > 硒 Na_2SeO_3。以结实率和千粒重为评判缓解水稻高温效果具体处理看，高温条件下喷施磷酸二氢钾0.2%、硫酸锌0.08%和磷酸二氢钾0.4%+硫酸锌0.05%对提高水稻的高温承受力效果较好。

（二）植物生长调节剂缓解水稻高温效果

采用耐热品种Ⅱ优602和不耐热品种旌优127，2015年在自然条件下分期播种，抽穗开花期喷施S诱抗素1 000倍液+磷酸二氢钾0.2%，喷施清水为对照。结果表明播种期和品种间结实率差异显著，播种期与品种互作效应显著；结实率与播种期间达显著负相关，$r=-0.7967$。旌优127，4月20日播种，7月27日齐穗，遇35℃以上高温，喷施调节剂处理结实率87.07%，较喷清水对照高5.99%。Ⅱ优602，5月4日播种，8月10日齐穗，未遇35℃以上高温，喷施调节剂处理结实率74.85%，较喷清水对照高11.17%。旌优127，5月4日播种，8月3日齐穗，遇35℃以上高温喷施调节剂处理结实率64.62%，较喷清水对照高11.27%。均表现为调节剂比清水的结实率显著提高。这一结果说明两点：一是印证了人工气候室磷酸二氢钾和S诱抗素对水稻高温伤害有缓解效果；二是磷酸二氢钾和S诱抗素对水稻高温伤害有缓解效果热敏感品种大于耐热品种。

四、播种期、水、密度和肥料与结实率的关系

（一）水肥互作与水稻结实率的关系

品种蓉优1015，钵栽3窝，设钵施氮分别为0g、4g和8g。水分管理设抽穗开花前6d、4d和2d排水，浅水灌溉为对照（CK）。抽穗开花时移入人工气候室进行高温处理。试验结果表明，与对照相比，齐穗前2d排水、齐穗前4d排水、齐穗前6d排水的结实率分别降低了34.5%、28.1%、29.5%。说明水稻抽穗开花期高温伤害程度与稻田水分关系密切，只要稻田有水层，就可以缓解高温对水稻伤害。

（二）播种期、密度和肥料与结实率的关系

以杂交稻旌优127（不耐高温优质稻）和Ⅱ优602（耐高温等外米）为材料，分别于3月6日、3月25日、4月20日、5月4日、5月24日播种，采用低密高肥（施纯氮14kg/亩，0.6万穴/亩）和高密低肥（施纯氮7kg/亩，1.2万穴/亩）两种栽培方式。表8-1结果显示，就单位面积产量而言，不同播种期和品种间的产量差异达显著水平，栽培方式间产量差异不显著，播种期分别与栽培

方式和品种间的互作效应显著。随播种期推迟产量随之下降，相关系数 $r=0.9457^*$。旌优127和Ⅱ优602播种期与结实率的相关系数分别为 -0.8200和 -0.8700，均达极显著水平。这结果说明，即使是热敏感品种，只要适期早播，合理运筹密度与肥料，促进其生育进程与优良生态条件同步，同样可达耐热品种产量。本试验针对旌优127分蘖力强的特点，3月6日早播种，低氮与高密结合，结果亩产550.95kg；与同期播种耐热品种Ⅱ优602大面积生产使用高氮与低密度结合亩产555.71kg相近，就是很好例证。

五、西南区水稻高温缓解技术要点

综上所述，西南高温常发区水稻高温缓解技术要点如下。① 选用优质丰产耐热或较耐热水稻新品种，为高温区防灾避灾奠定品种基础。② 适期早播基础上，中小苗早栽，实现关键生育阶段与优良生态条件同步，提早抽穗避高温。③ 密肥水合理运筹，高密低氮，有机无机结合，大量元素与微量元素结合，孕穗抽穗开花稻田有水层。④ 运用微量元素或植物调节剂缓解水稻高温，外源硅可作底肥，也可在孕穗期高温下喷施。磷酸二氢钾和S诱抗素可在抽穗开花期高温条件下喷施。

第二节 耐旱高产稳产技术

四川盆地东南部高温伏旱区现有稻田2 200万亩左右，其中杂交中籼迟熟品种（组合）种植面积占90%以上。由于规律性的7月上中旬至8月中下旬的自然高温伏旱，轻者籽粒灌浆结实期受高温逼熟，千粒重下降，稻米垩白粒率和垩白度增加，整精米率降低；重者抽穗期高温伤害影响开花授精，空秕粒增加，造成大幅度减产甚至绝收。因此，制定四川盆地东南部高温伏旱对杂交中稻影响的预案，对该地区水稻高产、稳产和稻米品质的改善均具有十分重要的意义。

一、选用耐旱品种

先期作者研究结果表明，水稻4叶期和分蘖盛期的发根力分别与品种自身抽穗开花期植株含水量和抗旱性呈极显著正相关，可将4叶期和分蘖盛期的发根力作为选育或筛选杂交中稻强抗旱性品种的参考指标。大穗和发根力强的品种穗分化期抗旱能力强，干旱胁迫下产量越高的品种抗旱能力越强。分蘖期抗旱指数与穗分化期的抗旱指数无相关性。在水种条件下，千粒重较低的组合抗旱能力较强；在受旱条件下，千粒重低和产量高的组合抗旱能力强。据此可初步作为筛选耐旱品种的依据。

筛选出分蘖期抗旱能力较强（抗旱指数在 0.95 以上）的品种 9 个：绵香 576、D 优 6511、内 5 优 39、泰优 99、内 5 优 317、内香优 18 号、内香 2128、内 5 优 5399、宜香优 7633；穗分化期抗旱能力较强（抗旱指数在 0.95 以上）的品种 14 个：蓉 18 优 188、D 优 6511、川香优 3203、蓉稻 415、泰优 99、内 5 优 317、川作 6 优 177、内香优 18 号、香绿优 727、内香 8156、冈香 707、宜香优 7633、宜香 1108、川香优 727；分蘖期和穗分化期抗旱能力均较强（抗旱指数在 0.95 以上）的品种 5 个：D 优 6511、泰优 99、内 5 优 317、内香优 18 号、宜香优 7633。灌浆期耐旱品种有 28 个：千乡优 418、泸优 727、嘉优 727、锦花优 908、德优 4923、旌 1 优华珍、晶两优 119、隆两优 1177、宜香优 3159、雅 7 优 2117、川绿优 907、宜香优 2115、蓉优 184、608A/R107、8066A/R6150、恒丰 A/泸恢 6150、H7877、旱优 73、天优 863、内 6 优 103、蓉 18 优 1015、德优 4727、F 优 498、旌 8 优 727、金卓香 1 号、天优华占、蓉优 3324、川香优 727。生产上应根据各地不同生育期干旱发生率选用相应的品种。

二、缓解耐旱的农艺措施

（一）增加基本苗

研究结果指出水稻分蘖期干旱处理下稻谷产量随着施氮量和移栽密度的增加而增加，即适当提高本田施氮水平和移栽密度可显著降低分蘖期干旱对产量的损失度。因此，水稻分蘖期干旱高发区可适当增加基本苗数，可降低干旱抑制分蘖生长致有效穗不足而减产的程度，以亩施纯氮 7～10kg、亩栽密度 1.25 万穴为宜。

（二）适时灌水抗旱

水稻分蘖期受旱影响产量的土壤水分临界值为相对含水量 36%左右，从稻田开始受旱到土壤含水量下降到影响水稻产量的临界值所需积温为 312.76℃，可作为稻田受旱灌溉水的时机，也可利用干旱期间的产量损失度（y）与干旱期间平均田间持水量（z_3）的关系（$y=171.32-1.6991z_3$）制定相应的灌水时机。灌浆期土壤含水量低到饱和持入量的 60%时持续 10d、孕穗期持续 10d 低至 65%时对产量没有影响。返青至成熟模拟自然降雨，可实现与全生育期浅水灌溉产量相当，其最佳经济灌水定额为 15.1m³/亩。

三、化学调控措施

孕穗期叶面喷施黄腐酸和甜菜碱复合配方，黄腐酸（旱地龙黄腐酸 10g 加 5L 水稀释 500 倍），黄腐酸与甜菜碱按 1∶1 配制，每亩喷施 25kg，对灌浆期干旱胁迫有较好的缓解效果。

四、高温与干旱复合胁迫的对策

（一）搞好稻田抗旱设施建设

当稻田处理干旱状态时，高温伏旱对杂交中稻开花授精及灌浆结实的影响将会更加严重。因此，在高温伏旱气候条件下，若能保持稻田有一定水层，可显著降低水稻产量损失程度。冬水田具有蓄水、培肥、防止水土流失、提早茬口、缓解人畜用水矛盾、改善生态环境等重要功能，是我国西南稻区的一大特色。近几年来，由于稻田保水能力下降，冬水田现存面积不断减少。因此，恢复该地区冬水田面积，有利于缓和因水利灌溉条件差的抗旱压力。目前较为有效的措施：一是搞好稻田整治，在主田埂内侧镶嵌一定厚度的砖块或石板防漏，既有利于稻田蓄水防旱，又可发展稻田养鱼，增加稻田经济收入；二是畅通或扩建排灌沟渠，增加稻田的保灌能力；三是备足抽水机械和农用柴油，最大限度地提高人工抗旱能力。

（二）大力推广抽穗开花期耐高温干旱良种

抽穗期的自然高温对开花受精及籽粒灌浆结实有较大影响，但品种间差异较大。因此，选择抽穗开花期耐高温干旱品种是应对高温伏旱的重要措施之一。同时建议相关部门或单位，每年收集通过国家、四川省和重庆市上年审定的杂交中稻新品种，从中筛选出抽穗开花期耐高温品种，作为该地区的重点推广品种。

（三）利用旱育秧提早抽穗避过高温发生期

杂交水稻抽穗开花期日均温高于30℃或日最高温超过35℃，就会对开花受精造成明显伤害，盆地东南部这一高温时段一般发生于7月中下旬至8月上旬，受全球气候变暖的影响，近年有提早出现的趋势。根据该地区杂交中稻生长发育情况，如果将齐穗期安排在7月10日以前，能有效地避开高温危害期，其安全保证率可达95%以上。主要措施：一是选用品种的全生育期不宜过长，为了避免抽穗开花期受高温危害，所选用品种的全生育期以最长比汕优63全生育期不超过3d为佳；二是积极推广旱育秧，提早水稻的播期、抽穗期。“旱育秧”既可解决育秧期水源不足的问题，还可适当提早播期，提高秧苗素质，且旱育秧移栽后无明显的返青期，2月20日前后播种，4月上旬中苗移栽，可比常规地膜水育秧提早抽穗3~5d，这样可确保在7月10日前齐穗期；三是“重底早追、配方施肥”，促进分蘖早生快发、减少后期冠层含氮量，可加快生育进程，增加后期耐旱和耐高温能力。

（四）本田稀植足肥促进优质高产

即使水稻抽穗开花期未遇到高温危害，但整个籽粒灌浆期仍处于较高的温度条件下，对稻米优良品质的形成也极为不利。齐穗后 0~20d 的日均气温 22.2~24.0℃、相对湿度 89.6%~93.9%，有利于提高整精米率，降低垩白粒率和垩白度。就四川盆地东南部平丘区而言，影响稻米品质的气温时段主要是 7 月 10—30 日的 20d。据统计，四川盆地东南部有代表性的部分地区多年平均 7 月中旬、下旬日均温分别为 26.8℃和 27.9℃，分别比有利于优质米形成的最适日均温高 2.8~5.7℃；年最高温 7 月中旬、下旬日均温分别为 28.3℃和 29.8℃，分别比有利于优质米形成的最适日均温高 4.3~7.6℃。相对湿度在 85%左右，与有利于优质米形成的最适相对湿度相近。因此，四川盆地东南部平丘区杂交中稻籽粒灌浆期前 20d 日均温过高，是导致该区杂交中稻稻米品质差的原因所在。研究进一步发现，栽秧密度与整精米率呈极显著负相关，与垩白粒率呈极显著正相关。在中高氮施肥水平条件下，当栽秧密度超稀到 7.51 万丛/hm^2时，在保证比传统高产栽培密度每公顷栽秧 21.64 万丛的对照不减产前提下，整精米率提高了 15.69~29.92 个百分点，垩白粒率降低了 16.34~21.22 个百分点。其原因在于，超稀植增加了每穗着粒数，降低 了齐穗期的叶粒比，以致稻穗籽粒灌浆速率减慢而改善整精米率和垩白粒率。但其效果与组 合间着粒数有关。根据以上研究结果，选用传统栽培条件下群体平均着粒数 170 粒以内的组合，在足氮（每亩施纯氮 12~14kg）条件，每亩栽 4.5 叶左右的中苗秧 0.6 万~0.8 万穴，可在保证高产条件下，显著地提高稻米品质。

（五）受极端高温伏旱危害的应对策略

抽穗开花期是受高温危害的敏感时期，此期若遇 35℃以上的极端高温伤害，结实率会大幅降低，但品种间和田块间差异较大。齐穗一周后及时到田间观察结实状况，应视不同情况采取以下应对策略。

1. 蓄留正季再生稻

结实率 20%以上的稻田，头季稻仍有 100kg/亩以上收成，待八成黄后适期早收头季后蓄留再生稻，只要按正季再生稻栽培技术管理，可收获再生稻 200kg/亩左右。

2. 蓄留高温再生稻

结实率低于 20%且水源条件好的稻田，及时抽水防旱，并割苗蓄留高温再生稻，可收获再生稻 300~400kg/亩。主要措施：一是施足发苗肥，割苗前每亩施尿素 15~20kg 作为发苗肥；二是低留稻桩，高温再生稻因较正季中稻收割后蓄留的再生稻在时间上早 20d 左右，低位节苗不会受到低温阴雨影响而降低结实率，割苗时应低留稻桩，留桩 20cm 左右，促进倒 3~5 中、低位节腋芽萌发，有效地增加再生稻苗、穗数和穗粒数，以利于提高产量；三是稻草还田，为了抓进度，抢时间，割苗后稻草就近处理还田。其他管理按正季再生稻技术实施。

3. 改种秋季作物

结实率低于20%且水源条件差的稻田，若蓄留再生稻可能因高温伏旱而失败。此类稻田应选择机会割苗耕地，待高温伏旱过去后及时改种秋季作物，如秋红苕、秋玉米或各种秋季蔬菜，以弥补大春损失。

五、干旱缓解技术要点

综上所述，水稻干旱缓解技术要点如下。① 分别对针水稻分蘖期、幼穗分化期、灌浆期阶段性干旱，选用相应的耐旱品种。② 水稻分蘖期干旱高发区可适当增加基本苗数，以亩施纯氮7~10kg、亩栽密度1.25万穴为宜；水稻分蘖期受旱土壤水分临界值为相对含水量36%左右，或基于干旱期间的产量损失度（y）与干旱期间平均田间持水量（z_3）的关系（$y=171.32-1.6991z_3$）作为灌水抗旱时机。③ 孕穗期叶面喷施黄腐酸和甜菜碱复合配方（黄腐酸与甜菜碱按1∶1配制，每亩喷施25kg），缓解灌浆期干旱胁迫。④ 针对高温与干旱复合胁迫，采取稻田抗旱设施建设、推广抽穗开花期耐高温干旱良种、旱育秧提早抽穗避过高温发生期、本田稀植足肥促进优质高产、蓄留正季（或高温）再生稻或改种秋季作物等应对措施。

第三节　洪涝防控技术

洪涝灾害发生频率高、强度大，洪涝灾害是一种常见的自然灾害。以四川、重庆为例，洪涝灾害具有洪灾范围广、突发性强、灾情重、损失大等特点。水稻是西南地区主要粮食作物，常年种植面积近7 000万亩。由于水稻的生长期恰逢雨季，经常会出现连续降雨或暴雨形成洪涝灾害，造成水稻受淹或冲毁，导致减产甚至绝收。搞好水稻生长期间的洪涝防控工作具有重大意义。

一、选用耐涝品种

根据作者以上研究结果，头季稻孕穗期、乳熟期淹没以及再生稻孕穗期和抽穗期淹没后其生育期有延长趋势。因此，耐涝品种的选择应在高产优质品种中选择耐淹性较强、生育期偏短的品种。苗期耐淹品种有川谷优6684、冈优169和乐优198；抽穗期耐淹品种有蓉18优447、川优6203和冈比优99，头季稻淹没48h后蓄再生稻适宜的品种有冈优169、内5优317、蓉优22和川谷优6684；分蘖期和抽穗期耐淹组合间没有相关性，生产上应分别在各时期筛选相应耐淹品种。

二、制定救灾措施

利用洪水淹没的产量损失度（y:%）与淹没时间（x：h）的关系（表8-1），预测洪涝对水稻产量的损失程度，当产量损失在60%以下时则保留头季稻，加强田间管理，可收到每亩300kg左右产量；若产量损失在60%以上则立即割苗蓄留洪水再生稻；如淹没时间过长，不仅头季稻绝收，而且再生芽死亡率较大，稻田则改种秋作。

表8-1　洪水淹没的产量损失度（y:%）与淹没时间（x：h）的关系

淹没深度	淹没时期	回归方程	R^2	r	n
淹没植株2/3	孕穗期	$y=0.3800x+9.606$	0.603 8	0.777 0**	12
	抽穗期	$y=0.2587x+36.294$	0.633 4	0.795 9**	12
	乳熟期	$y=0.1295x-0.561$	0.842 2	0.917 7**	12
淹顶	孕穗期	$y=1.1312x-1.4693$	0.986 8	0.993 4**	12
	抽穗期	$y=0.6982x+34.923$	0.718 0	0.847 3**	12
	乳熟期	$y=0.2064x+2.1383$	0.931 8	0.965 3**	12

三、及时洗苗加强田间管理

杂交水稻可将分蘖盛期、孕穗末期和齐穗期淹没不足35h，在洪水退水过程中洗苗、加强田间病防治可获得300kg/亩左右产量；或预测洪涝对水稻产量的损失程度在60%以下的稻田应保留头季稻为宜。其中重要措施之一是在退水过程中，用竹竿洗苗，若夜间退水未来得及洗苗的，应叶面喷清水尽可能洗去上部三片叶上附着的污泥，有利于提高叶片光合效率，可比未洗苗的增产5%以上。

此时由于水稻植株已处于封行状态，加之田间湿度大并伴随高温，水稻纹枯病普遍较重，开花时遇强降雨或绵绵阴雨，将对后期籽粒灌浆结实有较大影响。待天气转晴后，每亩用井岗霉素2包+100g磷酸二氢钾兑水100kg，于晴天上午喷雾，及时防治纹枯病。

四、洪水再生稻高产技术要点

对头季稻产量损失重或基本绝收的稻田，可蓄留洪水再生稻。孕穗期淹2~3d，齐穗期淹1~3d的再生稻产量均可达400kg以上。

（一）蓄留洪水再生稻的判断标准

洪灾后不是所有稻田都能蓄留洪水再生稻，需要根据受灾稻田的植株状态确定。符合以下条件之一的稻田可蓄留洪水再生稻：

一是孕穗期被洪水淹没 30h 以上剥检稻穗呈水浸状、黄褐色，穗开始腐烂发臭的田块。

二是处于抽穗开花期被洪水淹没 48h 以上，日晒后稻穗和叶干枯，根、茎和再生芽生长基本正常的田块。

三是洪水退后第 5d，剥检再生芽，倒 2、倒 3、倒 4 节位有 80%左右再生芽明显伸长的田块。

（二）高产关键技术

1. 施发苗肥

确定蓄留洪水再生稻的田块，割苗前及时追施速效氮肥，以护根促芽，为再生稻高产奠定基础。发苗肥（尿素）施用量为 10~15kg/亩，并把握早割（退水后 5d 内）、瘦田多施，迟割（退水 5d 后）及肥田少施的原则。

2. 及时割苗

割苗时期：以洪水退后 3~5d 割苗为宜。

低留稻桩：割苗时应低留稻桩，留桩 20cm 左右，有利于再生稻大穗多穗高产。

稻草还田：割苗后将全田稻草就近均匀平铺于杂交中稻植株行间，既可通过稻草还田增加有机肥，又能为洪灾后自救赢得宝贵时间。

3. 加强管理

（1）水分管理。割苗后至收割期，稻田保持 3cm 左右浅水层或湿润状态，促进头季稻根系的恢复与生长。

（2）外源激素调控。待洪水退后，苗期可喷施 5mL/L 浓度的美洲星，孕穗期及抽穗期喷施 1 000mg/L 浓度的长精，同时结合施用 40mg/L 浓度的多效唑或 4mg/L 浓度的脱落酸，有显著增产效果。

（3）防治病虫。根据当地植保部门对稻田病虫监测结果，以螟虫、稻纵卷叶螟、稻瘟病等为重点防治对象，选用高效、低毒、低残留，对环境友好的农药，进行防治和施药，手动喷雾器兑水 50~60kg/亩施药，遇降雨等影响防效时，应及时补治，为再生稻高产创造条件。

4. 适时收获

当全田 90%左右的籽粒黄熟时及时收获。

第四节　耐逆省力高效综合途径

西南丘陵区是典型的农业人口密集区，并含较多贫困县。该区水稻是该区最主要粮食作物，也是当地人民的主食，为藏区和西部战区粮源，种植面积和总产量居全国前列。区内常年水稻播种面积5 000万亩，其中杂交中稻占90%以上。随着工业化、城镇化推进、交通建设的需要和种稻比较效益下降，稻田面积减少的趋势难以逆转。虽然人均消费口粮逐年减少到目前的200kg以下，但每年需从区外调入优质稻米50万t以上。因此搞好区内绿色优质省力高效技术集成及产业化，对提高当地稻农收入，增加就业岗位，巩固脱贫攻坚成果和确保国家粮食安全均具有十分重大的战略意义。但生产发展面临突出的瓶颈问题。一是自然高温、干旱、洪涝频繁，给水稻生产及人们生命财产造成极大损失。二是机械化难度大，生产成本高。西南丘陵区受地理条件影响，实施机械化难度大。如田块面积小、不规则、位置高差大，既无水源保证，又无机耕道；冬水（闲）田排灌条件均难以达到机械化的理想要求，仅少部分可实施。因此，水稻生产成本高，新型经营主体留转土地规模呈逐年下降趋势。三是逆境生态严重，稻米品质差。该区域是全球典型的弱光高湿区，加之季节性高温干旱，致稻田整精米率、外观品质及食味品质均差，其稻米市场占有率低，稻农经济收益低，生产积极性下降，撂荒田逐年增多。四是单项技术丰富，集成度不够。通过长达16年国家粮食丰产工程实施，形成了较多单项技术，如中稻—再生稻技术、机插秧技术、病虫绿色防控技术、高温干旱缓解技术及优质高产栽培等，但综合适用配套技术少，很难切实解决本区域的节本增效问题。五是散户经营为主，产业程度低。目前95%以上的稻田仍由散户生产经营，产业化程度不高，稻米加工厂规模小、数量少。

针对以上生产瓶颈问题及前述众多单项技术研究成果，集成以下耐逆省力高效综合途径。

一、共性耐逆省力措施

第一是搞好稻田排灌设施建设，增强水稻高温干旱期的灌溉能力和洪涝期的排水能力，最大限度地减轻自然高温、干旱与洪涝的灾害性损失。第二是选用同是耐高温与干旱品种，沿江河岸地区重点选用耐涝品种，实现生物抗（耐）逆。第三是适时早播早栽提早生育期，使关键生育期与高温干旱期错开避害。第四是采用地坑式育秧技术，提高手插旱育秧或机插旱育秧的秧苗质量与节本增效。第五是应用稻田培肥与绿色防控等技术，实现可持续发展与安全生产。

西南区无论推广何种技术，均可在采用上述共性耐逆省力措施基础上，根据各地生态、生产条件，进一步实施差别化的区域性特色技术，最终实现耐逆省力高效目标。

二、区域化省力高效技术

（一）杂交水稻主要省力高效技术

1. 机插秧省力高产技术

（1）适宜区域与目标产量

本技术适用于冬水（闲）田、蔬菜、油菜、小麦茬口稻田，目标产量每亩600~700kg。

（2）品种选择

选择杂交中稻中熟或迟熟偏早的优质品种，如蓉18优662、德优4727、嘉优727、德优4923、内5优768、内6优138、蜀优727、五山丝苗、宜香优37。

（3）育秧

① 秧田准备。选择排灌、运秧方便，向阳的田块做育秧田，按秧大田比例1：(80~100)。

② 材料准备。塑料秧盘（规格：58cm×28cm），每亩大田按20张备足。

③ 育秧基质（营养土）准备。取菜园表层（20cm）土，晾干，粉碎过筛，粒径要求不得大于5mm，每100kg细土均匀拌1.0kg壮秧营养剂，每亩大田需备足合格营养土80~100kg。

④ 秧床制作。于播种前1周上水整田，开沟做厢，厢面宽1.4~1.5m，沟宽0.3~0.4m，沟深0.15m，围沟宽0.4m，深0.25m，秧厢做好后排水晾干，使厢面沉实，厢面要求达到"实、平、光、直"。

⑤ 播种育苗。播种期根据当地水稻生长季节安排，按相应茬口稻田预测的插秧期，倒推播种期。一般川南3月上旬、川中3月中下旬、川西北4月上中旬播种，秧龄期20~25d，每亩大田用种量1.6kg。播种前需进行种子消毒处理，以防止恶苗病，一般使用咪鲜胺溶液浸种，浸种36~48h，催芽至种子破胸露白，基本齐芽，摊晾4~5h即可播种。

⑥ 播种。将两秧盘并列对放，盘与盘之间紧密无缝隙，盘底紧贴秧盘，然后装营养土，土厚2.0~2.5cm，用木条刮平，泗足底水。据种子千粒重每盘播芽谷95~105g（折合干种70~80g），盖土厚度为0.3~0.5cm，以不见芽谷为宜，使用洒水壶，将表层盖种营养土洒湿透，然后薄膜搭拱覆盖，出苗后注意保温防冻。如遇连续阴雨，要适时通风换气，防止病害发生。

⑦ 秧田水肥管理。两叶一心前建立平沟水，保持厢面湿润不发白，盘土含水又透气，以利于秧苗盘根；2~3叶期视天气情况勤灌跑马水，移栽前3~4d，灌半沟水蹲苗，以利于机插。采用营养土的秧田，叶色落黄不明显可不追肥。叶色落黄明显的可在秧苗一叶一心时，于傍晚待苗叶尖吐水时建立薄水层，每亩秧

田施用 2~3kg 尿素。

⑧ 病虫害防治。主要有稻蓟马、稻飞虱、纹枯病、苗期稻瘟病等，视发生情况，进行防治。

（4）插秧

① 秧苗栽前准备。适时控水炼苗：栽前通过控水炼苗，减少秧苗体内自由水含量，提高碳素水平，增强秧苗抗逆能力，控水时间宜在栽前 3~4d 进行，晴天保持半沟水，阴天可排干水。坚持带药移栽：移栽前 2~3d 要全面进行一次药剂防治，控制灰飞虱带毒传播为害。正确起秧运苗：由于机插的秧苗既小又嫩，因此，在起秧的过程中要防止萎蔫，防止秧苗折断。起运过程中，如遇烈日高温或下雨需用设施遮盖，防止秧苗失水萎蔫，或秧块过烂，影响机插质量。

② 大田栽插技术。精细耕整，一是时间要早、及时。因为机插小苗、秧龄弹性小，大田耕整抢早进行，宁可田等秧，不可秧等田。二是整地要平，要求做到田面平整，表土软硬适中，田面无杂草、杂物。三是土壤要沉实，一般要求耕整后沉实时间 1~2d，并保持浅水层，防止晒干，田面发僵，移栽前半天要排出田内过多的水，以瓜皮水（1~2cm）栽秧最好。

③ 适龄移栽。机插秧一定要坚持适时适龄移栽。秧龄掌握在 20~25d，叶龄 3.5~4.5 叶，绝对防止超龄移栽。壮秧标准：茎基粗扁，叶挺色绿，根多色白，植株矮壮，无病株和虫害。秧苗群体质量均衡，每平方厘米成苗 2~3 株，秧苗根系发达，单株白根 10 条以上，根系盘结牢固，盘根带土厚度 2~2.5cm，厚薄一致，提起不散，形如毯状，亦称毯状秧苗。

④ 合理密度。栽秧前按行距 30cm（9 寸），株距 17cm（5 寸）先在插秧机上调整好，机插时做到每亩栽足 1.3 万穴，每穴栽 3~4 苗，每亩基本苗 4 万~5 万。插秧时要做到薄水浅栽，田面水层深度 1~2cm，栽插深度 1.5~2cm，以入泥为宜，不漂不倒。栽插结束后如出现缺苗、断垄、漂秧、浮秧，要进行人工补缺，并及时上水 3~4cm，促进返青活棵，返青后全生育期保持 2~10cm 水层。

（5）大田管理

① 肥料管理。每亩施纯氮 10~12kg，其中底肥占 50%，分蘖肥（移栽后 7d 左右）占 30%，穗占 20%。磷、钾肥，按 $N:P_2O_5:K_2O=1:0.5:0.5$，其中磷肥全部做底肥，钾肥分底肥和穗肥 2 次施用，每次各施 50%。

② 化学除草。机插秧秧龄小，缓苗期相对较长，采用宽行移栽，以及移栽前需要沉淀 2~3d，为机插水稻田杂草生长让出了比较宽裕的时间和空间。因此，机插水稻田化学除草多采用封杀除草的方法，即在水稻移栽前平整好稻田时施用化学除草剂。另外，如果第一次封闭除草剂来不及打，也可结合第一次追肥时，把稻田除草剂拌到肥料中一起施用。

③ 病虫害防治。做好稻瘟病、水稻螟虫、纹枯病等病虫害的防治，其中重点防治纹枯病两次，第一次防治于最高苗期前后（旌阳区二代螟虫于5月25日左右），第二次防治于破口期（旌阳区二代螟虫于7月25日左右），以上午稻株有露水时施药为佳。

④ 水分管理技术。水分管理的总体原则是薄水移栽、寸水活棵、浅水分蘖、深水抽穗（5~10cm水层）、籽粒灌浆期干湿交替灌溉。移栽后晾田3~5d，促进秧苗扎根立苗，至分蘖期结束始终保持浅水层，大田群体茎蘖数达到预期有效穗的85%时，开始排水晒田，为达到“稻田不陷脚、田间无裂缝”的效果，宜采用多次轻晒的方法。孕穗期保持浅水，抽穗期深水灌溉，齐穗后坚持干湿交替灌溉，即上一次水层落干后，湿润3~5d后再灌浅水，维持根系活力在较高水平，延缓功能叶片衰老，增加籽粒重量，并且如此往复，收获前1周排水晒田，以确保机器能够下田收割水稻。

⑤ 适时收割。当全田95%以上的籽粒黄熟时及时收割晾晒或烘干。

2. 水稻直播生产技术规程

（1）品种选择

选用经国家或省级审定且适宜拟种植区域的杂交水稻品种，冬水田、冬闲田蔬菜、油菜中早茬口，选用中熟或迟熟偏早品种（如蓉18优662、德优4727、嘉优727、德优4923、内5优768、内6优138、蜀优727、五山丝苗、宜香优37）；小麦迟茬口选用中熟、早熟或早稻品种（旌优127、德优727、辐优838、黄华占、金农丝苗、中嘉早17）。

（2）翻耕与整田

采用水直播的稻田，播种前3~5d排水除杂，水位保持在“花花水”状态，深水少草田以旋耕碎桩为主，浅水有草田以翻耕覆草为主；翻耕、犁耙稻田，并一次性施入腐熟农家肥、商品有机肥，肥泥要混匀；稻田要耙细、整平；再按照田块大小作开厢（或牵绳划分格田）、降水处理，保持田间浅水、湿润状态，人工撒播的厢面宽4~5m，人工点播的厢面宽2m，机械直播的则根据机械作业幅宽决定厢面宽度；厢与厢（格田）之间和稻田四周预挖浅水沟引排厢面明水，沟深10~15cm，水沟之间相互联通并保持通畅、有水。对局部积水多、积水深的区域有针对性理通引水沟，保持厢面无集中屯水现象。

采用旱直播的，播种前旋耕灭茬（草）、精细整地，并一次性施入腐熟农家肥、商品有机肥，混匀；稻田田面整平、然后开厢（划分格田），厢面高低相差不超过3cm。厢与厢之间预挖引水沟等，其他同水直播。

（3）播种

① 播种期。播种期原则上比当地传统高产栽培播种期推迟10~15d为宜，川

南冬水田、冬闲田、蔬菜田一般在 3 月 15—25 日播种，或者以当地日平均气温稳定在 12℃以上时选晴好天气日播种。播种前注意天气预报，要选择冷尾暖头播种。水旱轮作田或两季田在头季作物收获后抢时播种。

② 用种量。根据千粒重大小，杂交水稻种播种量 1.0kg/亩左右，常规稻种播种量 2.5~3kg/亩。

③ 种子处理。播种前选择晴好天气晒种，并浸种催芽，以稻谷萌动粉嘴、露白即可。为防雀鸟和地下害虫为害，可在播种前选用吡虫啉或丁硫克百威作包衣处理，也可选用旱育保姆或驱鸟剂拌种。

④ 播种方法。分为人工撒播、人工点（条）播和机械喷播三种方式。

人工撒播：播种前按 1∶(2~3) 的比例将浸种催芽后的种子同沙壤土（亦可是蒸煮灭活后的商品稻谷）拌匀混合，按照分厢定量和“二次播种”的方式播种，先播种 70%，余下的 30%用于补缺补稀，做到播撒均匀。

人工点（条）播：可按品种特性先行计算播种规格和穴播种量（杂交稻每亩播 1.2 万~1.5 万穴、穴播 2~3 粒种，常规稻每亩播 1.5 万~1.8 万穴、穴播 4~6 粒种），结合厢面（格田）宽度制作“排绳”辅助工具，人行走厢沟中根据“排绳”定位实施点播或条播。

机械喷播：采用电动籽肥抛撒器作播种作业（即人工肩负抛撒器，将出料口面对已经划好的厢面，开动机器后，沿稻田中预留的水沟或在田坎上缓步前行，注意播撒均匀），对播撒有遗漏或播种不到位的田边、边角，需用人工方法补播。

⑤ 压种入泥。水直播采用人工撒播、点播的，按照厢面（格田）宽度选择相应长度、直径 10~20cm 的塑料圆筒，用竹竿作中轴，两端系上等长度绳索，用人工在厢沟中作拉拽，将稻种滚压入泥；或选择宽度与厢宽相同的柔性塑料布，用人工在厢沟中拉拽，实现种泥混合。也可直接使用扁担、泥板等工具直接踏谷入泥。采用电动籽肥抛撒器播种的，也要按照此方法压种入泥。

旱直播需采用浅旋耕方式或盖种机盖种，然后灌水使土壤水分达到饱和、自然落干。采用药剂拌种后播种的，可以不压种入泥。

（4）施肥

总施肥量按比传统高产栽培减少用量 10%左右的原则，一般底肥每亩稻田均匀施用纯氮（N）6~9kg，磷肥（P_2O_5）4~5kg，钾肥（K_2O）3~4kg。分蘖期、穗期视苗情酌情补氮肥。

（5）除草

适用“一封二杀三补”防除措施。“一封”即在播种后 3~5d 后选用芽前除草剂作封闭除草，如哌草丹、丙草胺、丁草胺、噁草酮、苄嘧磺隆等（旱直播以丁草胺、恶草酮为主)。“二杀”即在水稻3叶期，对封闭防除后仍残存的杂草选择茎叶除草剂进行处理。如五氟磺草胺，氰氟草酯，双草醚、二氯喹啉酸等；“三补”即在水稻5叶期田间仍残存的恶性杂草，可选用除草剂作“挑治”和“补除”，如氰氟草酯·精噁唑、精噁唑禾草灵等。

（6）匀密补稀

当水稻秧苗长至3~4叶时，对秧苗间距大于30cm的，带泥匀抛栽1~2株秧苗，使田间秧苗基本均匀。

（7）其他田间管理

水稻幼苗正常生长至分蘖拔节期后，肥水管理、病虫害防治基本同普通大田水稻生产；有条件的地方，当田间总苗数达到预期的80%时，采用关深水或排水晒田方法，控制无效分蘖；注意严格控制追肥，对生长过旺稻田应及时排水晒田，促进根系下扎，以防倒伏。防病治虫应根据病虫害预测预报，重点防治稻纵卷叶螟和稻飞虱、二化螟纹枯病。

（8）适时收获

当全田95%左右的籽粒黄熟时及时收割。

3. 水稻抛秧生产技术规程

（1）适宜区域与目标产量

本技术适用于冬水（闲）田、蔬菜、油菜、小麦茬口稻田，目标产量每亩600~650kg。

（2）品种选择

根据前茬早迟选择杂交中稻中熟或迟熟的优质品种，高温伏旱区宜选取开花期耐高温热害的品种，如宜香优4245、宜香优5577、内6优107、内6优103、渝香203、德优4727、宜香优2115、德香4103、天优华占、川优6203等。

（3）育秧

① 秧田准备。选择排灌、运秧方便，向阳的田块做育秧田，按秧大田比例1：80。

② 材料准备。塑料抛秧盘（规格：434孔），每亩大田按25张备足。

③ 育秧基质（营养土）准备。旱地坑式育秧：取菜园表层（20cm）土，晾干，粉碎过筛，粒径要求不得大于5mm，每100kg细土均匀拌1.0kg壮秧营养剂，每亩大田需备足合格营养土80~100kg。湿润育秧：取肥沃育秧田稀泥，按100kg细土均匀拌1.0kg壮秧营养剂制成营养土备用。

④ 秧床制作。于播种前1周上水整田，开沟做厢，厢面宽1.4~1.5m，沟宽0.3~0.4m，沟深0.15m，围沟宽0.4m，深0.25m，秧厢做好后排水晾干，使厢面沉实，厢面要求达到“实、平、光、直”，也可按旱地坑式育秧方法制作

苗床。

⑤ 播种育苗。播种期根据当地水稻生长季节安排，按相应茬口稻田预测的插秧期，倒推播种期。一般川南 3 月上旬、川中 3 月中下旬、川西北 4 月上中旬播种，秧龄期 20~25d，每亩大田用种量 1.0kg。播种前需进行种子消毒处理，以防止恶苗病，一般使用咪鲜胺溶液浸种，浸种 36~48h，催芽至种子破胸露白，基本齐芽，摊晾 4~5h 即可播种。

⑥ 播种。将两秧盘并列对放，盘与盘之间紧密无缝隙，盘底紧贴秧盘，然后装营养土，将秧盘孔隙填平，据种子千粒重每盘播芽谷 35~40g（折合干种 26~30g/盘），人工撒播和机播均可，播后盖土厚度为 0.3~0.5cm，以不见芽谷为宜，使用洒水壶，将表层盖种营养土洒湿透，然后薄膜搭拱覆盖，出苗后注意保温防冻。如遇连续阴雨，要适时通风换气，防止病害发生。

⑦ 秧田水肥管理。旱育秧 2 叶 1 心前建立平沟水，保持厢面湿润不发白，盘土含水又透气，以利于秧苗盘根；2~3 叶期视天气情况勤灌跑马水，采用营养土的秧田，叶色落黄不明显可不追肥。叶色落黄明显的可在秧苗 1 叶 1 心时，于傍晚待苗叶尖吐水时建立薄水层，每亩秧田施用 2~3kg 尿素。

⑧ 病虫害防治。主要有稻蓟马、稻飞虱、纹枯病苗期稻瘟病等，视发生情况，进行防治。

（4）抛秧

① 秧苗栽前准备。适时控水炼苗：栽前通过控水炼苗，减少秧苗体内自由水含量，提高碳素水平，增强秧苗抗逆能力，控水时间宜在栽前 3~5d 进行，晴天保持半沟水，阴天可排干水，以利于取苗抛栽。

② 大田抛栽技术。一是精细耕整地，要求做到田面平整，表土软硬适中，田面无杂草、杂物。二是土壤要沉实，耕整后沉实时间 1~2d，并保持花花水或 3cm 左右浅水层。

③ 适龄移栽。秧龄掌握在 25~30d，叶龄 4.5~5.5 叶，防止超龄移栽影响秧苗素质。

④ 抛栽密度。冬水（闲）田每亩抛栽 0.8 万~0.9 万穴，两季稻每亩抛栽 1.0 万~1.1 万穴。

（5）大田管理

① 肥料管理。冬水（闲）田每亩施纯氮 6~9kg，两季田每亩施纯氮 8~11kg，磷、钾肥，按 $N:P_2O_5:K_2O=1:0.5:0.5$ 比例全部做底肥施用。氮肥其中冬水（闲）田底肥占 70%，分蘖肥（移栽后 7d 左右）占 30%；两季田底肥、蘖肥、穗肥分别占 60%、20%和 20%。

② 化学除草。水稻返青后将化学除草与施用促蘖肥混和均匀后施用。

③ 病虫害防治。做好稻瘟病、水稻螟虫、纹枯病等病虫害的防治，其中重点防治纹枯病两次，第一次防治于最高苗期前后，第二次防治于破口期，以上午稻株有露水时施药为佳。

④ 水分管理技术。抛秧稻田因扎根浅容易发生倒伏，注意晒田促根下扎，大田群体茎蘖数达到预期有效穗的85%时，开始排水晒田，达到“稻田不陷脚、田间无裂缝”为宜，有水源保证的稻田宜采用多次轻晒的方法。孕穗期保持浅水，抽穗期深水灌溉，齐穗后坚持干湿交替灌溉，即上一次水层落干后，湿润3~5d后再灌浅水，维持根系活力在较高水平，延缓功能叶片衰老，增加籽粒重量，并且如此往复，收获前1周排水晒田，以确保机器能够下田收割水稻。

⑤ 适时收割。当全田95%以上的籽粒黄熟时及时收割晾晒或烘干。

4. 冬水田杂交中稻省力高效技术规程

四川盆地东南部冬水田区，常年有杂交中稻蓄留再生稻种植方式600万亩左右。由于该区地处丘陵，稻田高低错落、面积0.5~5亩不等，以及形状极不规则、水利排灌设施差、基本无机耕道等制约因素。致使其中70%近450万亩的稻田不能实施机械化生产，只能采取传统人力生产操作方式，即采用畜力耕地、密植、多次施肥的种稻技术。虽然可获较高的水稻产量，但生产成本较高，种稻收益极低。加之目前农村劳动力缺乏，依靠传统的高强度人力技术，难以维持水稻生产。因此，生产上撂荒稻田增多，急需一种新的省力、高效水稻生产技术。为此，我们通过10余年的相关技术研究，提出了一种杂交中稻省力、高效技术。

（1）稻田免耕

冬水田是指年种一季杂交中稻（或再生稻），水稻收割后，为保证下年稻田栽秧灌溉用水而采取秋冬季蓄水的稻田。由于冬季蓄水稻田较平整、杂草少，实施免耕栽秧，每亩可节省犁耙田的人力与畜力投入，节省生产成本130~150元。稻田连续免耕多年后稻田地力下降，水稻产量有所减产，以连续免耕2年为宜，即实行连续免耕2年以后翻一年的耕作周期。

（2）扩行稀植

头季稻采用扩行稀植促进扩“库”增“源”的高产栽培策略，即通过超稀植降低苗峰，改善群体光照条件，提高成穗率，适当降低有效穗数，大幅度提高每穗粒数，在保持高产适宜叶面积指数条件下扩大库容量。核心技术是每亩栽秧0.6万~0.9万穴、施氮7~9kg/亩。

（3）选用中等穗型、直链淀粉含量中低水平品种

在扩行稀植条件下，选用在传统亩栽1.5万穴下群体穗粒数≤180粒、品质达国标3级以上，其中直链淀粉16%以下（因再生稻灌浆期气温明显比头季稻低，致其直链淀粉含量比头季稻提高2~4个百分点）的杂交中稻优质品种为宜。

若使用180粒/穗以上的品种，在稀植条件下其穗粒数可增加到220粒/穗以上，就会因粒叶比过大、库源结构失调早衰落而减产；若采用直链淀粉16%以上品种，扩行稀植条件下可能导致再生稻直链淀粉含量超过20%而降低适口性。

(4) 头季稻一次性施肥除草

针对四川盆地冬水田稻田保水保肥能力强的特点，研制出了头季稻一次性多功能专用肥，该专用肥每亩施用1包（25kg/包，含N 7kg、P_2O_5 3kg、K_2O 4kg和2种水稻除草剂），头季稻不再施促蘖肥、穗肥和稻田除草除稗，可在水稻产量达600kg/亩左右高产前提下，比现有高产栽培技术节省氮肥15%~20%。

(5) 其他技术

与大面积生产技术相同。

(二) 因区省力高效集成技术

应用以上各单项省力高效技术，结合各生态区的地理差异、生态特点与生产水平情况，分别集成区域化特色明显的省力高效技术。

1. 全程机械化技术

(1) 适应区域：针对机耕道健全、水源充足、排灌方便、田块面积大而集中的稻田，如川西平原稻作区。

(2) 集成技术：集成以“机耕、机种、机管、机收、机烘”为一体的全程机械化技术。其中“机耕”主要是前茬收后及时旋耕整田；“机种”包括机插秧与机直播两种方式，可视情况采用乘坐式8行机或10行机，并结合侧肥深施节氮高效利用技术；“机管”主要利用无人机喷药和施用穗肥；“机收”可用机型较多如久保田、沃得等大功力收割机，注意使用中等收割速度和中低风力操作，同时碎秆还田；“机烘”是水稻机收后立即运到稻米加工厂烘干或销售。

2. 微型机械化技术

(1) 适应区域：针对机耕道健全、水源充足、排灌方便、田块面积大而集中的深脚冬水（闲）田。该类稻田大型农机下田会下陷，难以正常操作。

(2) 集成技术：集成以中小型机械为主的机插秧与直播稻技术为主的微型机械化技术。其中耕整地为微型机，插秧机主要使用步行式4行机，直播主要采用机喷播方式，泥层硬实的稻田也可用小型乘坐式直播机，收割以步行式2行机为主。

3. 省力高效技术

(1) 适应区域：针对无水源保证、不能搞直播稻、又无机耕道配置难以机械化的丘陵区稻田。

(2) 集成技术：集成以稻田免耕、底肥一道清施肥、人工稀植或抛秧、电动机半自动人力收割为主的杂交中稻省力高效集成技术。该技术在获得较高稻谷产量的基础上，能大幅度降低水稻生产成本。

第五节　技术示范推广新机制

针对当前普遍对农业生产不够重视、农技推广力量薄弱，导致科技成果推广难度大、水稻各生产环节成本增加和效益不高等问题。作者通过多年技术示范与推广，创新了“两模式、三统一、四结合”技术推广新机制，能显著提高技术成果转化效率，提升水稻各产业环节经济效益。

一、“两模式、三统一、四结合”技术推广新机制

创建的“两模式、三统一、四结合”技术推广新机制（图 8-1）的具体内容如下。

（一）“两模式”——促进技术落地

技术推广模式是决定成效的重要基础，传统的“科研+农技站+农户”推广模式已不适应新形势下农业生产发展需要。为此，各地都在寻求新的推广模式。本项目通过一年的技术示范推广，总结出“专家+农技员+粮企+农户”和“专家+农技员+村委会+农户”两种技术推广模式。据统计，四川省 2017 年水稻、玉米种植面积分别为2 800 万亩、1 800万亩，专合社和种粮大户留转土地总面积 3.72%，再按其 1∶5 的社会化服务或示范带动作用，共计占比不足 20%，绝大部分为生产条件相对较差的分散种植农户。因此，对粮食专合社（或种粮大户）、分散种植农户分别采用“专家+农技员+粮企+农户”“专家+农技员+村委会+农户”技术推广模式，满足了不同生产经营方式的技术需求。

（二）“三统一”——降低生产成本

1. 技术示范区域统一规划，利用优势资源

根据项目或任务目标，选择生产条件好、交通方便、技术力量强、重视农业生产的乡（镇）作为示范区，以充分发挥区域资源优势，有利于提高示范效率。

2. 农用物资统一直接购买，降低生产成本

集中示范区、粮食专合社（或种粮大户）及其社会化服务或示范带动的散户，利用部分项目资金，直接从种子公司、肥料厂、农药厂购买技术要求的农业生产资料，不仅保证了投入品质量及使用时效性，每亩还降低生产投入 30 元左右。

3. 大田粮食产品统一收购，实现优质优价

由于示范水稻、玉米示范区多采用优质品种，而且同一品种相对较集中，为产后生产加工收购提供了便利，通过优质优价收购，不仅种粮散户增加了产品收

入，专合社通过加工经营也大幅度提高了附加值。

（三）“四结合”——实现丰产增收

1. 技术集中培训与分散指导相结合，提高技术入田率

首先在水稻、玉米关键生育阶段，由技术研发专家或农技人员对粮食专合社（或种粮大户）及集中示范的散户进行示范技术的集中培训。分散指导有两种方式，一是水稻、玉米生产关键阶段，技术研究专家与示范县（区）农技人员，分别到示范区查看作物长势长相，对生长较差的田块进行现场指导；二是农户到粮食专合社或种粮大户需要临时聘用大量农用工在流转土地务工，或在科研单位实验基地协助技术研发单位从事田间试验、示范的技术操作，通过实习后回在自家稻田应用。

2. 秧苗集中培育与分散育秧相结合，培育出健壮秧苗

粮食专合社（或种粮大户）和生产条件好的散户采用相对集中育秧，召开大型现场会，由当地示范县（区）农技人员开展技术培训。其他土地分散、生产条件差的地区则分户育秧。

3. 鲜品集中烘干与分散干燥相结合，降低贮藏损失率

当水稻玉米收割期如遇阴雨天，散户便将农产品运送到专业合作社烘干，烘干后可直接卖给专业合作社；如天气好则分户晾晒，降低产品霉变损失。

4. 商品共用品牌与分散经营相结合，增加产品附加值

如自贡市创建了“自然贡品”农业品牌作为全市公用品牌，各粮食专合社（或种粮大户）符合条件的农产品均可利用该品牌销售经营；泸县创建了“龙城韵味”“川泸”两个品牌供全县公用，为粮食专业合作社（或种粮大户）提升农产品附加值起到了积极作用。

二、“科—产—企”水稻循环产业链新模式

在“两模式、三统一、四结合”技术推广机制的指导下，进一步构建了“科—产—企”水稻循环产业链新模式。

本年度应用上年创新的“两模式、三统一、四结合”技术推广机制（图8-1），分别在泸县、隆昌、宜宾、富顺、合江、叙永、江阳区、龙马潭及重庆市共10个县区推广52.6万亩，深受广大稻农欢迎。在该推广机制引导下，进一步构建了“科—产—企”水稻循环产业链新模式（图8-2），主要内容如下。

“科”——科研单位。主要任务是根据生产需求，筛选优质高产新品种、研发关键技术或物化产品，一方面将关键技术或物化产品授权农业大企业开发，另一方面率县（镇）级推广人员直接对专业合作社（种粮大户、家庭农场、散户

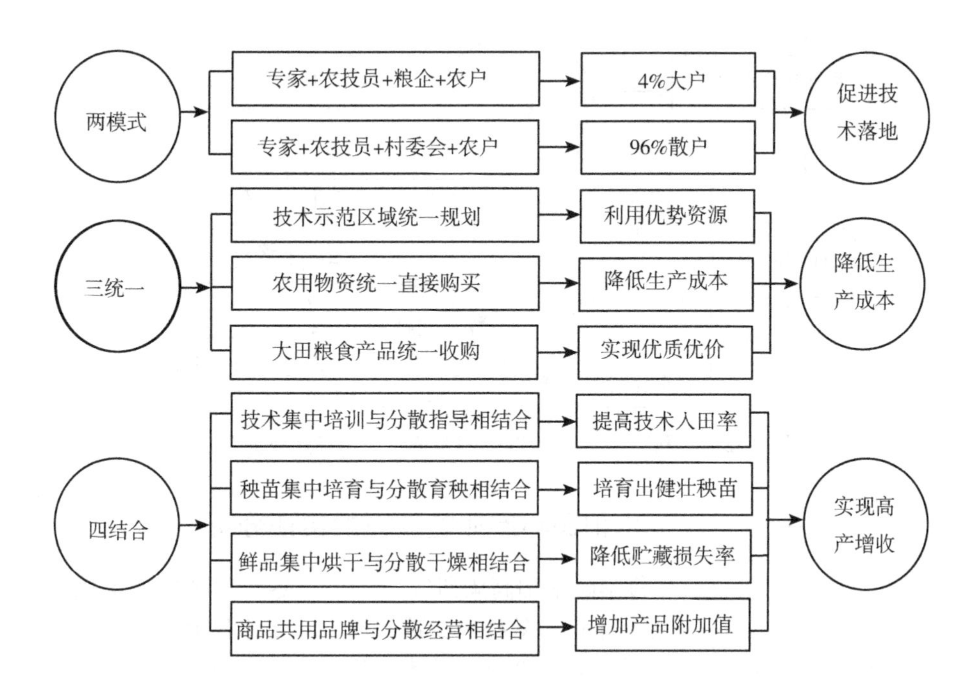

图 8-1　“两模式、三统一、四结合”技术推广机制示意

集群）进行技术培训与指导。

“产”——新型经营主体。主要职能是在一定流转稻田规模条件下，组织种稻散户集群规模化进行水稻丰产高效技术示范，并进行社会化服务（整田、机插、机收、烘干等），散户集群的稻谷在满足新型经营主体加工需求量后剩余部分由农业公司全部收购。

“企”—— 龙头企业。主要功能为开发或委托其他企业生产物化产品（种子、肥料、农药），以批发价直接供给新型经营主体（专业合作社、种粮大户、家庭农场、散户集群），并签订稻谷优价收购协议。

“科”“产”“企”三方形成了互利互惠的循环产业链（图 8-2）。“企”即龙头企业通过大规模直销种子、肥料、农药等物化产品到新型经营主体以及开发优质稻米品牌获取大量经济效益；“产”即新型经营主体特别是专业合作社，通过直购批发农资、技术专家指导精量投入（种子、肥料、人工）、节本、高产优质增效、加工稻米增值以及给散户集群整田、机插、机收、烘干等收取服务费而获得可观收益。“科”即科研单位，龙头企业根据科研单位提供的技术产品与指导生产效果从企业开发利润中给予一定科技服务费。

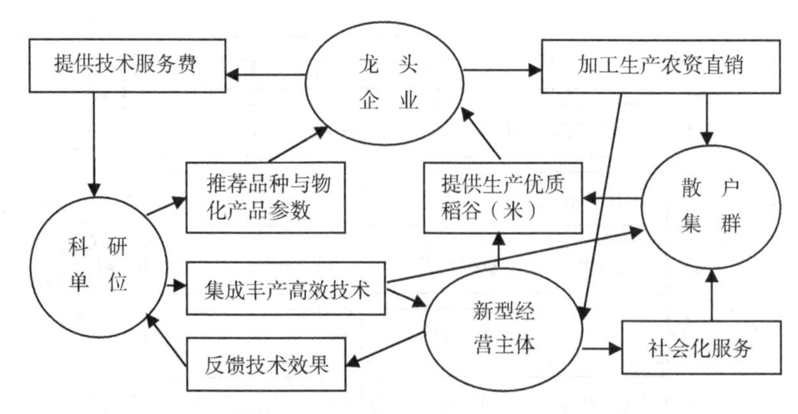

图 8-2 “科”“产”“企”互利互惠水稻循环产业链示意

三、“科—企—产”水稻循环产业链新模式实证分析

“科”——四川省农业科学院水稻高粱研究所，根据冬水田区生产需求，主要开展杂交中稻—再生稻优质丰产高效技术集成，研制了冬水田底肥一道清专用肥，筛选了一批强再生力优质品种，并进行技术培训与生产示范现场指导。

“企”—— 四川省龙头企业泸州金土地种业有限责任公司，主营种子、肥料、稻米开发。主要任务是根据“科”方提供的产品生产冬水田底肥一道清专用肥、杂交种子，按批发价直销给专业合作社或散户集群，签订高于国家稻谷保护价 10%收购协议，通过年产 4 万 t 的现代加工设备，开发了“泰香软米”“软香贡米”“金土地软香稻”“金土地汉宫贡米”“金土地贵妃香米”“天然田香米”“金土地香粘米”7 个优质米营销品牌。

“产”——12 个水稻专业合作社，通过直购“企”方种子与肥料，在“科”方技术指导下开展杂交中稻与再生稻高产示范，并对其组建的“散户集群”开展各种社会化服务，并将 80%以上的稻谷产量直销给“企”方。

通过 2019 年的运行，其经济效益分析如下。

“产”方示范优质杂交中稻 10 360亩，平均产量 603. 3kg/亩，纯收入 553. 91 元/亩，比江阳区模式外专业合作社（CK）增加纯收入 306. 92 元/亩，提高 124. 26%（表 8-2）。主要构成为增产 89. 6kg/亩，新增产值 241. 92 元/亩，节省农资购置费 30 元/亩，省稻田精量投入费 20 元/亩（图 8-3）。此外每个专业合作社对散户进行机插机收等社会化服务纯收入每亩 50 元左右，每个专业合作社服务面积 3 000~5 000亩。

从产量和亩纯收入分别与流转规模呈极显著负相关关系（图 8-4、图 8-5），预测出产量达 600kg/亩、纯收入达 550 元/亩中高水平的产量和效益的稻田流转面积分别为 925 亩、893 亩，即高产高效稻田流转规模在 900 亩左右为宜。

表 8-2　专合社优质稻订单生产产量与经济效益分析

专合社名称	种植品种	面积（亩）	产量（kg/亩）	产值（元/亩）	稻田租金（元/亩）	生产投入（元/亩）	纯收入（元/亩）
兆雅雅龙水稻专合社	宜香 2115	2 600	542. 2	1 463. 94	520	550	393. 94
兆雅雅龙水稻专合社	德优 4727	1 790	555. 8	1 500. 66	520	550	430. 66
兆雅雅龙水稻专合社	荃优 822	210	636. 4	1 718. 28	520	550	648. 28
泸县粟喻粮油专合社	宜香 2115	1 400	555. 9	1 500. 93	450	580	470. 93
泸县粟喻粮油专合社	德优 4727	1 200	567. 5	1 532. 25	450	580	502. 25
泸县益良种养专合社	德优 4727	800	593. 5	1 602. 45	500	600	502. 45
泸县春雨农机专合社	德优 4727	1 200	556. 6	1 502. 82	510	590	402. 82
泸县金银粮食专合社	宜香 2115	300	633. 1	1 709. 37	490	580	639. 37
泸县远成家庭农场	德优 4727	100	665. 4	1 796. 58	480	580	736. 58
泸县绿之源种植专合社	宜香 2115	400	632. 3	1 707. 21	520	600	587. 21
泸县鼎丰粮食专合社	德优 4727	210	645. 9	1 743. 93	470	600	673. 93
玄滩获力农机专合社	德优 4727	150	655. 4	1 769. 58	510	600	659. 58
合计或平均		10 360	603. 3	1 628. 91	495	590	553. 91
模式外专合社（CK）	德优 4727	350	513. 7	1 386. 99	500	640	246. 99

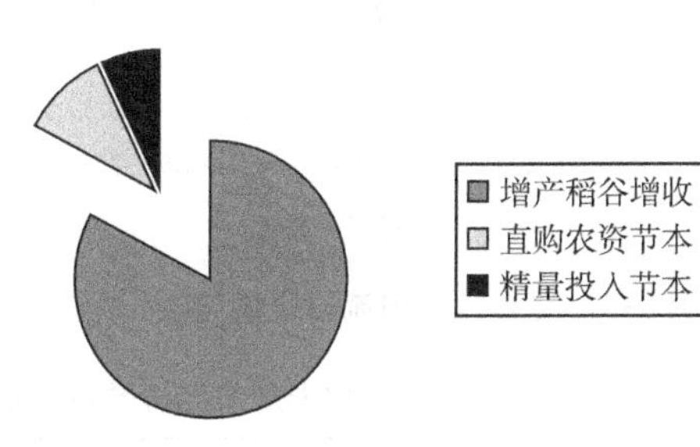

图 8-3　模式内专合社比模式外专合社（CK）增效构成

“企”方直销农资利税收入平均每亩 50 元，计 51. 8 万元，加工销售优质大米利税收入 350. 67 万元（表 8-3），合计收入 402. 47 万元，从专合社每亩获利税 388. 48 元。与模式外企业相比的优势在于：一是每亩可获农资销售收入 50 元，二是有稳定的优质商品稻谷来源，三是解决了单一品种集中收购与加工一致性问题。

“科”方从“企”获技术服务费 5 万元。

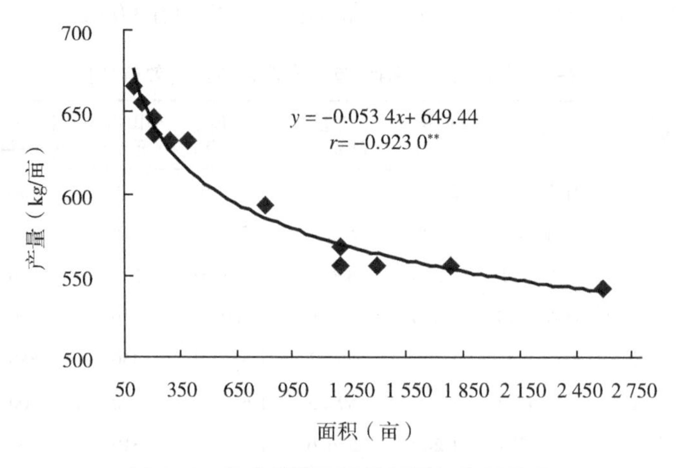

图 8-4 专合社稻田流转规模与产量关系

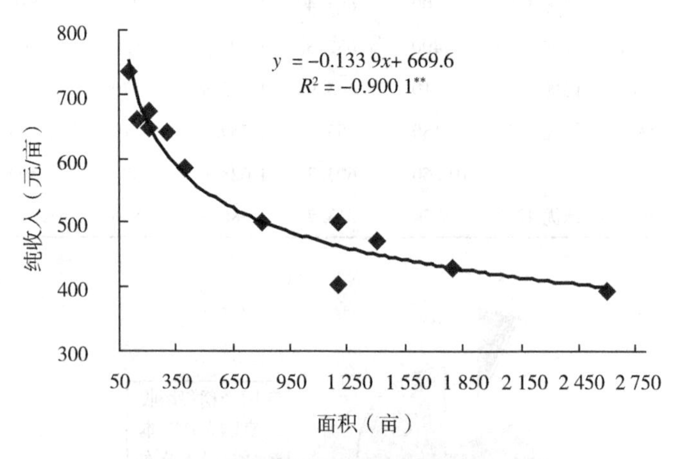

图 8-5 专合社稻田流转规模与收入关系

表 8-3 金土地订单生产稻米加工经济效益分析

专合社名称	入库量（t）	收购价（元/kg）	优质稻米品牌	销售收入（万元）	收购加工销售成本（万元）	利税（万元）
兆雅雅龙水稻专合社	1 198.262	2.70	金土地软香稻	111.438	17.974	93.464
兆雅雅龙水稻专合社	805.854	2.70	软香贡米	66.080	12.088	53.992
兆雅雅龙水稻专合社	112.261	2.70	贵妃香米	11.675	1.684	9.991
泸县粟喻粮油专合社	638.951	2.70	金土地软香稻	59.422	9.584	49.838
泸县粟喻粮油专合社	546.843	2.70	软香贡米	44.841	8.203	36.638

（续表）

专合社名称	入库量（t）	收购价（元/kg）	优质稻米品牌	销售收入（万元）	收购加工销售成本（万元）	利税（万元）
泸县益良种养专合社	385.063	2.70	软香贡米	31.575	5.776	25.799
泸县春雨农机专合社	533.668	2.70	软香贡米	43.761	8.005	35.756
泸县金银粮食专合社	157.832	2.70	金土地软香稻	14.678	2.367	12.311
泸县远成家庭农场	56.626	2.70	软香贡米	4.643	0.849	3.794
泸县绿之源种植专合社	203.854	2.70	金土地软香稻	18.958	3.058	15.901
泸县鼎丰粮食专合社	111.495	2.70	软香贡米	9.143	1.672	7.470
玄滩获力农机专合社	86.120	2.70	软香贡米	7.062	1.292	5.770
合计或平均	4 836.828	2.70		423.222	72.552	350.670

注：1. 稻米及加工附产物比例与单价：成品米 55%、5.0~5.2 元/kg，碎米 12%、2.8 元/kg，米皮糠 11%、2.4 元/kg，糠壳 20%、0.85 元/kg，损耗 2%。

2. 稻谷收购、加工、销售成本每亩 150 元。

综上所述，“科—企—产”水稻循环产业链新模式，不仅起到了显著的降本、高产、增效作用，还促进了水稻循环产业链互利互惠，经济效益十分显著。

第六节　耐逆减损高效生产典型事例

一、典型高温灾害减损事例

2006 年 7 月 8 日到 8 月 31 日，川南连续 55d 遇高温，极端最高气温 41℃，泸县、翠屏区示范推广以耐高温品种Ⅱ优 602 为主的高温防灾减损技术，结实率高达 80%以上，3 000余亩示范田平均亩产达 628.5kg，比农户自行种植区结实率 38.7%~51.3%增产 40%以上。获得了中国科学院谢华安院士高度评价。

二、典型洪涝减损事例

2007年7月8—9日，泸县遭受特大暴雨，造成3万亩水稻受淹绝收；通过应用洪水再生稻技术，平均亩产321.6kg，高产田块亩产448kg。受到了时任四川省委书记杜青林的高度赞扬。

三、典型水稻干旱减损事例

2011年7月8日至9月31日川南出现86d严重伏旱，通过推广节水抗旱技术（抗旱品种、旱育稀播、等雨密植等措施），泸县25万亩水稻平均亩产630kg，较传统救灾措施平均亩产480kg，增产13.12%。

四、冬水田免耕高效施氮节本增效事例

2019年国家重点科技研发项目——“四川水稻多元复合种植丰产增效技术集成与示范”在泸县、隆昌、富顺、翠屏等地，开展以冬水田免耕与底肥一道清和再生稻粒芽肥为主的省力节本高效技术示范30.93万亩，平均减少耕地投入150元/亩，减少本田施肥次数2次，省工费80元/亩，减少氮肥投入量10%，

杂交中稻—再生稻两季产量852.78kg/亩。与传统技术相比，氮肥偏生产力、降雨生产效率、稻谷日产量分别提高12.92%、13.27%、13.72%，病虫死穗率降低了57.02%；减少人工投入1.25个/亩，示范区劳动生产效率提高26.1%，深受广大农户观迎。

参考文献

[1] 徐富贤，熊洪，李经勇，等．四川盆地东南部杂交中稻抗高温伏旱影响的对策［J］．中国稻米，2009（4）：42-43.

[2] 徐富贤，郑家奎，朱永川，等．灌浆期气象因子对杂交中稻稻米碾米品质和外观品质的影响［J］．植物生态学报，2003，27（1）：73-77.

[3] 徐富贤，洪松．水稻旱育秧增产原理与应用效果评价［J］．西南农业学报，1996，9（4）：14-16.

[4] 徐富贤，郑家奎，朱永川，等．川东南杂交中稻超稀栽培稻米整精米率与垩自粒率的影响［J］．植物生态学报，2004，28（5）：686-691.

[5] 徐富贤，熊洪，朱永川，等．冬水田杂交中稻组合类型对强化栽培的适应性［J］．作物学报，2005，31（4）：493-497.

[6] 徐富贤，熊洪，朱永川，等．川东南冬水田杂交中稻进一步高产的栽培策略［J］．作物学报，2007，33（6）：1004-1009.

附录　代表性成果简介

成果名称：四川气候变化对主要农作物生产的影响及防灾减损技术研究与应用

完成单位：四川省气候中心，四川省农业科学院水稻高粱研究所，四川省农业科学院作物研究所，四川省农业科学院，四川省气象台

完成人员：徐富贤，马振峰，陈超，李卓，杨淑琴，郭晓艺，刘佳，周评平

获奖情况：2016 年度四川省科技进步奖二等奖

主要内容：

四川省常年因气象灾害导致作物受灾面积 7 500 万~9 000万亩次，直接经济损失 90 亿~100 亿元/年。水稻、玉米、油菜播种面积分别为 3 000 万亩、2 000 万亩、1 500万亩，位居全省粮油作物的前 3 位。水稻主要受高温、洪涝和干旱影响，旱地玉米、油菜主要受干旱制约，占全省受灾面积的 60%以上，年经济损失 50 亿~60 亿元。项目通过 10 年的技术创新与应用，取得了显著的社会经济效益。

一、创新点及相关技术内容

（一）气候变化及其对作物影响

1. 率先建立了均一化气候资料数据集

为西南区研究气候变化提供了数据支撑，利用动力学与统计学相结合的降尺度方法，首次预估了西南区域 21 世纪气候变化特征，预估分辨率达 0. 1°×0. 1°经纬网格点，未来 100 年，中等排放情景下气温升高 3. 8℃/100 年，降水增加 10. 7mm/100 年，高温、干旱、暴雨洪涝灾害加重。

2. 建立了气候变化对四川作物产量影响的定量评估模型

对四川省 92 个粮油主产县分析后得出结论，平均气温升高 1℃：水稻减产 2. 20%、玉米减产 6. 37%；降水量减少 100mm，水稻产量几乎不变、玉米减产 2. 34%。

创新点：利用动力学与统计学相结合的降尺度方法，首次预估了西南区域

21 世纪气候变化特征，首次建立了气候变化对四川作物产量影响的定量评估模型，显著提高了四川及西南农业灾害评估水平。

（二）高温对水稻生产的影响及防灾减损技术研究

1. 明确了四川水稻高温热害发生趋势

近 50 年，四川高温日数（0.98d/10 年）、高温最长持续日数（1.32d/10 年），极端最高气温（0.27℃/10 年）均呈显著增多趋势，盆地增多趋势最显著。1961—2013 年，水稻抽穗扬花期、灌浆结实期高温热害的发生呈现加重趋势，增加率分别为 1.8 站/10 年和 1.3 站/10 年，高温致水稻减产 10%~80%。

2. 探明了高温影响水稻结实的原因与敏感期

开花期 35℃以上高温致柱头上花粉粒显著减少，萌发率降低，开花期为高温敏感期。

3. 阐明了水稻品种开花期耐高温性与植株性状的关系

小穗型、叶绿素含量高、花时早的水稻品种耐高温能力强。

4. 建立了利用开花动态鉴定耐高温性的方法

日 35℃高温最早出现在 14:：00—15:00，结实以开花当时最敏感，开花后 1h 受高温影响较小，考虑未来高温呈加重趋势，选择上午 11:00 以前开花比例达 85%以上的品种能有效避开高温伤害。

5. 集成了开花期高温防灾减损技术

选择耐高温品种，小苗早栽提早抽穗避高温，关键时期施硅、S 诱抗素、增施氮等措施。

创新点：发明了水稻品种开花期耐高温性的田间鉴定方法，解决了传统方法需特定设施或高温环境方可鉴定的技术难题。

（三）洪涝对水稻生产的影响及防灾减损技术研究

1. 探明了四川暴雨发生特点与洪涝分布区域

暴雨洪涝频率高，范围广，局地强度大，强度增强 1~7mm·d^{-1}/$10a^{-1}$，平均每年暴雨 7.04 次，5~7 年 1 个振荡周期；暴雨洪涝期与水稻生殖生长期高度吻合，导致水稻不同程度减产或绝收。

2. 创建了利用洪水淹没时数评估水稻产量损失度的方法

建立了基于洪涝对水稻不同生育期、植株淹没深度与淹没时间（h）的产量损失预测模型，经验证，实测值与预测值误差在 3.63~6.81 个百分点，准确率较高。

3. 明确了水稻洪灾后蓄再生稻（简称洪水再生稻）高产的理论基础

洪水再生稻割苗时供再生芽利用的光合物质比普通再生稻高 50%以上，

4. 首创洪水再生稻技术标准

选用耐淹品种，根据产量损失度确定救灾措施与洪水再生稻技术。

创新点：创建了洪涝对水稻产量损失度的评估方法，首创洪涝灾害后蓄留再生稻技术标准，在头季稻绝收情况下，可挽回产量损失 60%~70%。

（四）干旱对主要作物生产的影响及防灾减损技术研究——水稻

1. 对水稻生产的影响与防灾减损技术

（1）明确了四川水稻干旱发生趋势：近 50 年来，夏旱和伏旱范围均呈增加趋势，增速分别为 2.2 站/10a 和 5.2 站/10a；水稻孕穗—抽穗期（发生干旱的站点增加 1.0 站/10a）和抽穗—成熟期干旱（发生站点增加 0.1 站/10a）范围均不同程度扩大。干旱主要影响水稻分蘖、幼穗分化期，致水稻减产 10%~60%。

（2）建立了以发根力为核心的水稻耐旱品种鉴定方法：研究发现水稻苗期发根力强的品种，中后期抗旱能力强。

（3）创建了利用干旱期间平均土壤含水量对水稻产量损失度的评估方法：经验证，实测值与预测值差异不显著，新方法准确度高。

（4）集成了水稻干旱防灾减损技术模式：选用耐旱品种，增加插秧密度，测水定量灌溉等技术。

2. 对玉米生产的影响与防灾减损技术

（1）明确了四川玉米干旱发生趋势：近 50 年，玉米拔节—乳熟期和乳熟—成熟期的干旱均呈升高趋势，增速分别为 1.4 站/10a 和 1.2 站/10a；结合玉米需水规律，干旱主要影响玉米灌浆结实，减产 10%~50%。

（2）集成了玉米干旱防灾减损技术模式：选用高产耐旱品种、秸秆还田、半膜覆盖、集雨补灌等技术。

3. 对油菜生产的影响与防灾减损技术

（1）明确了四川油菜干旱发生趋势：20 世纪 80 年代开始油菜全生育期的干旱呈增加趋势（增速为 5.4 站/10a）；结合油菜需水规律，干旱主要影响开花与结实，致减产 10%~40%。

（2）集成了油菜干旱防灾减损技术模式：选用耐旱品种，增施 PK 肥、秸秆覆盖、施保水剂等。

创新点：明确了水稻、玉米和油菜干旱发生趋势，创建了干旱对杂交水稻产量损失度的评估方法，集成了水稻、玉米和油菜的防灾减损技术模式。

（五）防灾减灾技术应用效果显著

项目鉴定各类耐逆品种 102 个、创建 1 个气象数据集，建立 3 个灾害评估新方法，集成 5 个防灾减损技术（附表 1），5 年核心区和示范区平均减少产量损失 9%~66%（附表 2）。

附表1 主要成果、创新性与解决的关键问题

技术分类	技术成果	创新性	解决问题
鉴定品种	耐高温、干旱、洪涝品种102个	高产与抗逆兼用	解决了实际生产中缺抗逆品种问题
1个气象数据集	西南气候变化数据集	首次应用于作物防灾，提高评估准确率	解决了实际生产中灾害定量评估问题
3个灾害评估方法	水稻品种耐高温性开花动态鉴定法 水稻干旱产量损失度定量评估法 水稻洪涝产量损失度定量评估法	定量评估、准确率高	解决了原有技术生产实用性不强问题
5个防灾减损技术	水稻开花期高温缓解技术 水稻干旱减损高产技术 旱地油菜抗旱高效播栽技术 水稻洪灾后蓄再生稻技术 玉米适雨播种、集雨节水技术	集成创新	解决了生产上缺乏主动防灾减灾与灾后救灾的技术集成问题

附表2 各项技术2011—2015示范效果（5年平均值）

技术名称	核心区			示范区		
	面积（万亩）	产量（kg/亩）	减损（%）	面积（万亩）	产量（kg/亩）	减损（%）
水稻开花期高温缓解技术	2 474	631.4	31.27	1.54	587.2	22.08
水稻干旱减损高产技术	1 835	671.8	29.69	2.83	653.5	26.16
旱地油菜抗旱高效播栽技术	857	180.1	20.07	1.96	170.7	13.80
水稻洪灾后蓄再生稻技术	372	394.3	66.78	0.17	314.6	53.32
玉米适雨播种、集雨节水技术	1 279	614.3	22.07	2.04	550.0	9.34

二、主要技术参数和经济指标

（一）主要技术参数

研明了西南区域气温和降水变化趋势指标（附表3），四川主要农作物气象灾害发生趋势、极端气候事件变化趋势、其对作物产量影响的相关评估指标（附表4至附表6），据此创新了相应的作物防灾减损集成技术参数（附表7）。

附表 3　2011—2100 年西南区域气温和降水变化趋势

气候指标	SRES A2	SRES A1B	SRES B1
温度变化（℃/100a）	4.6	3.8	2.3
降水变化（%/100a）	13.1	10.7	6.8

附表 4　1961—2013 年四川主要农作物气象灾害发生趋势

气候指标	水稻		玉米		油菜
	抽穗扬花期	灌浆结实期	拔节至乳熟期	乳熟至成熟期	全生育期
高温（站/10a）	1.8	1.5			
干旱（站/10a）	0.9	0.2	1.4	1.2	0.1
高温（站/10a）	1.8	1.5			

附表 5　1961—2013 年四川极端气候事件变化趋势　（%）

气候指标	变化率
高温日数（d/10a）	0.98
高温最长持续日数（d/10a）	1.32
极端最高气温（℃/10a）	0.27
春旱发生站数（站/10a）	-2.8
夏旱发生站数（站/10a）	0.1
伏旱发生站数（站/10a）	2.7
暴雨强度（mm/天/10a）	3.5

附表 6　气候变化对四川作物产量影响评估参数　（%）

气候指标	产量变化	
	水稻	玉米
温度增加 1℃	-2.20	-6.37
日较差增加 1℃	3.35	-3.97
降水减少 100mm	-0.02	-2.34
辐射量下降 $100MJ/m^2$	-2.82	3.51
气候变化	1.97	-3.14

附表 7　防灾减损集成技术参数

技术名称	选择品种抗逆指数	播种	移栽	田间管理
水稻开花期高温缓解技术	≥0.80	小苗早栽，提早开花期 3~5d	密度 1.0 万~1.1 万/亩	开花期叶面喷施 S 诱抗素 1 000倍液
水稻干旱减损高产技术	≥0.80	旱育稀播，秧龄弹性延长至 60d	密度 1.2 万~1.3 万/亩	土壤相对含水量≤90%灌跑马水 1 次
旱地油菜抗旱高效播栽技术	≥0.80	10 月 1 日前，土壤湿润播种	5 000 株/亩	施氮 18~20kg/亩
水稻洪灾后蓄再生稻技术	≥0.80	小苗早栽，提早抽穗期 3~5d	洪水退后 2~5d 苗割，桩高 20cm	施氮 8~10kg/亩
玉米适雨播种、集雨节水技术	≥0.80	抽雄前后各 15d 共 30d 平均降水量≥80mm	40cm 半膜移栽集雨	施氮 20~22kg/亩

注：* 其他技术与高产技术相同。

（二）主要经济指标

制定的防灾减损技术具有高产与减损兼用性。由于应用的作物品种均从现有高产品种中鉴定筛选出，配套技术是基于高产技术增加了相关的灾害减损措施，因此可基本实现正常年份增产、小灾不减产、大灾少减产的目标（附表 8）。

附表 8　主要作物防灾减损技术的关键措施与技术效果

技术名称	关键措施	技术效果		
		正常年	轻灾年	重灾年
水稻开花期高温缓解技术	耐高温品种，使用调控剂，开花期避高温，适时灌水	增产 5%~10%	平产	减损 20%~40%
水稻干旱减损高产技术	耐干旱品种，增加基本苗，测土含水量定灌水量	增产 10%	平产	减损 10%~20%
旱地油菜抗旱高效播栽技术	耐旱品种、2BYC－3 型及 2BS-2 型油菜播种机直播	增产 10%~20%	平产	减损 10%~20%
水稻洪灾后蓄再生稻技术	强再生力品种，留中高稻桩，施促发苗肥，割苗还田，化学调控	增产 10%	平产	减损 50%~80%
玉米适雨播种、集雨节水技术	耐旱品种、据降雨指定播期、行中盖膜、膜侧种玉米	增产 10%~20%	平产	减损 20%~40%

三、国内外同类技术先进性对比，知识产权及他人评价

（一）技术先进性对比

项目形成的气候变化及其对主要作物的影响评估、水稻品种耐高温性鉴定、水稻品种干旱与洪涝损失度评估和洪水再生稻技术，与国内技术相比，表现为精度更高、使用更方便、工作效率更高（附表9至附表12）。

附表9　气候变化及其对主要作物的影响评估

对比内容	本项目成果	国内外成果		对比结论
		国内	国外	
气象资料的均一化处理	集合多种检验订正方法率先建立了西南区域均一化气候资料数据集	国内有类似研究，但方法单一且选取的台站数量少	国外有类似研究，但集成多方法分析较少，且对中国地区的研究涉及很少	国内领先
气候变化预估	利用动力与统计相结合的降尺度方法，首次预估了西南区域复杂地形下21世纪气候变化特征，预估分辨率达0.1°×0.1°经纬网格点	集合多模式的模拟结果，开展了区域气候模式的研究，提高了我国未来气候变化模拟精度，但对西南复杂地形下的预估能力差	多模式模拟全球未来气候变化，但模式分辨率不能满足特定区域的精度需要	国内领先
气候变化对作物产量影响评估模型	基于县级尺度数据开展了不同生育期单一气候因子和气候变化对四川作物产量影响的定量评估	多为全生育期单一气候因子对作物产量的影响评估研究	国家或省级尺度气候变化对作物产量的影响评估	国际先进

附表10　水稻品种耐高温性鉴定

方法来源	鉴定方法	鉴定条件	鉴定成本（元/份）	鉴定规模（份/年）	对比结论
国内外常用	人工气候箱（室）鉴定法	购建相关设备	高（250~300）	80~100	国际先进
国内外常用	自然高温鉴定法	仅限高温生态区	高（120~150）	50~80	
本发明鉴定法	开花动态法	大田自然条件（非高温区也可）	低（30~40）	350~400	

附表11　水稻品种干旱与洪涝损失度评估

评估内容	方法来源	鉴定条件	考查性状	工作效率（元/份）	准确率（%）	鉴定规模（份/次）	对比结论
干旱产量损失度	国内外常用	抗旱设施	抗旱指数	60~80	85以上	25~30	国际先进
	本法	不需	土壤含水量	30~40	95以上	50~60	

（续表）

评估内容	方法来源	鉴定条件	考查性状	工作效率（元/份）	准确率（%）	鉴定规模（份/次）	对比结论
洪涝产量损失度	国内外常用	洪水实测	多项生理、生化指标、产量及相关性状	150~200	未见验证	50~60	国际先进
	本法	不需	淹没时数	10~20	93 以上	50~60	

附表 12　洪水再生稻技术

技术参数	洪水再生稻	传统再生稻	对比结论
蓄留范围	头季稻齐穗期以前被淹 2~3d 稻田	海拔 350m 以下稻田	国内外无相关研究，国际领先水平
品种	头季稻耐淹品种	再生力强、两季高产	
割苗期	洪水退后 2~7d	头季稻完熟期	
留桩高度	15~20cm	35~40cm	
促芽肥施用时期	割苗后立即施用	头季稻齐穗后 15~20d	
施肥量	施尿素 10~15kg/亩	亩施尿素 15~20kg	
秸秆处理	就地还田	转运出田	
产量水平	320~480kg/亩	100~250kg/亩	

（二）主要知识产权

项目鉴定筛选出抗逆（耐高温、耐旱、洪涝）品种 102 个（其中四川主导品种 16 个），集成了防灾减损技术模式 5 套，发明专利 3 件，制定地方标准 2 项，出版学术专著 6 部，学术论文 33 篇（SCI 和一级核心期刊 20 篇）。

（三）第三方评价

国家气候中心、四川农业大学等单位专家的鉴定结论认为：该成果创新性突出，集成技术科学实用，总体达到国际先进水平，其中洪水再生稻技术达到国际领先水平。

科技查新结论为：① 利用动力学与统计学相结合的降尺度方法预估西南区域 21 世纪气候变化特征；② 提出了一种杂交水稻品种开花期耐高温性的田间鉴定方法；③ 提出了干旱期间以平均田间持水量作为预测水稻产量损失度的方法；④ 提出了洪涝对杂交中稻产量损失的评估方法。除本项目外，以上四大创新点均未查见相关报道。

中央电视台以本项目组完成的成果录制的《大灾之年的田间故事》，2016 年

7 月 21—23 日在 CCTV2 播出，再次确认洪水再生稻技术的国际领先水平。

四、应用推广和经济社会生态效益情况

（一）技术宣传

发布了《关注气候变化 共创低碳生活》宣传册，通过《人民日报》等平台开展技术宣传 20 余次，培训各级人员 50 000余人次。

（二）成果应用措施

（1）建立了灾害评估与应用流程，为四川省应对防灾减灾早做“人、财、物、技”准备工作。

（2）在灾害高风险区建设减损技术的“核心区、示范区和辐射区”。

（3）重灾发生后及时开展技术救灾。

（三）《西南区域气候变化评估报告》及气候变化相关成果

广泛应用于西南区各省（市、区）的农业、能源、环境等各行各业，为《四川省应对气候变化规划（2014—2020）》的编制及西南各省适应气候变化对策建议的提出提供了技术支撑，社会效益显著。

（四）总体效益

项目组于 2011—2015 年在四川省 70 余个县（区）累计推广面积 3 563. 55万亩，粮油减损总量 25. 61 亿 kg；增收减损经济收益 55. 26 亿元，单位面积减少损失 155. 08 元/亩。

五、推动行业科技进步和提高行业竞争力的作用和意义

1. 气候变化数据集的创建，为气候变化相关学科研究奠定了坚实的基础

建立气候变化基础数据集；科学评估气候变化对各行业的影响，为各级政府和有关部门应对气候变化和防灾减灾提供了科学依据；为进一步研究西南地区气候变化的基础理论和影响评估的技术方法提供了基础数据支撑。

2. 水稻等作物灾害定量评价方法的创新，推动作物防灾减损技术的发展

提出的高温、干旱、洪涝损失评价定量方法，对进一步推动四川省主要作物防灾减损技术，减轻气候变化对四川省粮食安全的影响，增强农业抗御气候灾害风险的能力具有重要意义。

3. 气候因子与作物减损技术的有机结合，促进四川省作物生产技术的进步

将气象学与作物学有机融合，推动了应用气象学的发展。得到的作物防灾减损技术具有较强的针对性、实用性、科学性和可操作性，基本实现了正常年份增产、小灾不减产、大灾少减产，促进了四川省作物生产技术的全面进步。